2016 China Interior Design Annual

2016中国室内设计年鉴（1）

陈卫新／主编

辽宁科学技术出版社
·沈阳·

目录

办公 OFFICE

餐厅 RESTAURANT

地产 REAL ESTATE

REAL ESTATE

CONTENTS

Shanghai Intoo Automation Technology Co., Ltd

上海因途自动化科技公司办公空间

设计单位：目心设计研究室
设　　计：张雷、孙浩晨
参与设计：龙奇华、余钦文、吴越
面　　积：78 m²
坐落地点：上海
摄　　影：张大齐

本案是位于上海张江高科的一个办公项目。客户的要求很简单："我们希望这个78平方米的办公室能以最低的预算满足足够多的功能空间，并充满趣味性。"

为了消除办公空间以往严肃紧张的固有印象，我们在平面功能最大化的基础上，营造丰富的灰空间。黑白极简的设计语言在节省造价的同时完美契合了IT公司的现代感与科技感，而木质的飘窗是整个黑白空间的一抹暖色，在有限的面积中为员工营造轻松的阅读与交流空间。丰富的玻璃隔断形成通透的空间，相互贯穿，模糊了空间属性，从而削弱小空间带来的局促感。

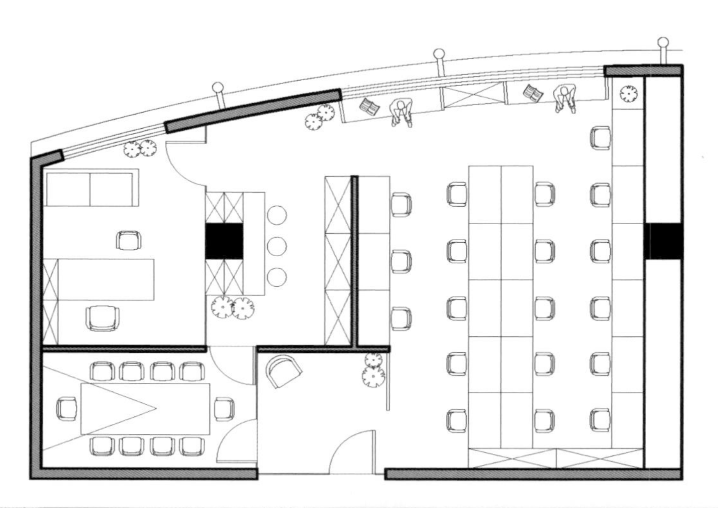

左：入口处
右1：点缀的绿植
右2、右3：丰富的玻璃隔断
右4：木质飘窗是空间的一抹亮色

Meeting Room.

03.

左、右1：黑白极简的设计语言
右2：办公室一角

RELIABLE
COMPANY
STAFF
BUILD

Fuzhou Yimeijia Building Materials Co., Ltd.

福州宜美家建材公司办公空间

设计单位：林开新设计有限公司
设　　计：林开新
参与设计：胡晨媛
面　　积：186 m^2
主要材料：仿古砖、蒙托漆、钢板、硬包、枫木
坐落地点：福州

人们对于办公室的想象常常由一个极具热情的接待台和接待区域开始，而福州宜美家的办公室迎接人们的却是白墙“灰瓦”以及一道没有扶手的楼梯。宜美家的主营业务是建材贸易，老板却常“不务正业”，周游多国，还是摄影发烧友，他对办公室设计的唯一要求是素雅安静，这令他与追求“和居美学”的设计师一拍即合。

为了营造一个干净简练又具亲和力的空间，将传统白墙灰瓦的灰白色调关系运用至空间中，搭配温润的木色。结构上采用似分非分，似合非合的趣味组合方式和传统建筑中的尺度关系，令观者体验空间游戏的乐趣。

挑高的入口门厅地面运用灰色仿古砖，原本白色的天花板表皮被铲掉，露出原有的混凝土表情，打砂方式使天花板既达到防尘的效果，又拥有特殊的细腻肌理。门厅中央两道白墙中间的细缝夹着一道窄窄的无扶手楼梯。这个看似冒险的设计实际上解决了屋顶建筑横梁带来的对阁楼人员流通的阻碍问题。楼梯在中间往两侧分开，在高高的白墙中间如同一道通往别处的装置，吸引观者登梯探访。通过白墙和天花间露出的微光，可以看到白墙并未真正与墙接合，且边缘用钢条镶嵌，展露出鲜明挺拔的体块形状。为了提升空间的立体感，门厅没有设置照明设备，唯有从远处墙壁的灯柱投来淡淡白光，宁静而放松。阁楼采用宫字格这种传统的文化图腾，如砖砌方式般丰富了空间的表情。为了保证安全性，宫字格格栅设定了足够的厚度，光线穿过厚厚的格子映射在高墙上，流溢出温馨的空间气质。

尽管面积不大，通过充分利用每个空间和合理规划动线，令各功能区域都得到有效地安排。吧台采用灰色人造石，酷味十足，壁柜内厨具应有尽有，可满足员工午餐、下午茶甚至举办小型聚会的需求。储藏室的过道如同洞窟般，由于面宽不大，采用了切割体块的方式，左侧的木板如同由整体木块切割移出，经由楼梯可抵达阁楼休息区。这种既分离又连结的空间某种程度上呈现出一种庄严的场域感，提供更多的体验尺度。延长的木板令门成为空白墙上的一道风景。

茶室两侧的墙壁采用麻布材料，营造出自然的氛围；定制的茶桌椅脚采用细钢组成的块体，轻盈现代，营造出悬浮的假象。为了保证巨大落地窗带来的景观视线不受阻碍，阁楼区域没有扩展到与玻璃的交接处，而是与玻璃之间有一段合理的距离。这种似分非分，似合非合可谓是特意制造的一种假象，柳暗花明又一村，颠覆常规的想象，生活本身就应该处处有惊喜，何乐而不为呢?

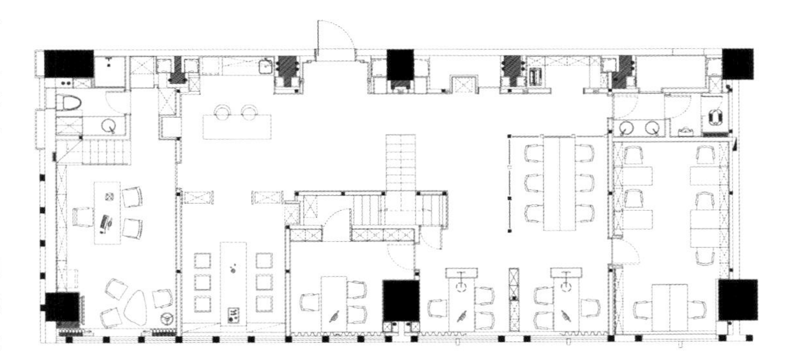

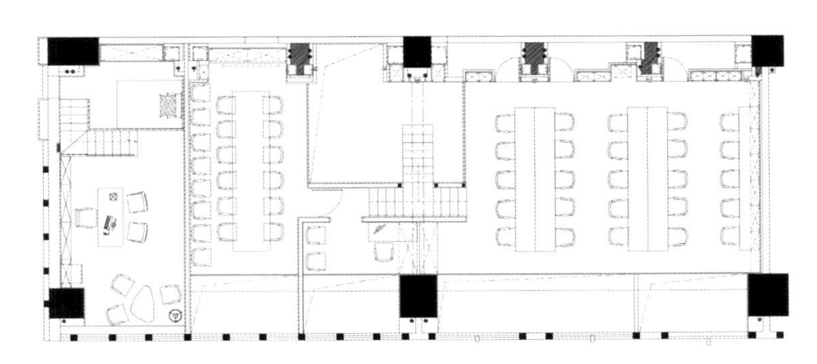

左：木色调带来温馨的空间气质

右1、右2：灰白色调的关系运用

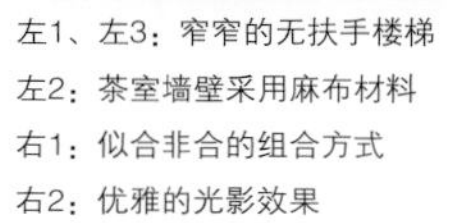

左1、左3：窄窄的无扶手楼梯

左2：茶室墙壁采用麻布材料

右1：似合非合的组合方式

右2：优雅的光影效果

Milan International Space Design Firm

米澜国际空间设计事务所

设计单位：米澜国际空间设计事务所
设　　计：陈书义
参与设计：张显婷
面　　积：200 m²
主要材料：钢构、软木、超白玻、乳胶漆、仿水泥木地板
坐落地点：河南洛阳
完工时间：2015年10月
摄　　影：如初商业摄影

这是一个运用减法，去装饰化的颇具时尚气质的极简办公空间，线条、几何、多边形的交错碰撞使得空间有无限的张力和延续性。黑白灰主色调的简单过渡在“光塑”的作用下让光影和流动的人形成一种自然的优雅。选取白色作为主要色彩是因其对光的敏感性和影的再造可塑性，黑色的线条张弛有度、高低错落，强调了细腻情感节奏的变化。软木中的树皮自然肌理纹，让看似个性的空间增添了一些暖意。

空间的动线是一个自由的没有引导性的状态，员工之间的沟通没有距离感和视觉障碍。开放式中岛水吧很好地解决了会客接待和员工内部使用，提高了便捷性，增加了人与人之间的互动。方案陈述室兼会议室采用了 15mm 钢化超白玻，让视线得到无限度的解放，空间独立却又融于空间。会客区的绿竹和早晨的阳光交织出美丽的影画，重新定义空间的几何美感，片刻停留的光影关系，感悟自然给予空间的魅力，才是设计师应该追求的生活化、简洁化，这是令人感动的设计。

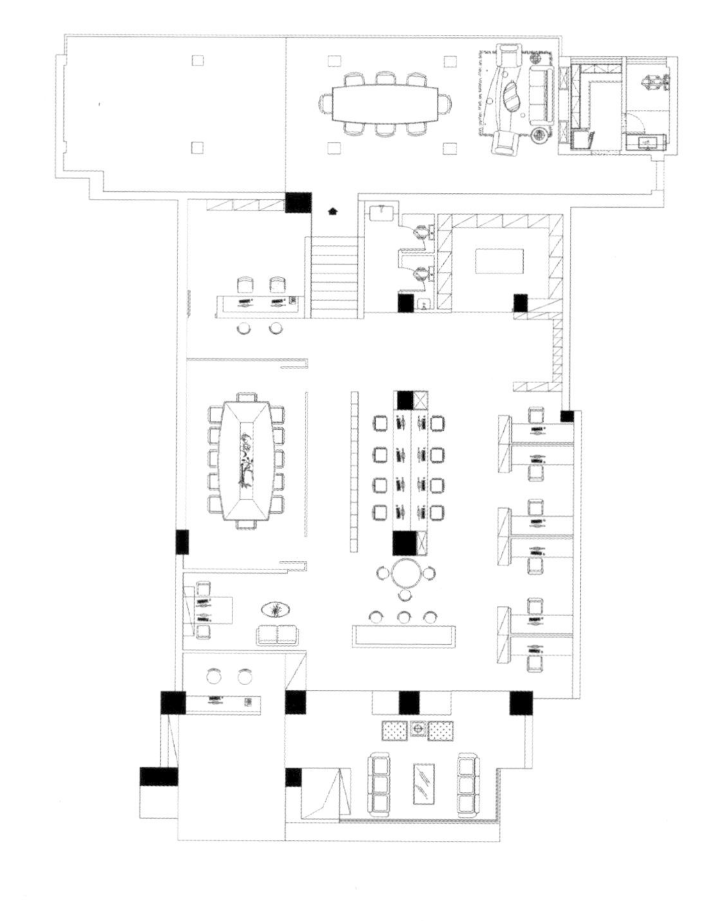

左：黑白灰色调的过渡
右：黑色线条张弛有度

左1：绿植和阳光交织出美丽的影画

左2、左3、左4：高低错落的黑色线条

右1：会议室

右2、右3：白色架子既可储物也可作为隔断

RIGI design office space

RIGI睿集设计办公空间

设计单位：RIGI睿集设计
设　　计：刘恺
面　　积：250 m²
主要材料：乳胶漆、毛毡、灰色地砖、木纹地胶、LED灯管
坐落地点：上海
摄　　影：文仲锐

RIGI 睿集设计是一个由青年新锐设计师组成的综合设计团队，设计作品从毫米到千米，跨越空间，从视觉延伸到产品，渐渐地形成了特有的理念和风格。RIGI 的创始人刘恺感觉到需要一个合适的空间容器来容纳和传达 RIGI 的气质，这即是 RIGI 办公室改造项目的由来。好的空间是有情绪的，不繁复的，能和人产生关系的，最重要的还是对生活的理解，和对人的情感的真实流露。设计的本质是解决问题，从这点来说，设计一个纽扣和一座城市并没有区别。

办公室位于一个由服装厂改建的创意园区内，场所原本是一个摄影棚，比较方正，是一个矩形的单面采光的普通空间，唯一的优势是层高比较高。从功能需求上再三思考，最终决定需要容纳进开放办公区、独立办公区、产品实验室、会议室、材料室、还有一个小小的展厅。团队用不同的手法处理每个功能空间的层次，不同性格的空间穿插组成了一个既复杂又简单的办公室。

前厅一侧会议室的空间有 4 米高，比较狭长，并不理想，为了消除以往对会议室严肃紧张的固有印象，在顶部设计三角形的坡屋顶，而在会议室终端设计一道光从墙边蔓延出来，模糊了空间的界限，创造出特别的仪式感。愈是极简的空间，加上单一的材质选择，愈加需要注重层次和细节，墙面及踢脚的处理通过错落的阴影来表达体块之间的关系。会议桌的侧剖边刻意没有用白色包住，取而代之是打磨处理后完全呈现的材料原样，这也是一种表达单纯和坦诚的态度。

在公共办公区中将部分天花露明处理，以便提供开阔舒适的办公空间，部分天花

以体块造型穿插堆积的手法来进行具体的区域划分，错落的天花为空间融入节奏感。办公室大面积使用质地柔软的黑灰色毛毡，传达出亲近感，与黑白色调的墙面形成丰富的肌理层次。轻巧的书架作为隔断，加入适当的植物使办公环境更加轻松。办公室中营造了一个 LKLAB，也就是 LK 实验室，是刘恺和设计师们动手制作模型和陈列心爱之物的场所。设计师们在这里讨论设计，开发产品，制作空间模型。刘恺喜欢在空间中融入一些视觉元素，设计的很多瓶子上印制的每一个数字和文字都有着自己的意义。作为空间设计师，尺度感很重要，于是在很多墙面和家具上都标注上了尺寸，通过不停地暗示来培养设计师们精准的尺度感。墙面的肌理、瓷砖、储物柜、花器、灯具、桌面的穿线孔等，都是一些最基础的几何形状，三角或是正方，简单纯粹的形体更具有力量。颜色会投射一种情绪，却又很难对这种情绪给出定义。办公室中运用了两个撞色，不是直接的红和蓝，而是通过降低饱和度放在一起的色彩组合，产生温暖的幸福感。-

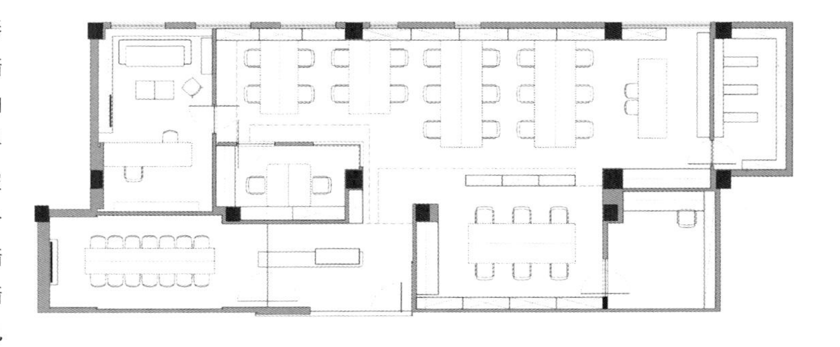

比起办公室本身，我们更加关注同事们进入这个空间，在这个空间里的故事，创造的设计，这些行为需求、体验以及主观感受所产生的思想碰撞，这就是 RIGI 一直追求的目标，做和人有关系的、有趣的、温暖的设计。这是 RIGI 的房间，容纳了我们的快乐，烦恼，一段时光，一段日子。

左：入口处
右：会议室顶部的三角形坡屋顶

SKETCH
WALL

FINANCE
DEPT.
SKETCH
WALL
MATERIAL
ROOM
2
3

左1、左2：加入适当的植物使环境轻松
左3、右1：体块造型的天花划分了区域
右2、右3：有趣的小物件

I must design.
STANDARD
WALL.
4030×2370
LK\LAB

左1、左2：实验室是制作模型和陈列心爱之物的场所
右1、右2: 墙面通过降低饱和度后组合在一起

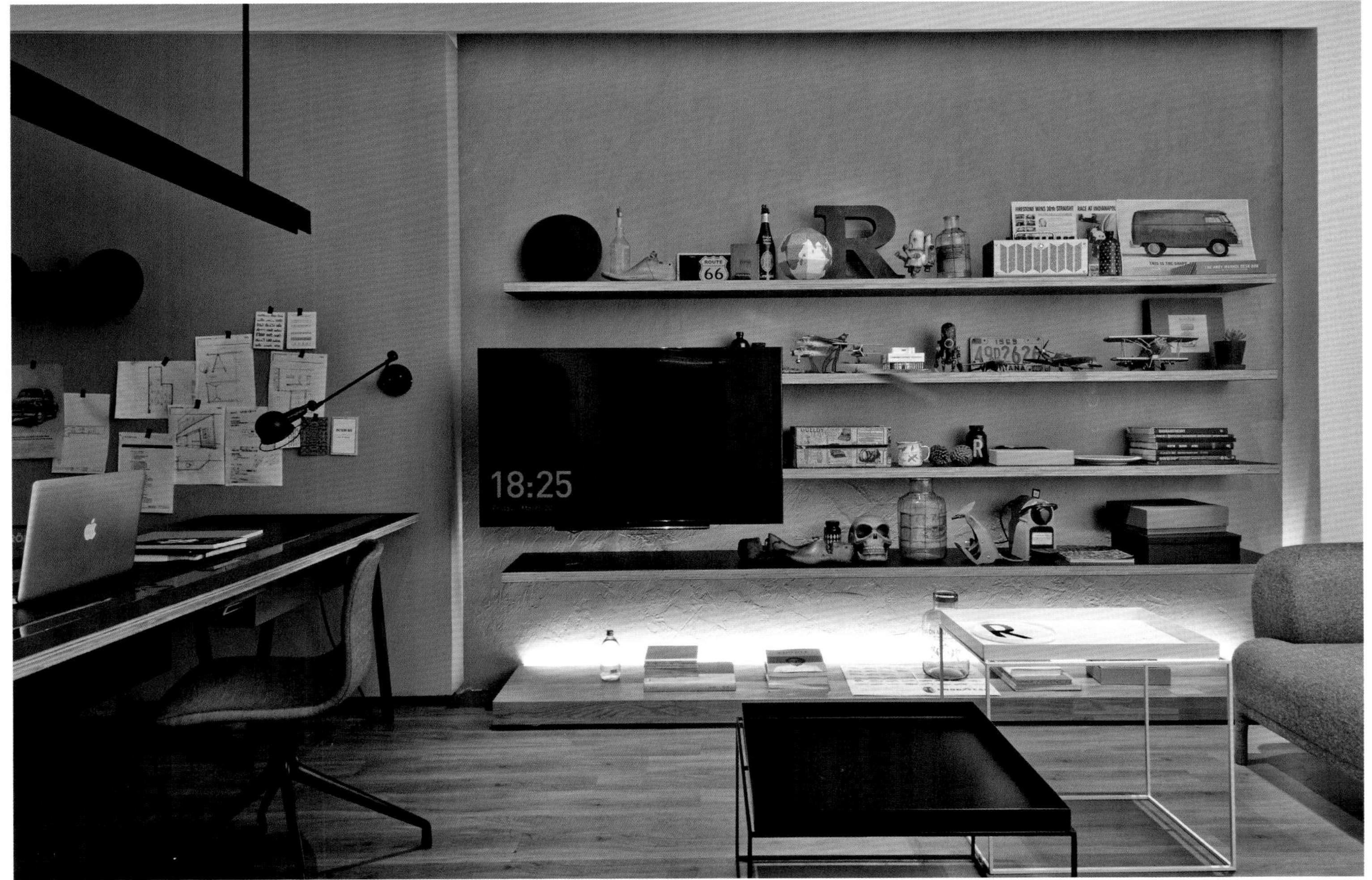

Laiyuan Institute

来院

设计单位：南京名谷设计机构
设　　计：潘冉
面　　积：1000 m²
主要材料：钢板、砖瓦石、外墙泥灰、木板
坐落地点：南京
完工时间：2015年7月

位于城南中营的朴素古宅，与热闹的名号迥异，其实性格内向。与古城墙为邻百年，默然驻立巷口，于风雨飘摇之际被列为保护建筑得以修缮，北侧加建两栋仿古建筑共组三进式院落，入口古朴，尺度窄小，通过时低头，抬头时开朗，院内树木建筑交织映衬，和谐优雅。随机缘为名谷设计机构进驻。客观来说，仿古建造的第二进“来院”建筑基底并非优越。工艺的精准度、材料的运用不及古人的手工制作，加之缺少时间的冲刷洗练，与真迹并肩多少夹杂一丝尴尬。即便如此，它仍反映了当下这个时间空间内人们对传统最质朴的追念、渴望。

来，由远到近，由过去到现在，由传统到当代，“来院”由此得名，希望在传统的庭院里表达当代。来院的构筑初衷是无组织叠加，可以是一个冥想体验空间，亦或是一个书房，直到项目完成也没有植入任何功能，创作者每天伫立院内，给予原始空间多种状态的想象，一边感知，一边营造。此时的设计变身为一种商谈，一天天内心鏖战，为的是寻找最贴切的答案。

冥想空间半挑出旧屋基面与庭院交合，原始柱架交合透明围合介质，构筑成外向型封闭空间飘浮于山水之上。内部架构以子母序列构成，颜色对应深浅二系，左右各一间窄室与居中者主次对比，凹凸相映，格局规整，妙趣横生。古与新，内与外，明与暗，传统与现代皆交汇于此，冲撞对比，和谐共生。创作者只表达光和空间，封闭原始建筑除东南方向以外的所有光源，让光线在朝夕之间的自然变化中，通过交叠屋面，序列构架等物理构筑物将虚体光线实体化，而光影随着时间的变化产生不同的角度，空间变得让人感动。由“光”将空间呈现，并埋伏“暗”增强空间厚度，仿佛孪生双子，“光”与“暗”彼此勉励、彼此爱慕，又彼此憎恶，

彼此伤害。历经暗的挤压，光迸发出更强烈的力量引人深入。院内老井被设置成“地水”之源，通过圆形水器连接折线形水渠，将另一端屋檐下收集而来的“天水”汇聚一处，活水流动的路线围合出一池静态山水，将挑出旧屋基面的冥想空间托举而上，院内交通也由此展开，山水纯白，犹如反光板把落入院内的光线温和地送入室内顶棚。创作者在方寸之地步步投射出其二元对立的哲学思考，并企图透过这样的氛围来观察世界的真相。

设计一定是从功能开始的吗？在商业行为的催生下，越来越多的建筑被赋予功能标签，越来越多造型行为沦为一种对空间的单纯包装。胡适先生说过，“自”就是原来，“然”就是那样，“自然”其实就是客观世界。创作者固执地坚守着一方不存在商业行为的净地，从美学与环境本身开始建构，坚持院落本身的逻辑关系，不再对所谓瑕疵浓妆粉饰，功能一直处于一种不确定状态，不再追求均质照明，让光自主营造空间，交还空间表达主张的话语权。与商业决裂的瞬间无法言传处拨动心弦。不远处城墙仿佛蒙着淡淡暗影，带着一丝难以察觉的微笑，气质悲怆仍有渴望。

左1：院子里的山水
左2：叠加空间
右：体验空间

左1：院子里的茶席
左2：创作室一角
右：创作室交谈区

Treasure • Reflection

珍惜 · 省思

设计单位：山隐建筑室内装修设计有限公司
设　　计：何武贤
面　　积：180 m^2
主要材料：进口瓷砖、扁铁、实木夹板
坐落地点：台北
摄　　影：李国民、高政全

四十年前的台湾梁柱之于室内空间，显然比现今的大楼优雅多了。为珍惜这个在都会已成弱势“族群”的老旧公寓，本案保有原来建筑的文化基底，用现代简洁的设计手法，融合岁月斑驳的痕迹和积累的文物，制作线性的薄板型家具及灯饰，用简单元素的组合构成，于空间中相互融合而不造成负担。在朴实低调的文化氛围里，展现具时尚且具现代感的设计精神。20 世纪 70 年代的建筑框架加上当代的思维，我珍惜过去，也在省思未来。

大厅，灰阶的旧屋空盒子里，与铁构件的融合展现几何图形的现代美学。入口处为了具有通透感，采用玻璃矮门、钢索栏杆，虚化内外的区隔。厚铁板为防震加以橡胶踏阶，登上大门的前庭，水泥岛台内外一体。

垂纱、竹林，导引着夕阳画出柔和的光影。神似袋鼠的艺术品，仿佛自丛林中误闯入“山隐建筑”。冷峻的空间捎来一株绿，并非只为柔化空间，而是因它形似一个现代雕塑品，并与窗外的绿树相互呼应。在铁黑、泥灰的天花板上倒挂下轻、重型钢架，作为 LED 钢索灯攀藤的支架，依空间的需求呈现出随机能而变化的大型自制灯具。大跨距的钢构桌脚结合石英墙饰板材，与空间中的铁板、构架如出一辙而融为一体。自制会客桌构成简单的框架空间，超薄的桌面，只留下窗外倒映的绿光。吧台是小小的补给站空间，架上的饼干、糖果罐子层层置放，磨豆机磨出的咖啡香气，舒缓了工作压力。工作室保有老旧空间的氛围，结合收藏的书籍和文物，展现最具价值的资产。

左1、左2：神似袋鼠的艺术品

右1、右2：与铁构件的融合展现几何图形的现代美学

左1、左2：自制会客桌构成简单的框架空间

右1、右2: 垂纱和绿植画出柔和的光影

右3：天花板上倒挂下的自制灯具

Xupin Design Suzhou Branch

叙品设计苏州分公司

设计单位：苏州叙品设计装饰工程有限公司
设　　计：蒋国兴
面　　积：1000 m²
主要材料：蘑菇石、木条、空心砖、白色乳胶漆
坐落地点：江苏昆山

叙品诞生于一个美丽的冬天，在许多人看来，南方的冬天潮湿而灰暗；在我们看来，因为寒冷，才更要装扮出美丽的生活空间。

空间设计中，在色彩和布局上跳脱传统，独树一帜，一味堆砌白色元素，巧妙配合其他颜色，白得很有意境，构造了“此时无声胜有声”的氛围。借用传统园林设计中欲扬先抑的手法，低调的门、狭窄的走廊、隐蔽的入口，却在转身的一刹那豁然开朗，别有洞天。鹅卵石夹道，古风荡漾却清新怡人，走过长廊，尘世的烦恼也慢慢抛诸脑后。绿色象征着生命，白色象征优雅，从硬装到家具陈设，配色协调统一，体现对细节的完美追求，简洁纯净的主题贯穿整个案子。

办公室是从事脑力劳动的场所，员工的情绪、工作效率常常会受到来自环境的影响。而在叙品的这间新办公室中，轻松愉快的色彩、别致巧妙的创意，再加上空气中弥漫的茶香味，所有这些都可以让工作人员在放松的心情下完成工作，有利于提高工作效率。

左：玄关
右1：前台
右2：接待区

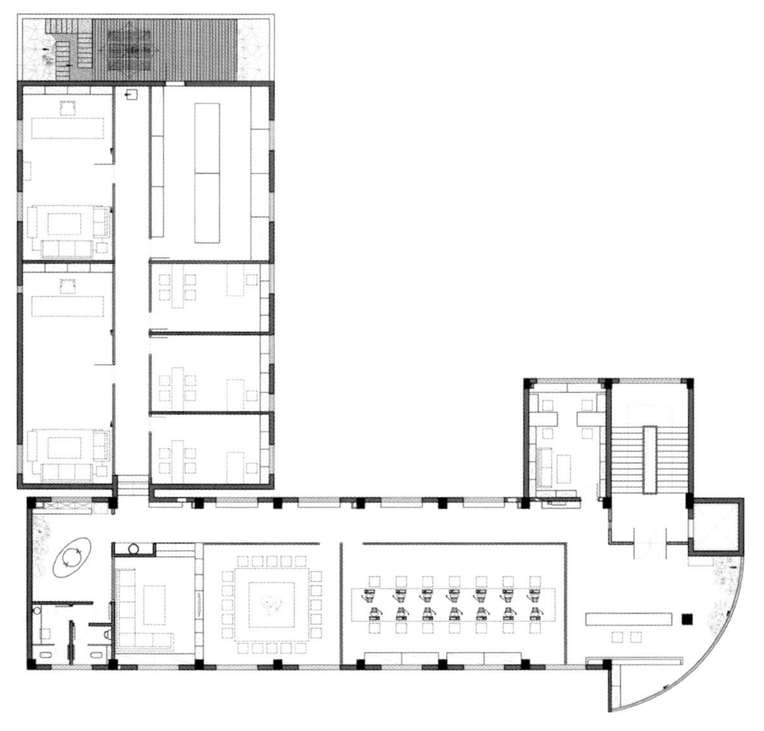

左1：过道

左2：会议室

右1、右2：古朴的空间

WORK CAFÉ, Nanjing West Road, Shanghai

上海南京西路WORK CAFE

设计单位：蒙泰室内设计咨询（上海）有限公司
设　　计：王心宴
面　　积：600 m^2
主要材料：藤编吊篮椅、造型吊灯、咬链吊桌、金属框吧椅
坐落地点：上海
完工时间：2015年11月
摄　　影：张伟豪、Mzstudios工作室

WORKCAFE 位于繁华南京西路购物中心三层，600 平方米的空间，分为咖啡店、酒吧、会议室、独立办公，为商务人士提供了一个“能谈事儿”的舒适空间，介于办公室和酒店行政酒廊之间的空间，打造新兴移动办公商务咖啡体验店概念。

为了满足商务工作环境的需求，我们在平面布局上更注重空间的灵活性和私密性，凸显移动办公新体验。“每个空间都有它特殊的 IP，workcafe 也是聚集一定品味和身份特征的群体。”业主找来设计师经过反复讨论，才定位其特殊性。

空间分为 5 个区域，有以纽约曼哈顿中央公园为灵感的吧台区，可以享受午后阳光的软榻隔间，适合一人办公的专属办公室，可举办会议和 Party 的长桌区域。其中，悬挂的四组长桌还能自由升降，满足各种活动与办公需求。色调上选择灰褐色，浅咖啡等中性色系，空间切割上也清楚分出用餐、会议、办公等多个功能区。软装搭配上则以明快的色彩和质感材质将客户带入一个愉快轻松的环境中去。

左1：轻松的吊椅
左2：轻薄的纱帘搭配黄色系靠垫
右1～右3：木质长桌搭配金属框架吧椅

Altavia Huadaojia Advertising Co., Ltd. Shanghai Office

Altavia华道佳广告有限公司上海办公室

设计单位：纳索建筑室内设计事务所
设　　计：方钦正
参与设计：王智军
面　　积：1530 m²
主要材料：混凝土、多层板、回收木地板、钢结构
坐落地点：上海
完工时间：2015年11月
摄　　影：申强

受欧洲领先的出版服务供应商 Altavia 委托，我们为其进行新的办公室设计。办公室位于昔日的橡胶制品研究所，建筑兴建于 20 世纪 60 年代，空间已在岁月之中自然折旧，而所有的寂寞只是在告诉后来的人们，一个时代已经过去。想要这一切辉煌重来，就必须赋予其生命力，一种对于历史的珍惜与热情，一种改变。

斑驳的痕迹有其必要性，它彰显了岁月的情感和记忆。所以在设计过程中保留并展示了老建筑原始的预制板顶面结构，顶面以下新建的部分则大量运用基本几何形态，纯白色墙面作为主体，Altavia 的五种品牌色彩在各自的空间游弋作为点缀，沉重与轻盈，粗犷与细腻，对比诉说着新的故事。

周遭许多的办公场所都是重复的格子，一种西方秩序法则所带来的陌生与冷漠，像潮水般漫过了越盖越高的办公大楼。设计师使用开放的曲线形桌面，这种无形的洄游流动感使得创意在空间中得以涌动与表达。同时，空间中合适的地方被安插进规整的立方体盒子，围合出一个个或悬浮或嵌入的创意、会议及走道空间。

几何式的设计审美相比起其他的乖张不羁，确实有些美得理性内敛。那又如何，只要它是一个让人心生愉悦的现代空间，这就够了。

左：玻璃盒子
右1：休息区
右2：走道中的灰色盒子
右3：室内阳光充足

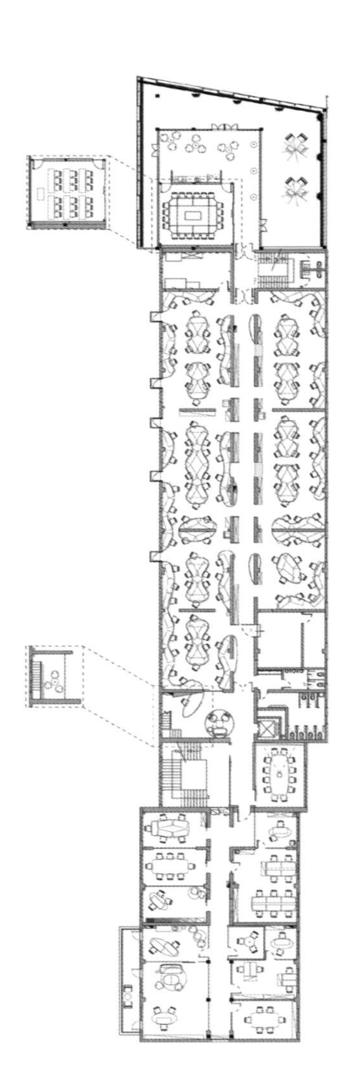

HK
ALTAVIA

CREATIVE

ALTAVIA

ALTAVIA

左1—左3：品牌色彩在各自的空间游弋
右1：绿色楼梯
右2：空间中大量运用基本几何形态
右3：白色卫生间
右4：红色盒子

Guanghua Road SOHO 3Q

光华路SOHO 3Q

设计单位：恺慕建筑
设　　计：Wendy Saunders、Vincent de Graaf、于正鹏、German Roig、Byungmin Jeon、Liat Goldman、朱彦文、Bertil Dongker, Alex Fripp、张志坤
面　　积：33874 m^2
坐落地点：北京
完工时间：2015年12月
摄　　影：阴杰

在生活方式多元化和工作追求高效快捷的今天，“朝九晚五 + 格子间”的工作模式不再是都市标配。各种极具创意的工作坊和灵活多变的工作空间应运而生，AIM 为 SOHO 打造的最新 3Q 共享办公间就以摩登现代又极富创意的设计理念率先为“潮流办公间变革”提供了一个教科书式的范例。SOHO 3Q 以“微”租办公间和共享公共空间的创意来实现办公灵活性和空间资源优化。公司可以单间或独立桌为单位租赁办公间，同时与其他公司分享会议设施和报告厅等。这个全球最大的共享创意空间，由 AIM 为 SOHO 3Q 重新诠释。

为强调现代简约风在设计里融入颜色斑斓、充满活力的元素，在每个超大的空间灵动注入不同风格和功能来巧妙地分划区域。3Q 作为现代简约灵活的办公间代表，最初是一个占地面积约 2.5 万平方米的购物中心，最大的挑战就是如何在原建筑布局上大翻身，呈现一个与购物中心风格南辕北辙的共享办公间。最后决定善用空间，将商场过道巧妙布局为 work station lab，把原有的商铺空间改建为让租客悠闲放松的咖啡馆和开放式茶水间。大胆采用橡木楼梯的设计，“倾泻而下”的橡木楼梯间将中庭一层打造成一个开放的报告厅，不单为租客提供开会讨论的好地方，超大懒人橡木楼梯间更为自拍“拗造型”提供了绝佳之选。

另外一个中庭选择了“公园会议室”的设计概念，以清新竹节和透明玻璃为主要材质营造出靠近大自然的私密会晤空间，以“人本主义”最合理的方式平衡了专业高效工作和乐享休闲时光的生命主题。更为匠心独运的是办公间的共享模式“打通”了一条行业社交和创意分享的通道，构建了一个资源共享的交流平台。在这里，也许一杯咖啡的时间，你可以了解一个行业最新的资讯和脉动。

在空间分区方面以繁华摩登的国际大都市元素抽象成缤纷色彩，浓缩“绽放”在墙壁或地板上。以色彩来区分行业分公司，地下一层以文创等新兴品牌为主，楼上二层以金融地产等传统行业为先，精巧构思的设计语言巧妙地让租客更容易识辨位置。此外，运用布局风格变换办公间功能，活力满满，将3Q办公间的前卫设计和实用功能完美融合。

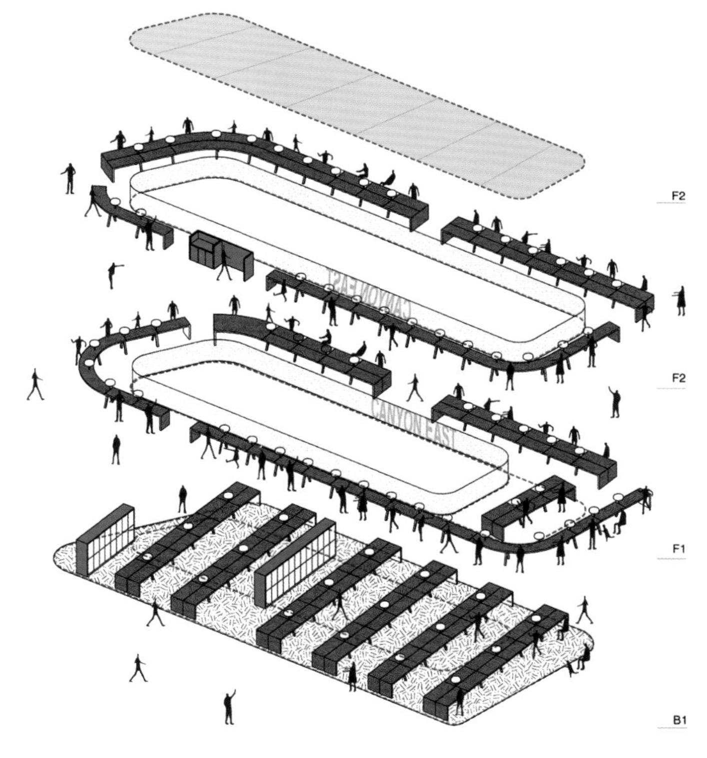

左1、左2：整体空间

右：橡木楼梯将中庭一层打造成一个开放的报告厅

左：色彩丰富的座椅
右1：资源共享的交流平台
右2、右3：空间局部

Temporary Office Building of Atelier Z+, Westbund

致正建筑工作室

设计单位：致正建筑工作室
设　　计：张斌、周蔚
合作设计：同济大学建筑设计研究院（集团）有限公司
面　　积：380.74 m^2
坐落地点：上海
摄　　影：页景

上海西岸文化艺术示范区紧邻西岸艺术中心主场馆，是利用城市土地再开发的闲置窗口期建设的一个为期五年的城市空间临时填充项目，并邀请了多家建筑、设计和艺术机构入驻。致正建筑工作室新办公楼就位于这一临时艺术园区的中心位置，场地原为一处停车场。设计中的思考集中体现在如何在临时性语境下达成建造与空间品质的最大化。首先是如何选择合适的建造体系，以期在控制造价和工期的前提下达成空间使用的最大舒适性与便利性。同时如何在空间布局上充分回应场地的特性和潜力，以营造有启发性和自由感的氛围，也是基本的诉求。所有这些，都在试图体现一种不完美中的自在状态。

在整体布局上经历了一个比较大的调整过程。原方案是一个L形布局的两层建筑，其东南、东北、西北三个角分别被大树所限定，西南向是一个庭院；建筑底层是接待、展示、会议、模型制作等空间，二层是办公空间。最终实施方案是一个U形布局的合院建筑，与西侧邻居围合成一个植有两棵大树的内庭院；东南角由于一棵大柳树，建筑内凹形成一个开放的入口前庭；西北角是与邻居共用的封闭后庭。这三个对角线方向布置的庭院都与场地上原有的树木相关，使建筑牢牢地锚固在场地上，新的布局方式使空间和体量的尺度更宜人。

在最初方案中就将混合建造体系作为回应设计条件的最佳选择，其基本思路是：作为辅助功能使用的底层部分用砖混结构建造，直至二层窗台高度，形成一个砖混结构的基座平台；二层作为主体空间使用龙骨状的轻质结构建造。这样的混合体系具备如下优点：首先，底层砖混结构和上部轻质结构可以发挥各自在建造上的长处，减低建造难度，以利快速建造；其二，二元并置的结构体系也可以对各

自所属的空间特性做出有针对性的回应，特别是办公部分，龙骨状的轻质结构可以把结构构件的尺度控制得最小，让结构参与空间的尺度塑造，进而让空间能够包裹住其中的身体，让身体沉浸其中。

砖混和轻钢的混合结构自然而然带来了材料上的直接并置。轻钢部分的复合外墙与屋顶的面板都是银灰本色的波形镀铝锌板，外墙与屋面的内表面分别是石膏板衬板和瓦楞钢板底板，都施以白色涂料。而砖混部分的砖墙、圈梁与构造柱的粗犷痕迹全部最大限度加以保留，并用不同工艺的罩面涂层全部施以白色。在相对统一的色调中，轻钢系统的工业化精细肌理与砖混系统的手工感粗野肌理的并置都可以被清晰地阅读，这种空间界面的双调性重奏有利于自然轻松的空间氛围的塑造。

坡屋顶成为从方案最初就坚持的不二选择。除了技术上的防水可靠性与便利性之外，坡屋顶在空间尺度控制上的潜力也是关键因素。大工作室屋脊处在中柱斜撑范围内开了一条天窗采光带，与室内的座椅布置和西山墙的整墙书架相呼应，形成温暖明亮、柔和细腻的空间氛围，阴晴雨雪的天气变化在室内会留下光影与声音的痕迹。白色顶棚在抽象中提供了一种具体的肌理作为尺度参照，连同所有长窗背后露明的细柱，这些构件具有一种含糊的暧昧性，它们既相对清晰地呈现为建造方式的物质线索，又与室内家具陈设等尺度的物件一起参与空间与身体的关联性塑造。由此，建筑的结构体并非一种对象化的存在，而是消融在包裹身体的具体空间之中。这样的空间在保持日常性尺度的同时，又启发了身体的自由感。

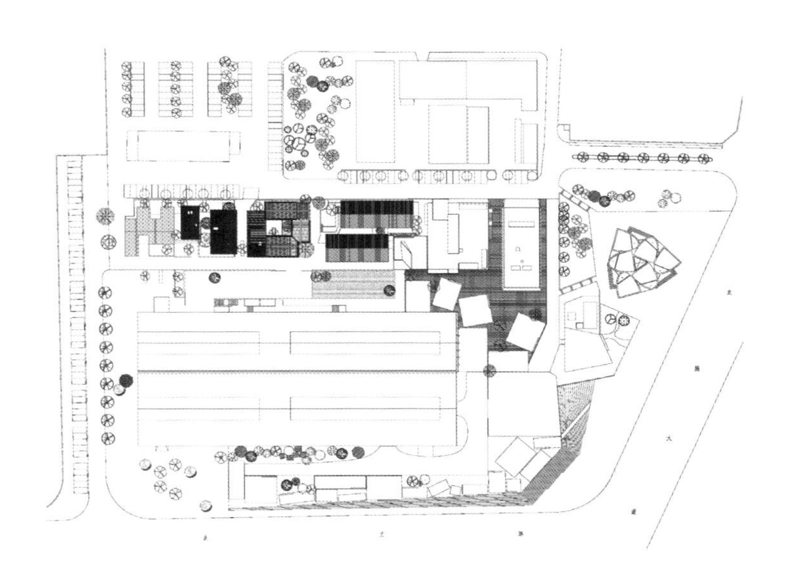

左：室外风景

右：门厅处的展厅

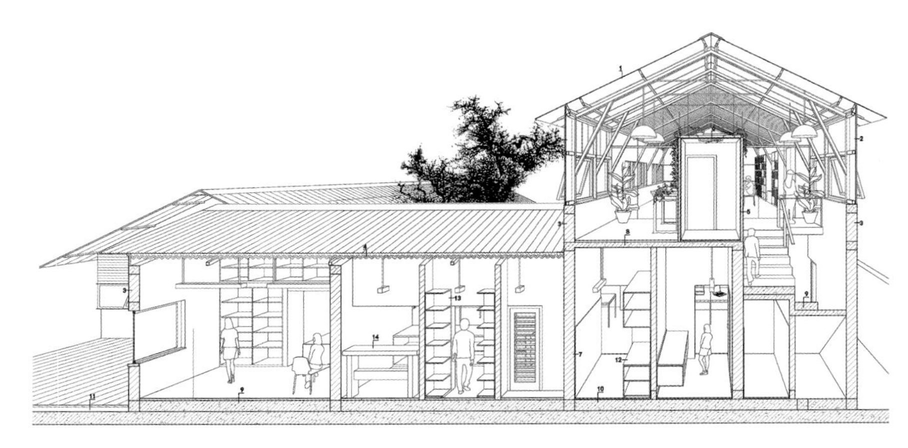

左1：室外部分
左2：会议室
右1：大工作室
右2：花房
右3：书房

TM Studio westbund

梓耘斋西岸工作室

设计单位：童明设计工作室

设　　计：童明、黄潇颖、朱静宜

面　　积：180 m^2

坐落地点：上海

一座建筑如果只是孤立的、内部的思维方式，那么它与外界的衔接将会极其脆弱，大部分建筑设计则是从如何可以合理使用开始的。有关功能性的故事或者社会性的话题是相对容易的，但随后在成形过程中的思考，才是建筑学真正的开始，也就是说，建筑师要有能力将复杂的问题逐渐消化，通过有机的结构关系，搭建或者支撑多元化的生长过程。

在西岸工作室的项目中，梓耘斋工作室是最后一个加入的。在此之前，大舍、致正、高目已经就这块狭长地块如何划分，以及在五年短暂使用期限内如何使用等问题进行了多方面的考虑。所得出的结论就是，采用轻钢加砖混的混合结构方式，多快好省地进行建造。于是，半预制化的镀锌钢材、U 型钢板、发泡保温层等结构与材料就成为了一种建造前提，而每一个事务所未来的使用状态以及由此而来的建筑形式则会从设计过程中获取出来。

最终建造基地被确定在致正与大舍之间的一个宽 6m，长 18m 的狭长形南北向地块中。为了给北部庭院及致正工作室的二层空间留下足够的日照间距，梓耘斋工作室局部二层的建筑体形就此成为了南高北低的效果。由此，再加上与其他三个邻居已经确定下来的双坡顶的体量关系和内部结构，一座建筑的大致景象由此确定。

由于在短期之内，梓耘斋工作室尚不能完全搬迁到此，因此有关功能布局的构想就成为了一种不够确定，或者两者兼顾的问题。这样一个小小的空间既要能够满足常规性的办公需求，又能容纳一定的交流活动，既能够举办一些专业展览，也能开展一些小型讲座，而整个建筑面积只是控制在约 180 平方米。由此所导致

左1、左3：建筑外立面

左2：模型

右1、右2：空间既能满足办公需求，又能容纳一些交流活动

的考虑就是，主用空间尽可能完整通畅，混合而不加分隔；辅用空间则尽量进行压缩，列布于主用空间的两侧。结果就是楼梯、厕所、配电间与储藏、搁架这些大小不一的模块共同形成了斜向梯度的布局，中央的主用空间在中段得到收缩，形成双向喇叭口的格局，并在东西两侧通达次用出入口。

在剖面视角中，为了实现轻质大跨度的结构效果，二层楼板采用三角桁架形式，但与常规方式颠倒一下，三角朝下，平面朝上，以形成二层楼面的平面效果。倒向的三角形桁架与地面坡度相互配合形成收缩，恰好将通长空间在纵向维度上进行了一定的视线分隔，而中部的抬高部位也能减少楼梯的登高高度，缩小了楼梯面积。通过结合这样一种根据未来使用情况的想象，概念中的操作图示逐步凝结，空间概念与功能模式之间的磨合最终达成，各种大小模块之间与完整的空间感受更具有协调性，从而为功能布局带来更多的结构姿态。

斋藤公男将建筑视为由多重线索编织而成的编织物，技术是延续着编织漫长历史的经线，而时代的要求和个人感性的意象则构成了纬线，一个稳定一个灵动，两者交织成就出亮丽的织布，那就是建筑。本质而言，由于没有常规项目中的那种外界因素，梓耘斋西岸工作室的建筑设计就是一场在功能与结构之间关系的纯粹思考，从简单的原型结构中逐步繁衍出适用于功能状态的多层次变化，所凝结出来的结果则反映于剖面图示中的空间表达之中。这种灵活性与适应性可以使得建筑设计变得生动有趣，因为它可以把一种明确的结构性原型与潜在的多样性事件组织到一起。

Jinglong Real Estate Office Building

景隆地产办公楼

设计单位：杭州典尚建筑装饰设计有限公司
设　　计：陈耀光
面　　积：2000 m^2
主要材料：天然石材、木饰面、织物软包、涂料
坐落地点：浙江台州

小空间尺度，也可以建立建筑感，它，取决于你是否拥有对体量的敏感，对空间中逻辑关系的把控度；让呼吸的感受不仅仅停留在空气中，能让视觉也产生氧气。

本案位于浙江台州，浙江景隆置业总部办公楼。整个空间由接待大厅、休息区、办公区、会议室等组成，现代、与众不同、精致为整个办公空间的设计方向，为景隆地产打造用心聆听的空间。

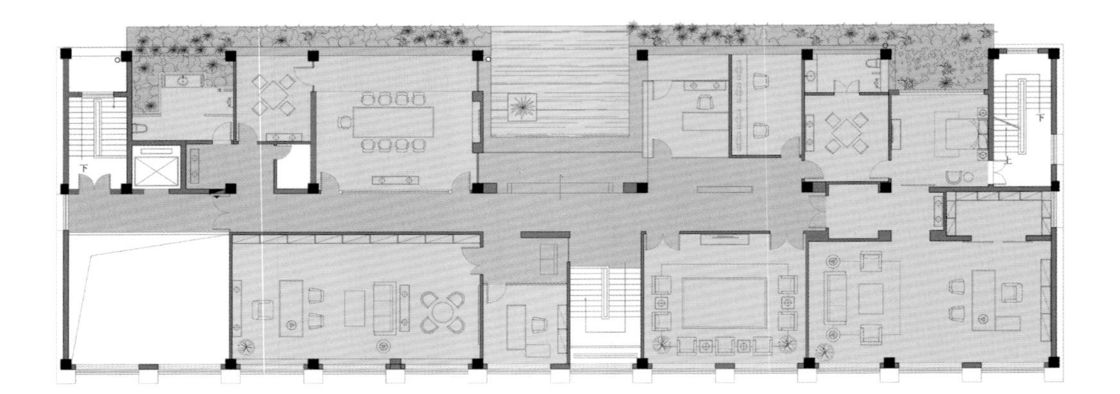

左：灰色调的空间
右：体块的组合

左1：简约的空间
左2、左3：通透的玻璃使视觉通畅
右1、右2：现代精致的设计风格

Boundless

无界

设计单位：登胜空间设计
设　　计：陶胜
参与设计：徐青华、蔡辉
面　　积：350 m²
主要材料：钢架、瓷砖、钢化玻璃、红橡饰面板
坐落地点：南京
完工时间：2016年4月
摄　　影：郑雷

南京苏宁慧谷中心 CBD 项目位于南京河西新区江东商业板块，毗邻长江，由五栋不同朝向的现代化高层写字楼组合而成。本案更是位于 CBD 一号楼的最顶层，具有得天独厚的开阔视野，向南可展望新城全貌，向西则一线江景尽收眼底。

项目的优势不言而喻，但并非完美无缺。首先，本案由三套独立的 loft 户型打通合并而成，其中两套为 50 平方米，一套 75 平方米。单层建筑面积 175 平方米，loft 户型最大的卖点是一层两用，业主可以轻松得到 350 平方米。高层写字楼得房率一般在 60% ~ 68%，折中一算，最多只有 225 平方米左右，对比业主提出的众多功能要求，依然有点捉襟见肘。其次，打通之后的平面轮廓成一个“L”形，并且公司的入口在“L”形的“尾巴”上，且不可更改。加上进门空间聚集的结构柱和排污管等，琐碎的局促感由然而生，企业形象也很难得到最佳展现。

既然无法方正，设计师索性另辟蹊径，对整个空间来了一场大刀阔斧的“切割”，将突兀、拐角空间全部“化零为整”。从前台开始，你可能看不到一面方正的墙体，取而代之的是各种不规则的线面穿插，大量透明玻璃和木饰面材质。玻璃既划分了空间功能，也弥补了空间面积紧凑的问题，空间得到有效拉升和扩容。不规则切面设计有引导人们视线转移的特性，这样很好地处理了视觉上的冲突，甚至延伸了人们的视野，将办公室内外很好地串联起来。

楼梯是 Loft 户型的一个重要组成部分，往往也是整个空间的点睛之笔。这里楼梯以“V”形呈现，看似不合常理，但却很好地配合了整个空间的不规则布局，显得扎实有力。两侧再配合透明玻璃后，形成一个狭长的带拐角空间，这样，一层、二层被更紧密地联系起来，行走上面给人一种独特的穿越感。上到二楼，这样的“切割”也是无处不在，设计师的“将错就错”却达到了“负负得正”的效果。

楼上楼下游走一圈，整个空间有分割无封闭，有界限不隔断，似有非有，似无非无。如此高度，忙时低头伏案，闲时看江船入湾，轻松惬意。

右1：接待台
右2：会议室
右3：木饰点缀着空间

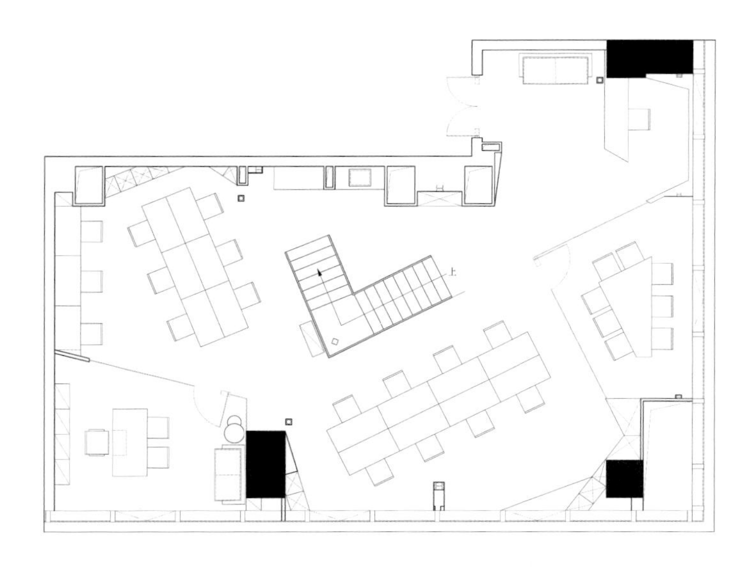

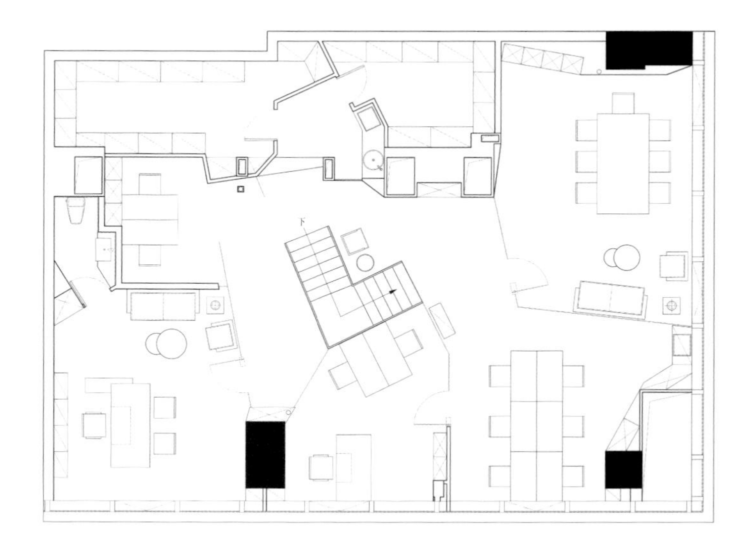

江苏冠群
Jiangsu Guanqun

左1—左3：透明玻璃弥补了面积紧凑的问题
右1：楼梯处形成狭长的带拐角空间
右2：走道
右3：玻璃划分着功能空间

Midea Real Estate Headquarters

美的地产总部

设计单位：广州共生形态设计集团
设　　计：彭征
参与设计：彭征、练远朝
面　　积：1270 m²
主要材料：大理石、人造石、铝单板、地毯、木饰面、渐变玻璃、烤漆玻璃
坐落地点：广东佛山
完工时间：2016年3月

源自世界品牌500强，美的地产集团是美的控股下属的重要成员企业，是一家以房地产开发为主，涉足高端住宅、精品写字楼、五星级酒店、物业管理、高尔夫球场、建筑施工等领域的综合性现代化企业。美的地产倡导人与城市、人与自然的和谐共生，为人类创造美好的居住空间。因此在空间设计策略里融入了开放、和谐、务实、创新的美的精神，充分展现美的地产的企业形象。

办公空间整体以开放的姿态呈现，由接待区、办公区、会议培训区和总裁办公区四个区域组成。

接待区的设计尽可能地将空间跨度往两侧延伸，大型液晶拼屏作为一侧的端景，滚动播放企业宣传视频，同时也是接待区与办公区的空间隔断；暖灰大理石和大尺度铝板体现出大气、精致的空间气质；水景的融入烘托出宁静致远的气氛，结合开放通透的洽谈室，让视线可以心旷神怡地延伸至远方，传达出人与城市、人与自然和谐共生的品牌理念。

办公区可容纳70人办公，利用渐变玻璃作半围合隔断，在形成独立总监办公区的同时，还能让所有员工享受窗外风景。白色与浅灰的办公家具搭配跳跃的拼色地毯，营造严谨而活泼的办公氛围。在连接办公区与接待区的一侧，设有茶水区，配备多组桌椅，并拥有开扬的180度景观视野，员工们可以在这里自由交流，享受工作，随着视线往城市天际的推移，心境也将随之改变。

整体办公空间配备了四间会议室，分别为大会议室、小会议室、培训室和总裁会议室，并辅助设有多个洽谈室。会议空间是产生交流、碰撞思想的平台，因此空间设计做了减法，采用极简的风格，多媒体设备配合大面积的绘写玻璃墙面，纯净与极简的空间承载的是思想的浩瀚与无限。

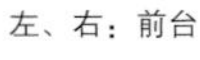

左、右：前台

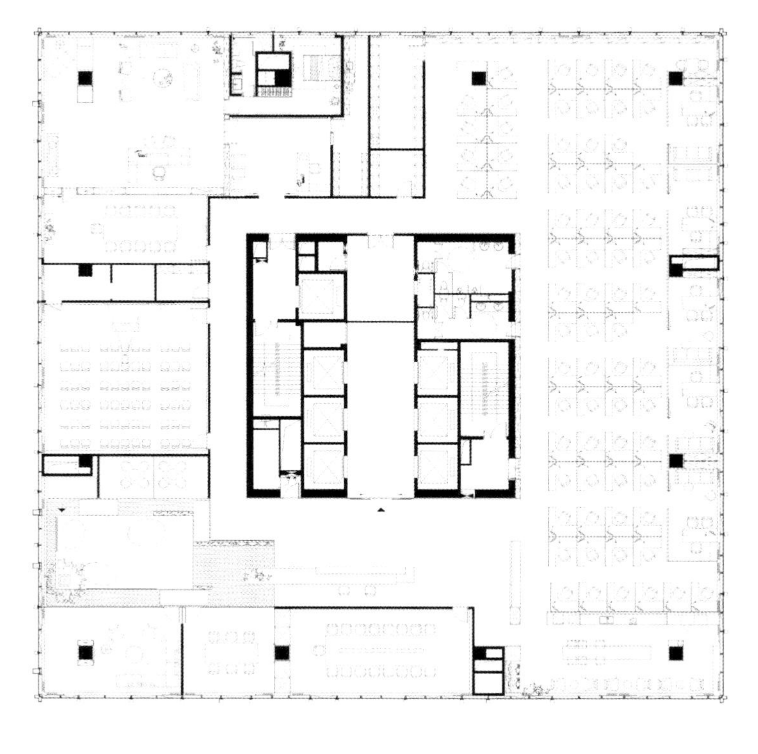

左1、右1：会客厅
左2、右2：办公区
左3、右3：茶水间

Xihu Banquet

宴西湖

设计单位：内建筑设计事务所
面　　积：500 m^2
主要材料：亚克力、镜面不锈钢、钢板
坐落地点：杭州
完工时间：2015.12
摄　　影：陈乙

餐厅隐于黄龙饭店一隅，以“西湖”为设计主线。黑色的钢板自动门缓缓开启，发光亚克力点亮长长的走道，就此展开一卷“西湖”水墨画。设计沿走道以 Z 形规划空间，纵向走道右侧是厨房区域，左侧则为主要就餐区。

黑色钢板与发光亚克力建立起空间的分割关系，隔而不断，恰似立于堤上看到隐隐的远山。整个顶面覆以镜面不锈钢，微波起伏延绵，与墙壁镜面相互呼应，行走其间，仿佛置身水光冽滟的湖上。发光亚克力上墨色晕开，凝于宣纸，主就餐区 LED 大屏墙面西湖美景摄于一瞬，影像曳动，亦动亦静间，将自然景观融入室内，为黑色主调的空间注入了生气。

地板延伸而出，与一段矮矮的植物墙围出半户外的露台区域，隔着玻璃，与室内播放着的西湖景致遥遥相应，适合闲散的午后。

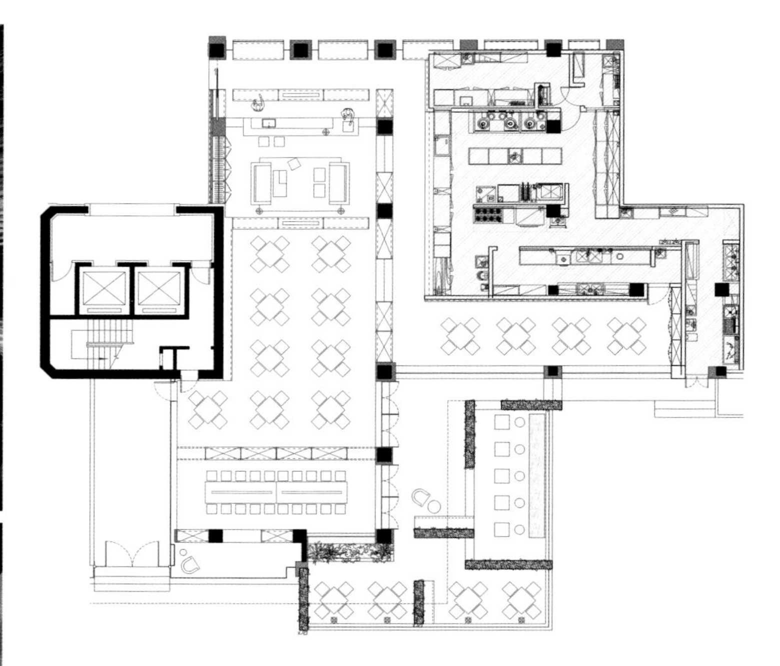

左1：等候区
左2：走道
右1：进门过道
右2：餐区

YANXIHU
RESTAURANT
西湖论菜

左1：餐区
左2：主餐区
右1：主餐区
右2：餐区
右3：户外

Chongqing Jianzhang Old Hotpot

重庆见涨老火锅

设计单位：重庆年代营创室内设计有限公司
设　　计：赖旭东
参与设计：巫仕全、熊亮
面　　积：1380 m^2
主要材料：硬木板、芝麻黑亚光台面、石材
坐落地点：重庆
完工时间：2015年11月
摄　　影：黎光波

作为一家设计师自己开的火锅店，设计师赖旭东希望运用多年设计经验，打造一个用餐环境讲究的火锅店，让重庆人能在一个高雅舒适的环境里享受到正宗的重庆老火锅。

进门大厅，设计师做了一个水景设计，上方悬吊许多铁链，做成一个山形倒影，铁链里运用LED射灯不均匀布点，打造出忽明忽暗铁链被烧红的感觉，一改传统火锅符号化。整个空间本是一间地下室，设计师巧妙采用玻璃天井方式，将整个空间分隔三部分，不仅在功能上逐层削弱了整个大厅的嘈杂氛围，视觉上，在玻璃天井中运用模拟自然光，使用绿竹、苔藓、落叶营造出日式“枯山水”景观，寓情于景，将意境穿透到用餐的场景中。包房设计也颇具巧思，包房之间设有玻璃天井，可相互借景。

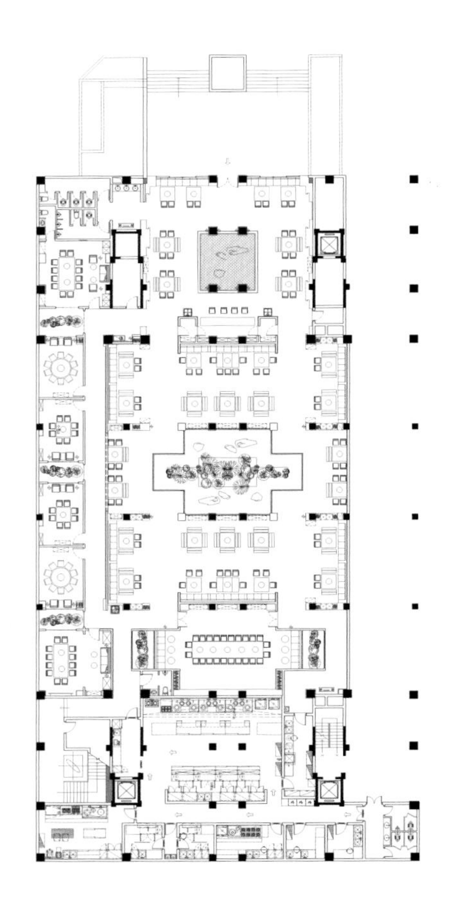

左：门店外立面
右1：山形倒影水景设计
右2：收银台

左1：主餐区
右2、主餐区
右1：包厢
右2：包厢

Kingdom Restaurant

金桃Kingdom餐厅

设计单位：杭州观堂设计
设　　计：张健
面　　积：845 m^2
主要材料：水磨石、地砖、白墙、工业灯
坐落地点：杭州和创园
完工时间：2015年6月
摄　　影：刘宇杰

综合体“31 间”是一个由 31Space 艺术空间、Kingdom 金桃餐厅、Hugo 虚谷设计酒店、元白展厅组成的集合空间。31 间坐落于杭州留和路东信和创园内。初建于 1958 年的老厂房，在历经 50 余年的风雨后，华丽转身为创意园区。31 间正是之前第 31 号厂房，占地面积 1100 平方米，挑高 10 余米，巨大的双人字顶木梁结构着实让人震撼。

31 间创始人之一，也是总设计师的张健在对第 31 间老车间改建和设计时，保留了时光的印记里原有的斑驳，同时又赋予她现代与时尚的气息。岁月的痕迹充实着建筑本身的气场，又与极简复古的设计感互相渗透。

Kingdom 金桃餐厅 10 余米的挑高打造为两层空间，入坐于二楼用餐，巨大的人字形木梁顶令人叹为观止。难得可见的古董甲壳虫车、20 世纪中叶的经典家具、复古机车群、工业时期的灯具，映衬着斑驳的墙壁、现代的咖啡机，在如此振奋人心的人字顶下人声鼎沸。

左：建筑外立面
右：就餐区

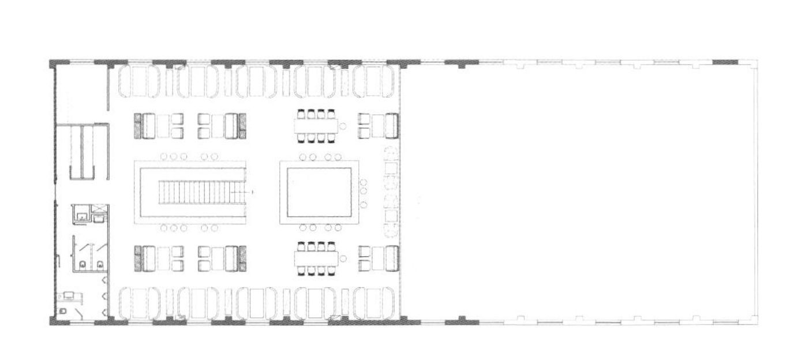

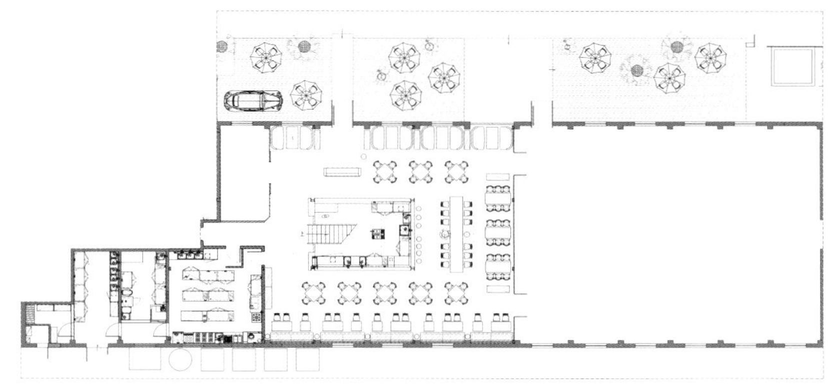

左1：二楼餐区
左2：二楼主餐区
右：楼梯

Diaoye Sirloin

雕爷牛腩

设计单位：古鲁奇公司
设　　计：利旭恒
参与设计：赵爽、高颂洋
面　　积：250 m²
坐落地点：北京
完工时间：2015年11月
摄　　影：孙翔宇

牛腩是香港随处可见的街头美食，一直是话题十足的北京雕爷，在几年前远赴香港拜见食神，大手笔 500 万港币买下食神神秘的牛腩秘方。北京雕爷牛腩就此诞生，试图把食神的牛腩推广到神州各地。

2015 年古鲁奇公司受邀为雕爷牛腩打造品牌全新形象店，为了将文化引入空间设计，设计团队将品牌目标客户的文人雅士与白领客群和中国古代的士大夫作了对话。士大夫即中国古代的知识分子，兴起于唐宋年间，败落于清末，正是这样一批文人骚客推动着文化才有今天中国文化的百花齐放。

富春山居文人雅士围绕曲水而聚，吟唱绝代风华的情境成为了古鲁奇设计试图还原的用餐体验。进入餐厅首先映入眼帘的是层层山脊叠加空间，转身步入用餐区，山脊环绕着几个独立餐区，山的外围则是现代演绎的曲水流觞，就如富春山居图里人坐在山中，卧于水旁，望着层层叠叠的山水，简约内敛的设计手法，古老的文化现代的诠释，期待客人用餐时诗意联想与体验。

左：主餐区
右：餐区局部

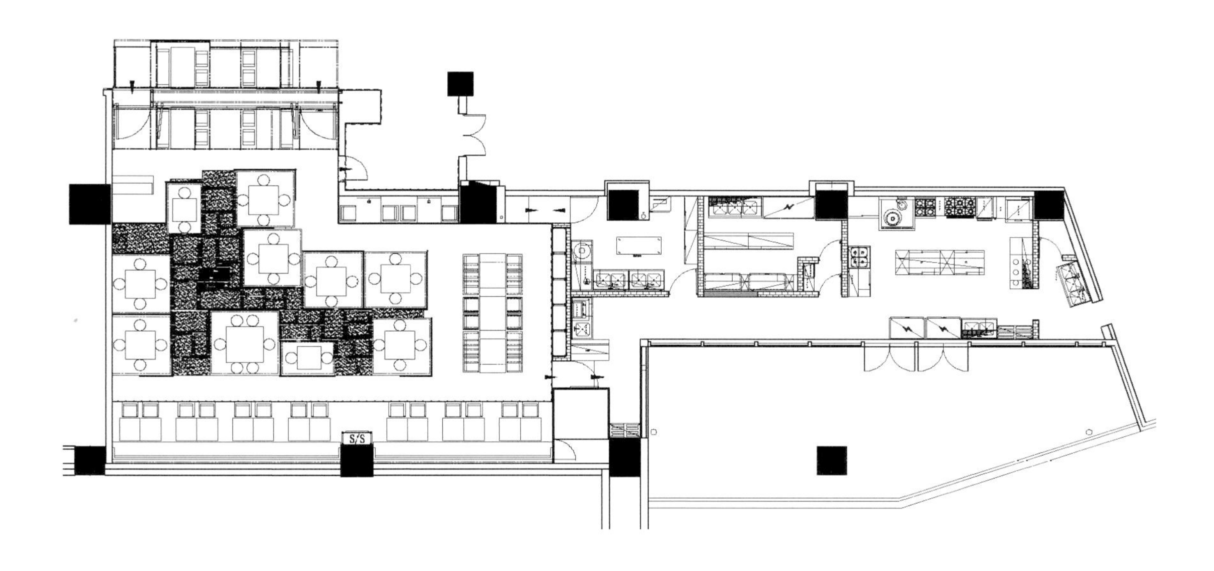
S/S

左1：古老的文化现代的诠释
左2：山脊环绕着几个独立餐区
右1：层层山脊叠加空间
右2：独立餐区局部

Toronto Seafood Buffet Restaurant

多伦多海鲜自助餐厅

设计单位：上瑞元筑设计顾问有限公司
设　　计：孙黎明
参与设计：耿顺峰、周怡冰
面　　积：920 m^2
主要材料：大理石、金属帘、木地板砖
坐落地点：江苏无锡万象城

本案在平面配置考量场地运用之灵活性，岛台区域与座位区有机结合衔接，动线布置串联结合地坪、金属挂链和立屏进行细部场域划界。

都会轻奢风格成为空间内在底蕴，试图捕捉都市就餐环境的新感观体验，在空间中提取金属构件元素，将皮革、镜面、布艺、精美的艺术拼接及讲究的金属构造通过金属挂帘的线索巧妙的串联转化为视觉引线，令它们穿引在空间、装置、色彩、光影的序列之中，烘托出就餐环境温暖典雅的气质，使空间整体气氛更为轻松自在。

设计以细腻观察与个人经验为出发点，复合了东西方往昔与现代都市的意向，轻奢摩登的视觉语法令本案浸润在时尚的都会气息中，使宾客享受美景佳肴之际，沉醉于大都会的生活情调中。

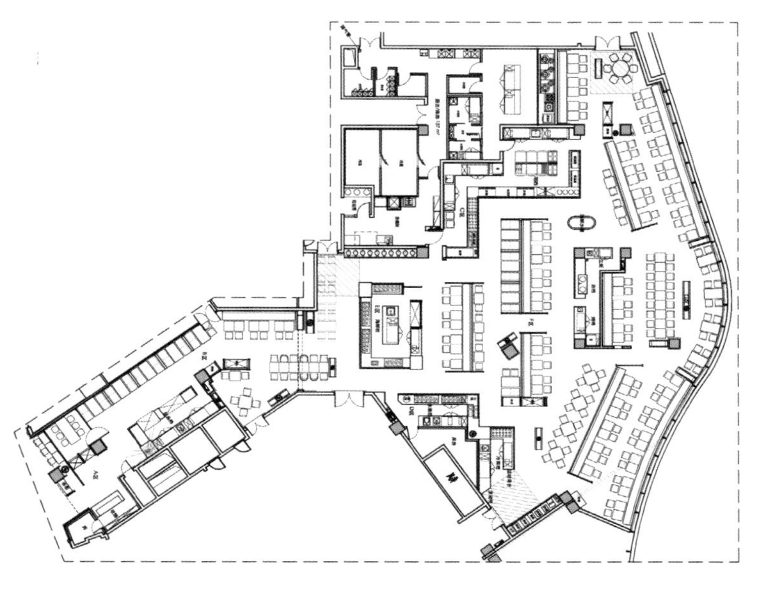

左1：外立面
左2：等候区
右1：岛台区域与座位区有机结合衔接
右2：主餐区

左：动线布置串联结合地坪、金属挂链和立屏进行细部场域划界

右1、右2：餐区局部

右3：卡座区

Yi'jia Celebrity Chef

伊家名厨

设计单位：宁波高得装饰设计有限公司
设　　计：范江
面　　积：580 m^2
主要材料：钢铁、水泥、木板、彩色氟碳漆
坐落地点：浙江余姚
摄　　影：潘宇峰

伊家名厨租赁商场一隅，空间最高有 8 米多，给设计师提供了多层次想象。设计师用台阶、坡道等方式来理顺空间的路径及区域划分，以集装箱为主造型去营造一种空间氛围的手法也多见，但做法不一，效果也会不一样，设计师一直想尝试，这次如愿以偿。将集装箱用并列、叠加的方式形成各种用餐空间，开了较多门窗，箱体由封闭变成了开放，形成内外借景，并利用集装箱的材质特点或借鉴其元素做成隔断、顶部装饰，让整体造型得以和谐。在最明显的地方设计了一块锈迹斑斑的长方形铁板，中间是一个椭圆形的镂空，镂刻出伊家名厨的英文名称 E SKITCHEN，上下以若干大小不一的齿轮做装饰，仿佛"伊家名厨"经历了漫长岁月，有了斑驳与沧桑。地坪是混凝土，局部用硬木地板，墙面也是清水混凝土，钢与铁大行其道，却没有冰冷的生硬感，因为空间里到处都是高纯度的湖蓝、苹果绿、玫红，这些洋溢着青春气息的色彩跃然而出，演奏着时尚年轻的乐章。

空间的饰品有着过往时代的标志性烙印与趣味性，比如用文化大革命宣传画，但高举的却是商品品牌，把强调政治第一的气概用来强调商业第一、品牌第一。铁皮招贴有老牌名星赫本、派克、梦露、李小龙，这些人物总归是人见人爱，花见开花。另有 20 世纪 30 ~ 60 年代令人怀念的各种中外商品广告画、旧汽车车牌与方形铁丝网兜进行组合，既是装饰又可插便笺条或放纳一些小物件，还有旧的公路指示牌、老电话机等随处可见，在集装箱上用白色油漆喷涂餐馆的英文缩写、数字，韵味连连，让人回味，怀旧也是一种时尚。

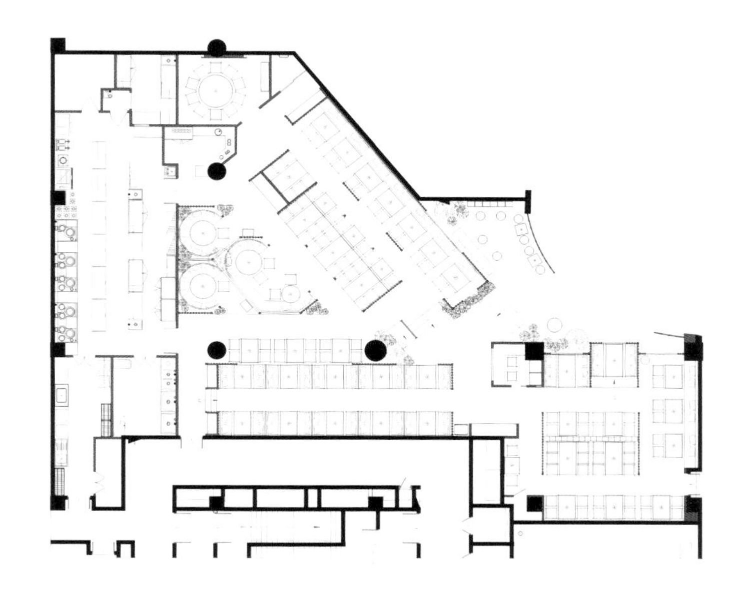

左、右2：机器、齿轮、轴承，还有烧锅炉的煤块，走过这片区域，便感受到不一样的空间气质
右1：局部

07
4196

左1：高低不一状如油漆筒的灯具是设计师特意设计去定做的

左2：空间透视

右1：餐厅局部

右2：餐厅局部

Quantum • Chanyuan Restaurant

量子 · 馋源餐厅

设计单位：FCD浮尘设计
设　　计：万浮尘
参与设计：唐海航、何亚运
面　　积：600 m²
主要材料：水泥、复合木地板、槽钢、钢丝
坐落地点：苏州
完工时间：2016年4月
摄　　影：潘宇峰

量子是苏州本地专门研究当地特色饮食文化的餐饮企业，本餐厅地处苏州斜塘老街东侧，设计时根据量子 . 馋源品牌的推广理念 :“吃 · 生活”为主题，结合苏州特有的历史文化和地域特色，对其进行了品牌文化和LOGO的延伸，做了空间的总体创意设计。以莲作为形象设计主体，通过对莲的延伸和提炼，在整个空间的重点区域着重体现，其中灯具、家具最为典型。

整个空间以深色调为主，在空间中植入钢丝编织成的银白色具有反光的“渔网”，营造出了苏州鱼米之乡的特色。利用层高优势，做了局部错层结构，错层上面有莲花形餐椅，下部有银白色钢丝编织的钢丝网，通过灯光照射，呈现出了一幅在渔网上坐着莲花用餐的奇妙景象。结合墙面大面积水泥面，营造出质朴禅意氛围。通过突出文化主题，强调品牌意识，弘扬苏州的“吃 · 生活”与餐饮文化的设计手段，将量子品牌进一步提升。

左：餐厅外景
右1：楼梯
右2：过道

左：餐区
右1：包厢
右2：包厢
右3：局部
右4：卫生间

PLENA127 - Korean Food Restaurant

PLENA127–韩式料理餐厅

设计单位：吕永中设计事务所
设　　计：吕永中
面　　积：726 m²
主要材料：胡桃木、水曲柳、榆木、黄铜、紫铜
坐落地点：上海
摄　　影：吴永长

餐厅包括室内和室外弧形露台两部分，总建筑面积约 960 平方米。委托方韩国梨树集团将其定位为高端韩式餐厅，设计在初始阶段就体现了一个清晰的挑战：如何处理餐厅室内空间与室外露台的关系，在空间中体现都市时尚与自然的和谐共生，从而创造出具有首尔独特魅力的餐饮空间体验。

原建筑弧形外立面受到结构的制约，墙体与外窗的交替显得零碎而不规则。由室内空间的节奏和明暗关系考虑，设计对外立面进行了整合，采用开放而连续的界面来加强室内与露台的联系。从餐厅内部使用者的观察角度出发，设计对户外景观进行梳理：一方面，在落地玻璃窗上方设置雨篷控制自然光线及景观视野，同时，在外窗与露台的恰当部位设置柔性景观隔断，如同一个个精巧的取景框为餐厅内部提供最合适的视野。

在餐厅内部，正对着主入口是一面长约 15 米的背景墙。从地面延伸到天花，墙体由浅色的麦秸板压制而成，立面上自由起伏的形态宛如微风拂动的麦浪，由近及远、层层叠叠展开一幅连续的画卷。“麦浪墙”不仅起到了屏风的作用，实现了内部与外部空间的场景过渡，它还承载了对空间进行物理和视觉上划分的功能。处于中轴位置的“麦浪墙”将餐饮区一左一右分隔成相对的私密区域和开放区域。延绵的墙体、阡陌交通的走道连廊，让人联想起古代城廓分隔城里城外的空间意向。“城外”是开放区域：靠近外窗、更加明亮，餐饮位置的布局也更加轻松自由，露台的意境在餐厅内部得以延展。与之形成对比的是“城内”区域：深阁之中，略显幽暗，餐饮位置的形态规整而对称，采用隔间与包厢来满足人们对私密性的要求。

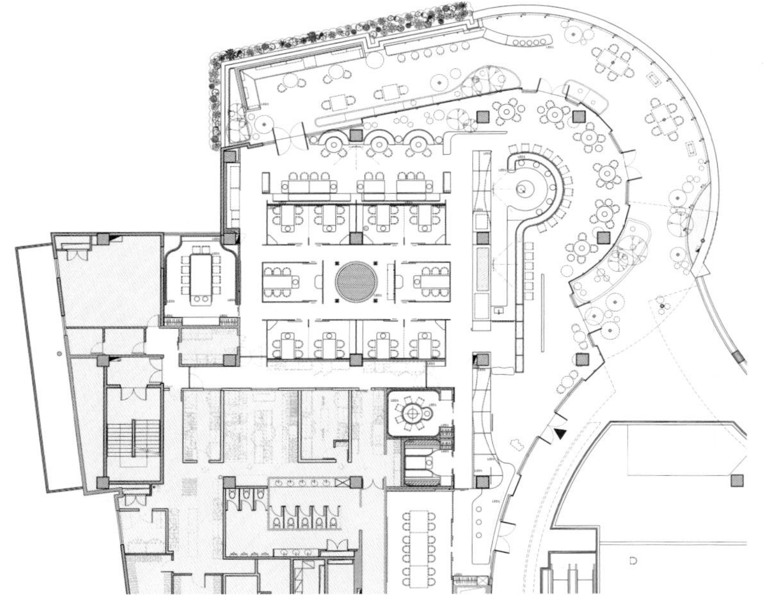

左：入口门厅麦浪墙
右1：麦浪墙细部
右2：城外区吧台
右3：城内区水景

游走于餐厅各处，可以感受到从室内顶面的钢板到立面的隔断，再到地面的水洗石铺装，材质更多地呈现出本身质朴自然的状态。木格栅、固定家具等细节的处理上，均采用了抽象麦穗衍生出的交错形式，与主体“麦浪墙”相得益彰。照明设计方面，餐厅更多采用点光源，从空间的高低的变化出发，在满足餐饮的功能需要之外营造出幽暗的都市氛围。

左1：城外区卡座
左2：城内区走廊
右1、右2：包房

Banu Hotpot

巴奴火锅

设计单位：河南鼎合建筑装饰设计工程有限公司
设　　计：孙华锋
面　　积：1550 m^2
主要材料：老木板、做旧钢板、红色烤漆玻璃
坐落地点：郑州
完工时间：2015年6月

在品牌餐饮的发展与扩张中，设计应和品牌一同成长与创新。郑州曼哈顿店延续巴奴独特的纤夫文化，并提炼其精髓，融入“团、聚”的概念，强化品牌形象与定位。

45° 角的空间布局配合超大尺度的中心岛台，红色玻璃屏风的穿插运用，丰富空间层次的变化，既展现了空间的序列美、韵律美，又使各就餐空间保持关联的同时兼顾私密性。

游走其间，红与黑、黑与白，铁锚、原木、岩石、玻璃，色彩、质感与光影的融合碰撞，宛如奇妙的催化剂，让气氛更热烈、让笑容更灿烂、让激情更洋溢，让灵魂更沉醉……

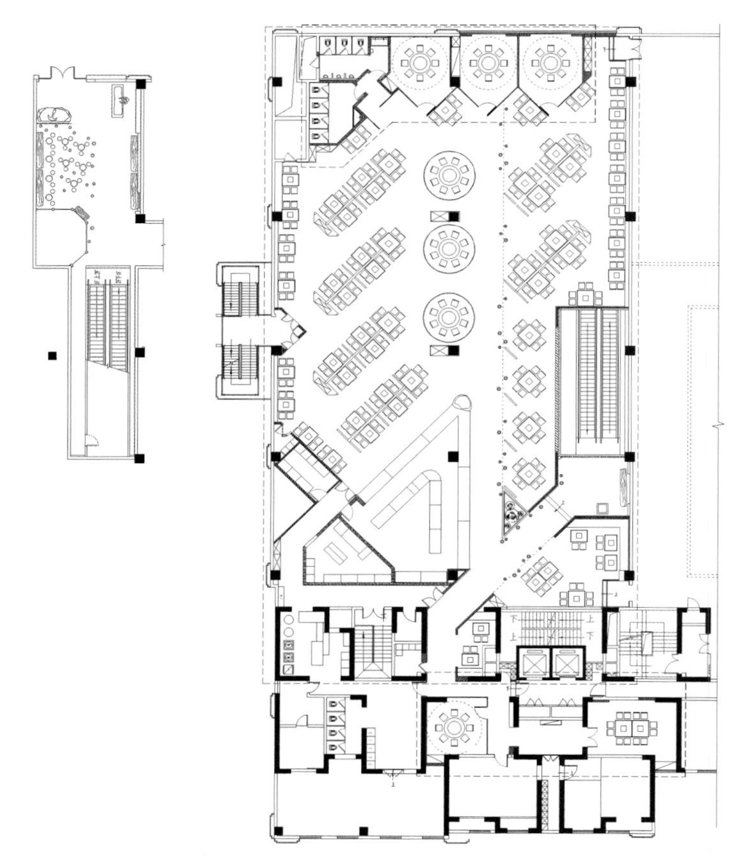

左：跳跃的色彩活化了空间
右1：铁锚、原木、岩石元素的融入焕发出其独特魅力
右2：红色玻璃屏风的穿插运用，丰富空间层次的变化

左：各就餐空间保持关联的同时兼顾私密性

右1：色彩、质感与光影的融合碰撞，宛如奇妙的催化剂

右2：局部

朝天门
201

THE 26 Restaurant

THE 26餐厅

设计单位：宁波矩阵酒店设计有限公司/宁波W.DA王践设计师事务所
设　　计：王践
参与设计：毛志泽、蓝蓝婉
面　　积：260 m²
主要材料：大理石、不锈钢、高光板、镜面玻璃
坐落地点：浙江宁波
完成时间：2016年4月
摄　　影：刘鹰

餐厅位于宁波南部商务区水街，周遭环绕数十幢顶级写字楼。北望宁波城区最大的鄞州公园，南接罗蒙环球城商圈，紧邻贯穿整个南部商务区的水系，环境优美，白领及高端商务人士云集。餐厅主打 26 道精美中西菜肴，每道菜品首字母均按 26 个英文字母排序，故餐厅以阿拉伯数字“26”命名。

餐厅原址是一写字楼的三楼中庭挑空部分，顶部是全钢结构的玻璃采光天顶。改造时将二层楼板浇筑封平，顶部为解决隔热问题，弃用采光玻璃改用隔热材料封实。为保证空间高度，在满足设备安装需求前提下，尽量采用扁平化，轻量化设计，采光则保留了东侧沿水街景观的大面落地玻璃幕墙。

由于面积限制空间不规则，餐厅仅设一间包房，其余均以开放式布局处理。虽然空间的形态、布局要符合必要的逻辑性，但还应该蕴含一种直指人心的力量，令视觉美感与人性需求完美结合。为深化就餐体验，设计师突破了有限的空间限制，将主餐区、卡座、散座、半包厢与备餐区有机排布，共同营造时尚灵动的空间氛围，满足不同的视觉和就餐体验。

色彩搭配上采用了最能体现尊贵与时尚的金色、黑色作为主色调。家具则以明亮艳丽的绿色穿插其间，大量运用转折的金色线条勾勒黑色的界面。主餐区顶部采用轻量化的设计，将订制的金色线性吊灯安装在顶部风口处，以左右穿插悬挂的方式提供照明，既减轻平顶悬挂负担，也丰富了中部主餐区的空间层次。

整个餐厅采用了形色各异的羽毛图案作为装饰，羽毛的轻盈飘逸与多变的形式让空间不再因为大量的黑色而显得沉闷，餐厅西侧通长沙发区的大幅羽毛图案墙，透过前面有序排列拉伸的透明鱼线，在灯光的映衬下凸显成为整个空间的视觉焦点。

左：进门过道
右1：因面积限制空间不规则餐厅仅设一间包房，其余均以开放式布局处理
右2：装饰细节
右3：主餐区

左1：色彩搭配上采用了最能体现尊贵与时尚的金色、黑色作为主色调

左2：不同餐区不一样的视觉和就餐体验

右1：大幅羽毛图案墙在灯光映衬下凸显成为整个空间的视觉焦点

右2：半包厢区域

Caidiexuan

采蝶轩

设计单位：GID香港格瑞龙国际设计
设　　计：曾建龙
面　　积：676 m^2
主要材料：深伽利灰大理石、罗马银灰洞石、马赛克
坐落地点：浙江嘉兴

在当今互联网时代，所有商业运营模式都被颠覆，唯有餐饮相对常态化。国家整顿腐败政策出台后，很多“奢华风味浓重”的私人会所餐饮逐渐退出百姓视线，而“时尚餐饮”却如雨后春笋般出现。作为香港著名餐饮品牌，同样需针对消费群体改变商业布局、做出菜品变革，而变革第一步就是：空间设计调性的重新定位。

本案设计师以全新视角解读当下时尚餐饮，以消费者的视角，通过消费者的体验来划分空间结构布局，保证合理动线的同时，开放最大空间视觉效果。用传统东方结合现代时尚的设计理念处理空间相关结构组织效果，区域与结点的转换通过高低、家具色调、灯光效果变化来进行分离，设计呈现“时尚蝶恋之花、水墨江南”为初衷的解读方式，是时尚与传统的交融，是经典问候流行。

左：合理划分空间结构布局
右：餐区

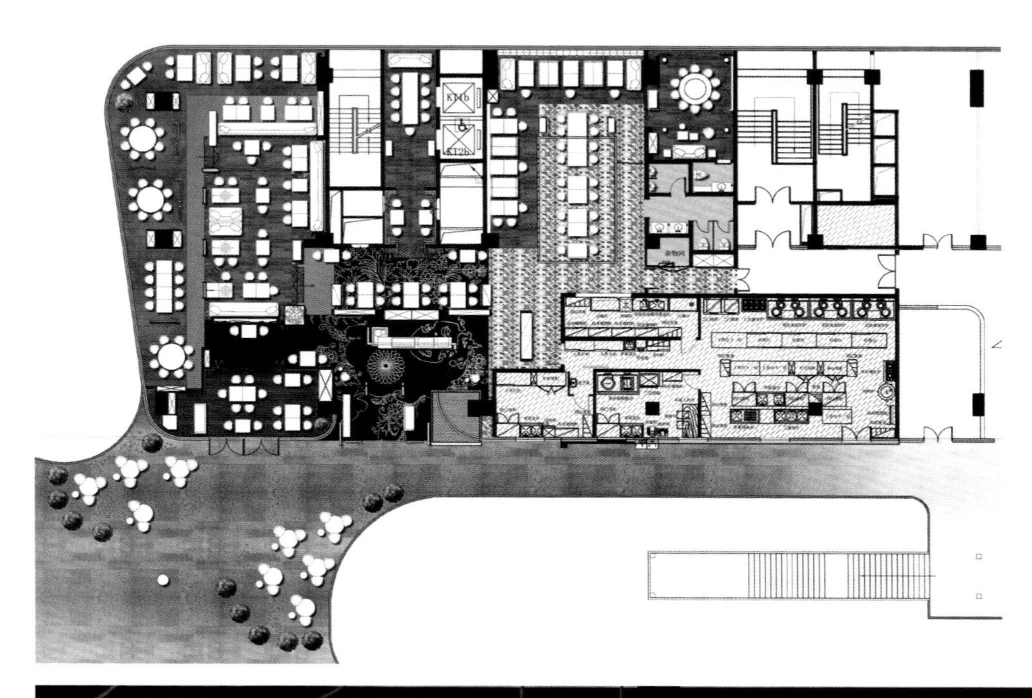

左1：用传统东方结合现代时尚的设计理念处理空间

左2：局部

右1：卡座

右2：包厢

右3：开放最大空间视觉效果

Meiyuan Chunxiao Restaurant

梅园春晓餐厅

设计单位：W.DESIGN无间建筑设计有限公司
设　　计：吴滨
面　　积：592 m^2
坐落地点：上海
完成时间：2016年1月
摄　　影：陈乙

餐厅地处上海，是本帮菜老品牌梅园村的创新，作为家族继承人，梅大小姐从小耳濡目染了家族对于老上海味道的传承，和自己的祖母一样她也不乏上海女人的精致。但比起传统，她更在乎于革新，她希望梅园春晓具有年轻的气息，不再单纯吸引老上海也能同样服务于新上海。

在整个空间架构中，设计师希望硬装部分能表现力与美的较量，对于原有的水泥柱子，并未做过多装饰处理，而是于不经意间穿插了些许铜质线条，借以表现老上海后工业时代的粗犷与豪迈。很大程度上，只有人们抛弃了彩色的时代性，追求黑白的单纯感才显得更加永恒。而从思想和创作意念来看，黑似乎更具象征意义，更能深入对象本质。餐厅桌子大都以黑色诠释，配以硬朗笔直金色吊灯，灯光打在上面，阴影层次鲜明，影射出梅园春晓时尚丰富的品牌内涵。

亦如新生代的上海女人们：懂生活，会生活，举手投足间流露出与生俱来的贵族气息。在不断创造过程中，本案设计师逐渐懂得了何谓“以物养人”，在他看来，物件有超越单纯的功能性，让人产生恍惚感，哪怕看到简单的桌面，也可能瞬间跳出现实，产生特别的灵感。就像冯·斯登堡于 1932 年拍摄的黑白电影《上海快车》中呈现的场景一样：军阀混战的乱世，现代化设施与落后生活习惯的碰撞，闪烁的霓虹灯下处处潜藏着危机。这其中，必然有一名曼妙的中国美人，身着旗袍、单眼皮、一弯细眉、两片红唇，以此勾勒出一场对于“中国风”的幻想，是整场意象的点睛之笔。

设计师将这种点睛之笔巧妙的带到了梅园春晓的空间架构中，充满 20 世纪人文气息的女性照片置于墙面和椅背之上，若有所思的注视前方，赋予整个空间一种岁月静好的生活方式，一种全新的审美情趣，一种浪漫主义的世纪情怀，与铜质线条共同构成了力与美的对比。

左1：彰显典雅浪漫主义气质
左2：地面精美装饰
右：入口即是一道美丽风景

miss
mei

左：接待台局部

右1：餐厅桌子大都以黑色诠释，配以硬朗笔直金色吊灯

右2：不经意间穿插了些许铜质线条，借以表现老上海后工业时代的粗犷与豪迈

左1、左2：精致无处不在

左3：充满20世纪人文气息的女性照片置于墙面和椅背之上，赋予整个空间一种岁月静好的生活方式

右1：局部透视

右2：卡座区

Lan'ge Restaurant

蓝阁餐厅

设计单位：厦门喜玛拉雅设计装修有限公司
设　　计：胡若愚
参与设计：曾锦宁
面　　积：470 m^2
主要材料：蓝色波纹艺术玻璃、蓝色墙布硬包、仿黄铜拉丝不锈钢
坐落地点：厦门
完成时间：2016年4月
摄　　影：申强

餐厅为社区会所的配套，以蓝色为主调，打造低调奢华又具浪漫情怀的个性餐饮空间。用时尚的仿铜穿孔透光板形成入口门套，将客人引入梦幻般的就餐环境。

大厅及公共走道墙面用仿铜不锈钢精致切分，上下为黑色皮质硬包，中央为蓝色波纹艺术玻璃和蓝色墙布硬包穿插组合，形成空间的主轴。黄铜色的半球状灯饰悬吊空间上下，天花配合风口设计做不规则大小三角形凹线分割构图，成为空间另一造型要素。外走廊利用原有柱子凹凸做内嵌酒柜，在上下穿孔板的灯光漫射和周围蓝色材质的映衬下，更添几分奢华。

通向包厢的内走廊两侧阵列通长铜质壁灯，仪式感十足。走廊尽头是包厢的入口屏风，延续外场不规则大小三角形的构图，三种不同质感和颜色的玻璃组合成视觉焦点。与外场浓烈色彩相对比的是包厢宁静的氛围营造，素雅的墙纸饰面，用铜线勾边，蓝色主题的装饰画和金色蓝色的大小玻璃圆盘挂饰，呼应蓝色主题。天花同样结合风口和嵌灯做不规则凹线切分，但此处是中式花格意象的抽象提炼，相呼应的是各餐柜上金色吊架上的青花陶罐，低调奢华中透出东方审美情趣。

左1：用时尚的仿铜穿孔透光板形成入口门套，将客人引入梦幻般就餐环境
左2：包厢入口屏风三种不同质感和颜色玻璃组合成视觉焦点
右1：铜饰细节
右2：仿铜不锈钢板和黑色皮革组合成精致的迎宾台

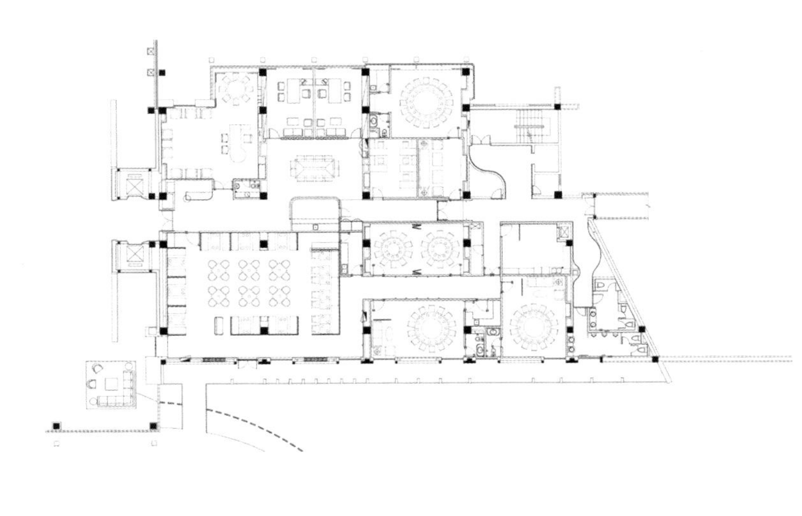

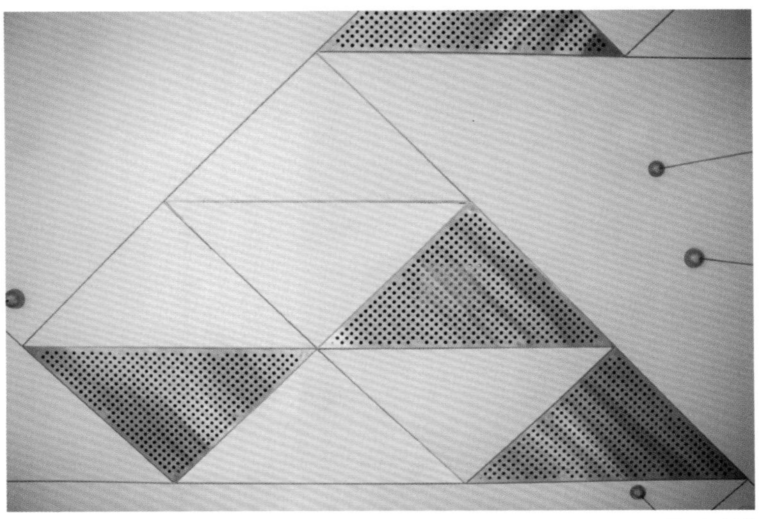

左：外走廊利用原有柱子凹凸做内嵌酒柜

右1：通向包厢的内走廊两侧阵列通长铜质壁灯，仪式感十足

右2：餐柜金色吊架上的青花陶罐，低调奢华透出东方审美情趣

CHANCE Restaurant

CHANCE 餐厅

设计单位：无锡市发现之旅设计有限公司
设　　计：孙传进、胡强、陈以军、何海彬
面　　积：400 m^2
主要材料：铁锈、复古花砖、混凝土、钢筋
坐落地点：安徽芜湖

设计以主流消费群体为灵感，不同于其他设计，源于对人群背景，美学倾向，透过对生活剖析，上演一场基于本世纪新人类的喜好，华丽另类状态，转化为一个主题语言。

前区频闪交通信号灯，在人流如潮大环境中，冲突的表现了设计师在商业展示方面具前沿性的思维。古老、斑驳又极具力量感的 20 世纪集装货柜，倾诉漂洋过海的经历，在环抱的彩色灯泡烘托的“化妆镜”前，过往行人，心间亦有同样的唏嘘和沧桑，激发一探究竟的欲望。

车语言的刻画和精心装饰丰富了整体表情，防滑钢板作为前区地面质地，强调极其的冷硬感，使心情有舒缓回温，体验感十足，划分区域的同时自然成为导流艺术标识。动线在核心区形成了一个集结区，“CHANCE”邂逅在其他的“心”点，设计师给予空间第一次回馈，精致汇聚，形成意念，这是现实的一次邂逅，也是设计师的心声。

当代建筑难道只能用那些看起来完整的混凝土来表现吗？此外，设计师尝试用日常生活艺术中的手法，涂鸦，SCRAWL，指路牌，花花草草，绿植墙再一次平衡了这些视觉基点。全案以现代艺术的表现手法，汽车、钢铁、混凝土等工业元素在低调的空间里，在相对艳丽的质感家具映衬下，将顾客置身于生机盎然的交汇和纯粹的世界里。

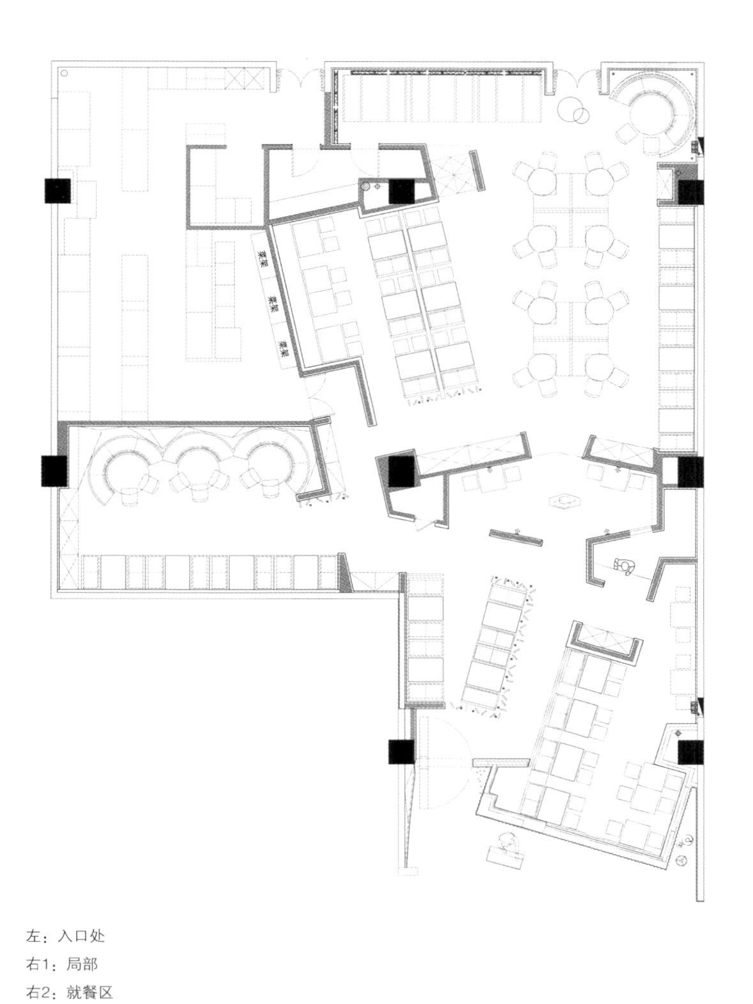

左：入口处
右1：局部
右2：就餐区

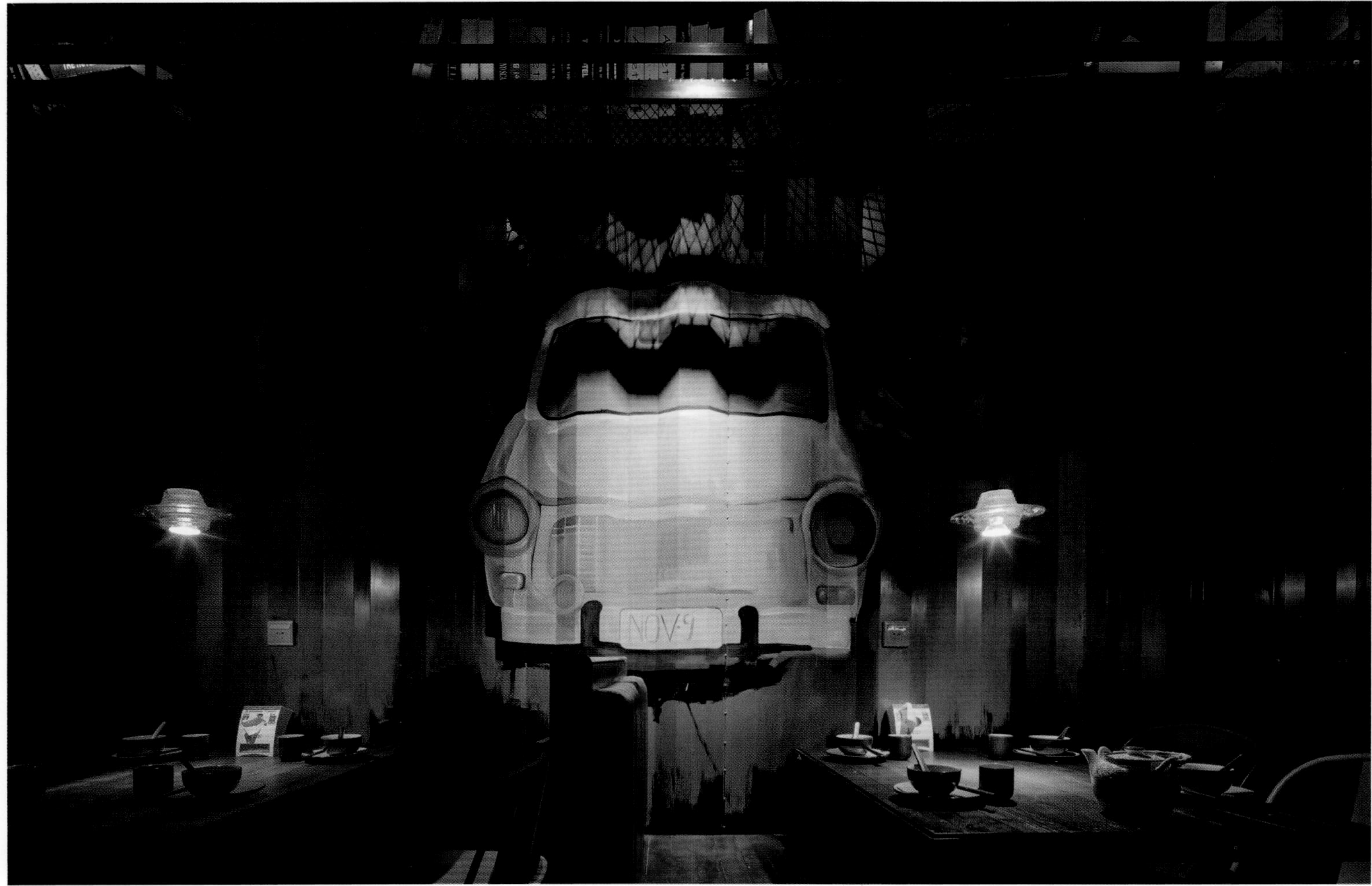
NOV·9

左1：用餐区背景涂鸦墙
左2：细节
左3：餐区局部
右：主餐区

Chuanbazi Hotpot

川坝子火锅

设计单位：合肥铂石空间设计机构
设　　计：胡迪
参与设计：聂文钦、徐磊
面　　积：700 m²
主要材料：仿古砖洗白、水泥、彩色玻璃、红砖、钢板
坐落地点：合肥
完工时间：2016年1月
摄　　影：金啸文

空间运用内建筑的表现手法，将传统建筑形制用现代材料重新建构，以浓厚的浪漫主义情怀创造出不同以往的装饰手法，用当代思维将中国传统文化全新演绎，颠覆人们对火锅店形象的传统印象。外立面使用红砖和灰白色现浇混凝土作为主体结构，红砖以重复叠加的砌筑手法，表达出红火的热烈气氛。室内色彩受四川鸳鸯火锅启发，以红白两色为基本色调，白色纯净高雅，红色热烈沸腾，相互交织演绎出别样的巴蜀氛围。

入口处网状玄关，增加了空间层次感，同时营造出梦幻般的光影效果。内部钢结构玻璃房组合成不同用餐区，白色钢构、红色玻璃与浅色枫木板的组合，既现代时尚又烘托出浪漫情调。异型楼梯蜿蜒上升，直通圆形中厅，表达出天圆地方的中国传统哲学思想，让人产生对天府之国的想象。二层圆形中厅形成交通流线中心，自然分配客流。直通到顶的鸟笼状护栏也让空间充满灵动感，弧形墙面通过椭圆形的开口展露出蓬勃的绿色生机。

整体空间虚实相间，布局巧妙，让观者产生出无限的视觉感官上的联想。麻辣之刚烈，清淡之柔美，融合之恰当，这便是火锅煮沸的生命的滋味。

左：入口
右1：细节
右2：入口处的网状玄关、白色钢构与红色玻璃的组合增加了空间的层次感

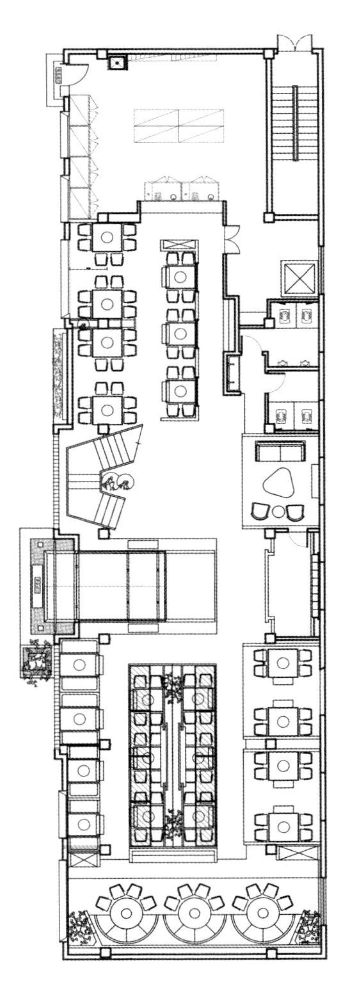
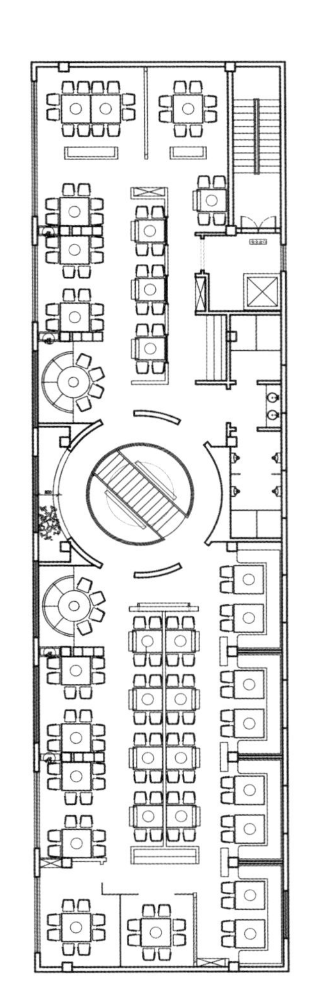

左1：一层楼梯厅异型楼梯蜿蜒上升

左2：楼梯俯视，弧形墙面通过椭圆形的开口展露出蓬勃的绿色生机

右1：一层卡座

右2：二层南卡包

右3：玻璃房子

Baiyuexuan Restaurant

佰悦轩餐厅

设计单位：许建国建筑室内装饰设计有限公司
设　　计：许建国
参与设计：陈涛、刘丹
面　　积：890 m²
主要材料：砖、旧木、水泥、钢板
坐落地点：安徽合肥
完工时间：2015年10月
摄　　影：刘腾飞

该项目是水泥设计院的老厂房，由纵横两栋楼组成的呈L形。原建筑内部都是空的，因此在设计时需要进行整体空间改造。

从功能上，设计师考虑在室内新建楼板层，把空间划分为上下两层，提高空间使用率。副楼层高比主楼要矮，做两层层高不够，为解决这个问题，将副楼采取整体下挖的方式以满足一层层高。其次在主楼前面搭建了一个空间。解决了门厅和楼梯的位置问题，让两栋楼很自然地构成一个整体空间。

由于老厂房的建筑外观已被改建成徽派建筑风格，所以搭建的门厅造型和材质是由徽派风格为根基演变的。入口两边的竹节水泥墙面质朴又表达出文人气息，从中间的石板路进入厅堂，两侧水池里金鱼戏水莲花洁净，水泥盆里散开一束温润的竹，与竹节铁管搭建的屋檐相映衬，整体的简洁和调性传达出一种君子之风。穿过圆拱形的门洞，进入厅堂，最大的亮点是楼梯上方整面的玻璃顶，可以抬头见天，自然享受。楼梯踏板墙面上可见光照投来的一束束竹的光影，如诗如画。

空间内部的装饰考虑到本案的预算限制和实际情况，我们在保留了原建筑顶及砖墙的基础上进行简单装饰。简洁却不简单，平衡新旧材质的碰撞，把握比例的重塑都是要考虑的。

空间以走道和包厢为主，走道的低照明与狭长有序列感的陈设，形成空寂感。

左：外立面
右：入口

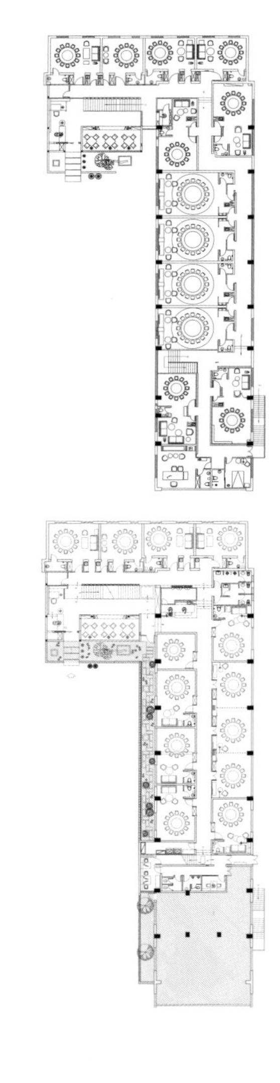

左1：外景
左2：楼梯
右1：过道
右2：包厢
右3：卡座
右4：包厢

Dee Vegetarian Meal & Tea Space

棣Dee 蔬食茶空间

设计单位：经典国际设计师事务所
设　　计：王砚晨、李向宁、李筱妮
面　　积：410 m^2
主要材料：非洲花梨、免漆榆木、锈钢板、回收旧木板
坐落地点：北京
完成时间：2015年10月
摄　　影：张毅

棣 Dee 蔬食茶空间由中国厨娘梁棣创立，本着“顺应自然，臻味健康，茶养人生的理念”为喜爱素食和茶的人群提供多样休闲生活饮食。

餐厅原建筑是 20 世纪 80 年代初的砖混预制板结构，原本拆除墙面抹灰层，露出质朴红砖墙面，只可惜，红砖品质欠佳，坑洼残缺，为此多方想办法，诸不适合，最终将金刚砂与喷砂设备运至现场，通过强力喷砂工艺，红砖表面获得一定的清洁度和朴拙感，效果令人欣喜。天花预制板钻孔掉渣无法承受现在天花吊顶综合设备的荷载要求，通过在结构梁之间加固工字钢梁，空调和机电设备得以附属在钢梁内，通过严谨排布穿插计算使得设备整齐划一，与天花原有的预制楼板共同组成新的视觉映像。建筑主立面朝西，解决午后的西晒和室内引入户外的自然景观成为重要的课题，窗户决定室内与室外的风景，更换原有分隔窗扇，整块中空玻璃落地窗带来开阔的视线，形成自然的画面，窗外的竹林既是风景的主角，也是过滤光线的屏障。

步入竹林，繁杂都市被隔绝在身后，沿着景石翠竹夹道，有逐鹿水溢自鸣。屋内落地窗下三张原木非洲花梨，可供三两友人相聚；主就餐区七米独板花梨长桌，八百年古树自然天成，群友围桌而坐，悠然自得。窗外竹林小径中水汽氤氲，夏日感受无形的沁凉温度。盛器选用质朴的陶器、竹编，与桌面自然纹理相呼应，茶具杯盏安置在简洁古朴的免漆榆木展柜上，相得益彰。影壁墙粗看是冰冷的清水混凝土，细看则有松木模板温暖的木头纹理，随着光线的变化，婆娑的竹影在影壁墙上轻轻掠过，动静相生。整个室内室外无过分矫饰，是我们对自然的崇敬

左：坐在屋檐下竹林边，清风徐来
右1：茶具杯盏安置在简洁古朴的免漆榆木展柜上，相得益彰
右2：室内外无过分矫饰，是我们对自然的一种崇敬

之情，自然以一种意向的形式融入庭院设计，光与影之间隐藏着难觅其形的精神世界，内心诞生对“无”的认知。

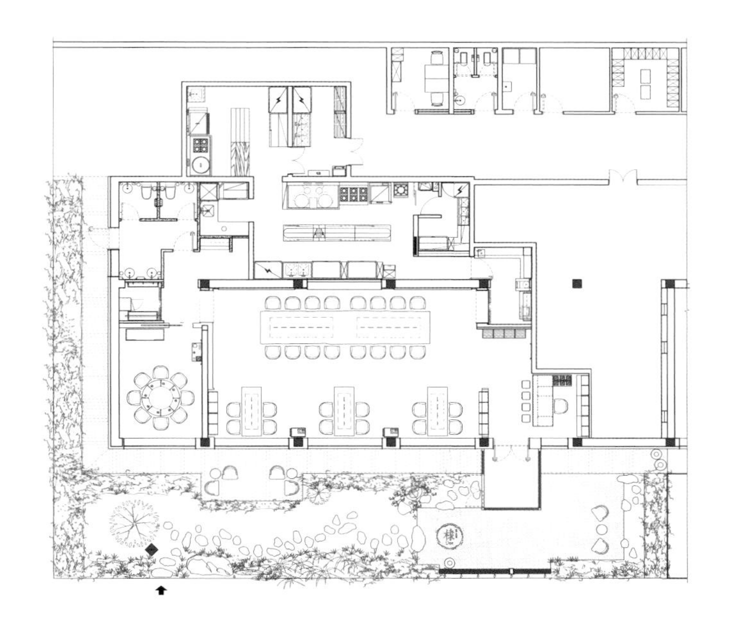

左1：主就餐区侧面
左2：落地窗下三张原木非洲花梨可供三两友人相聚
左3：阳光透过竹林，斜入屋内
右1：红砖表面处理获得一定的清洁度和粗糙度
右2：透过茶具展示架，空间安静自然

Ajimi-Japanese Restaurant

味见日本料理

设计单位：上海黑泡泡建筑装饰设计工程有限公司
设　　计：孙天文
面　　积：700 m^2
主要材料：硅藻泥、花岗岩
坐落地点：长春
摄　　影：THREE IMAGES 三像摄影

用简约的手法营造充满现代禅意的日式料理，人为加长了入户长度，让空间得以安静。用材以吉林当地花岗岩和硅藻泥为主，大厅散座区卷起一角的花岗石悬挑，将材料的特性颠覆，起到了柔化空间的作用。8 米长、1.4 米宽的木板搭配现代日式的艺术画，把人带到日本文化的场景。采取暖色和蓝色两种灯光氛围，既满足不同时段功能需求，又创造了独特的视觉效果。

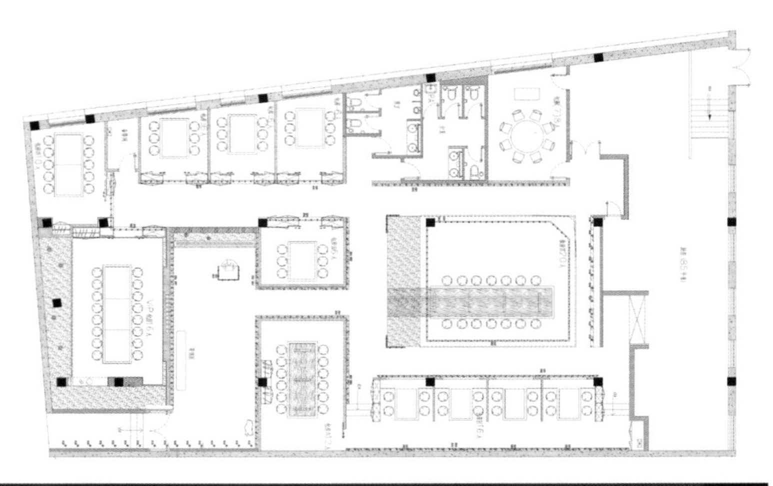

左：简约手法营造充满现代禅意空间
右1：大厅8米长、1.4米宽的木板搭配现代日式的艺术画
右2：弥漫着浓郁日本文化气息的大包房

左1：暖色和蓝色两种灯光氛围创造了独特视觉效果

左2：墙壁上的酒瓶装饰艺术效果

右：空间透视

Fashion Film Beijing Yan Dining

北京宴金宝汇店电影主题餐厅

设计单位：杭州山水组合建筑装饰设计有限公司
主持设计：陈林、陈石林、芮孝国
参与设计：盛加喜、刘墨
面　　积：$1800\ m^2$
主要材料：铁艺、木材、石材
坐落地点：北京
摄　　影：苏小火

中国室内设计十大人物之一陈林，在首都北京推出了两件新作，分别是“北京宴·京剧”和“北京宴·电影”。尤其是后者，悄然引来了一众电影界人士的关注。作为中国电影的中心，北京聚集了中国绝大多数电影导演、编剧、明星、摄像、场记等，让专业人士赞赏甚至参与并不容易，但陈林做到了。李冰冰、黄晓明、黄渤、任泉、井柏然、何炅六位明星大腕，不久前正式入股“北京宴·电影”，并将陆续推出一系列“电影美学与生活艺术”的活动，这家以电影为主题的餐厅终于名至实归。

为什么是“电影主题”？设计师坦言电影是人们最容易产生共鸣的主题，我们不约而同会因为共同的影像记忆而产生共知，唤起我们对周围环境和空间的感知，传达个体对空间的感受度、参与感和发言权。我们希望空间唤起造梦的可能。

很多时候，设计师的情感是很个人化的，陈林喜欢在设计中唤醒人们记忆深处的情感，“我想尝试用新艺术空间的方式思考三维，四维，仿真，穿越，以至于怀旧的意味，动态的气候和音效的配合让我们的感知是富足的，犹如造梦般。电影可以是最直接的，我们顺应着它们的情节并且参与延续自己的故事。”这个以电影为主题的北京宴餐厅就是一场造梦之旅，人们在现实和超现实中交替，来到这里不仅是为了吃，更是一场热烈的交谈，一种入戏的情迷，饮食男女之间精神与审美的交换。

陈林为北京宴·电影餐厅设定了 4 大街区、花园、玻璃房和 16 个不同电影主题的包厢，尝试还原午夜巴黎的屋檐下，雨中曲，盗梦的空间；罗马的假日；走出

笼子电梯去遇见卓别林；还有儿童最纯真的色彩《宫崎骏的世界》；以沉郁冷静的风格讲述一段颇具浪漫主义黑帮史诗的《教父》；力量与荣耀的《角斗士》；还有对于女性的感知，暧昧的橘色，纠结的领带，曼妙的张曼玉的旗袍和剧照，回到那个年代香港的味道。这便是《花样年华》……陈林用光制造了落日，用雨制造了温度，用雷、风和火车的鸣笛制造了声音，用闪电制造了视觉，用雾幕制造了穿越，用陈设制造怀旧。

在北京宴·电影主题餐厅用餐的所有感知，是极致的也是亲切的。人们在此或坐，或走，或停止，或冥想，或嬉戏，在这里，空间自动叙事，人们只需放下自我去成为主角。在这家餐厅里用眼睛去看，用皮肤去感知，用手去触摸，用身体去邂逅。人们身临其境，感受并找到各自的情感记忆。

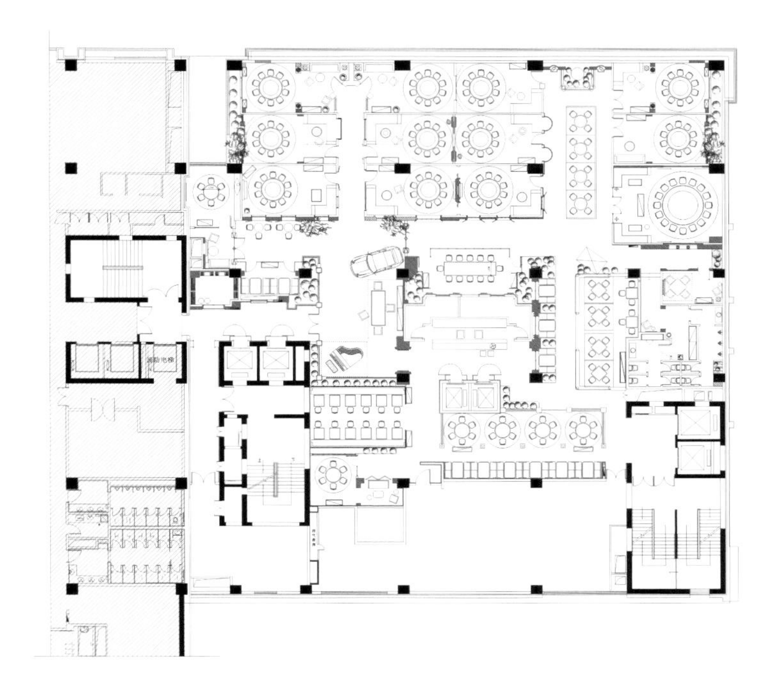

左：对称的布局

右：造梦之旅就此展开

BEIJING YAN
ROUTE

2014

左1、左2：浓浓的怀旧气氛
右1：走道
右2、右3：餐厅局部

左1、左2：院落的过道

左3：铁门开启了入戏的情迷

右1、右2：丰富多变的色彩

PIGGY

杭州小猪猪 —— 卖萌美学的极致诠释

设计单位：杭州山水组合建筑装饰设计有限公司
设　　计：陈林、芮孝国
参与设计：盛加喜、吴恺
面　　积：250 m^2
主要材料：钢结构
坐落地点：杭州
摄　　影：陈乙

紧凑的商超店，极具夸张的缤纷色彩，站在门口憨厚迎客的萌宠猪猪……工艺美术专业出身的设计师陈林，翻遍美国、日本、香港等各地书店中关于猪猪的形象，写真的、卡通的、具象的、抽象的，可始终没有找到那一头让人眼前一亮的“PIGGY”，于是，他决定自己设计。无数个不眠夜晚，夜半人静画图至破晓，不断地画，不断地修改，从定五官到定全身，再定穿什么衣服，两脚站立或四肢行走的各种造型、各种动作，一个都不能少。

从店面到进店用餐，门口排队等待用餐的小猪雕塑、店内陈列各式精致的小猪玩偶和工艺品、趴在管道上的修管道小猪……各种形态憨态可掬，完全营造了一个欢乐的“猪圈”氛围。

小猪猪的空间设计秉承“空间里搭建筑体”，尝试用空间社区集成式的全新理念。虽然空间紧凑，却依然打造出了一个个小建筑体，让邻与邻之间既分开又相交，在“房子”里用餐，增加彼此感情。

小猪猪走年轻时尚人群的定位，空间采用大量的绚丽色彩，充满戏剧感，走进里面顿时血脉喷张，配上重金属摇滚音乐，所有人都会不自觉嗨起来。

工业风是当下年轻人的审美主流，但是设计师在用大量钢结构规划空间的同时又增加各种鲜艳饱满的色彩来装饰，而不是工业风一贯黑灰的冷淡色调。“因为小猪猪的群体几乎大部分都是90后，他们本来就是跨界、混搭的一代，那餐厅能给现代年轻人带来什么？我希望是美学和记忆力，卖萌的美学，造型上的记忆力都是我想传达的设计思想。”设计师陈林如是说。

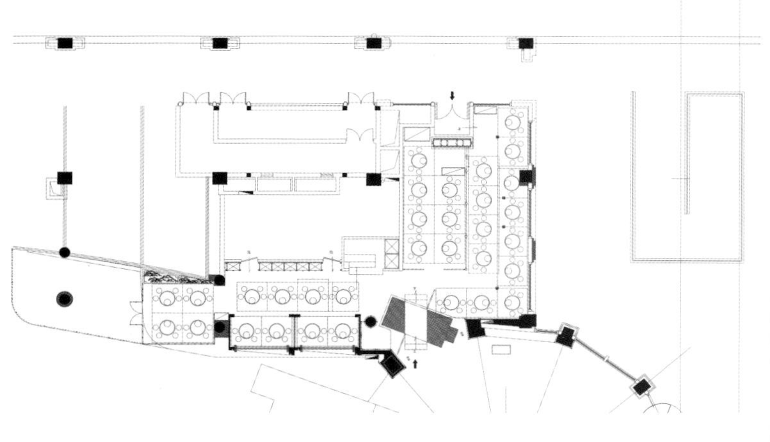

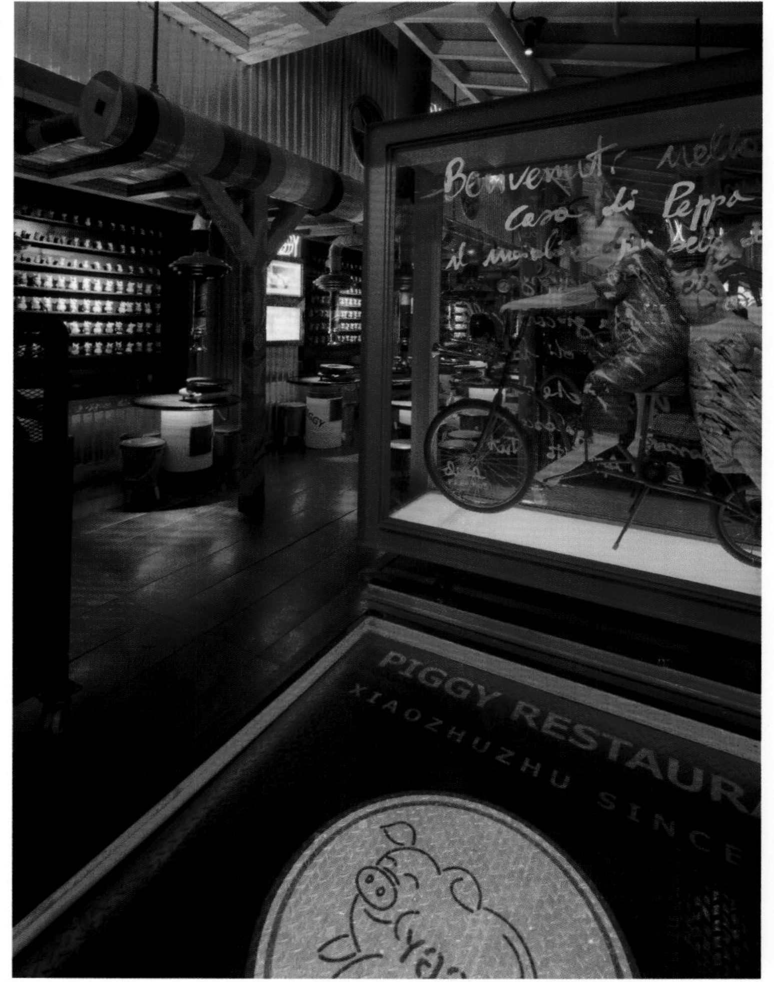

左、右1：迎客的小猪
右2、右3：顶部丰富的管道造型

PIGGY
PIGGY

WELCOMEPIGGY

WELCO
THE RIGHT KIND OF WRONG

PIGGY

左1：萌飞了的小猪
左2、右2：绚烂的灯光充满戏剧感
右1：摩登大屏

Jianghu Chanyu Sales Center

江湖禅语销售中心

设计单位：大易国际设计事业有限公司 · 邱春瑞设计师事务所
设　　计：邱春瑞
面　　积：800 m^2
主要用材：木纹石、灰麻石、山西黑、榆木
坐落地点：江西宜春
摄　　影：大斌

没有过多装饰，简洁、清秀，却处处散发着传统的底韵，这就是本案设计最大特色。项目地处宜春市“风水宝地”，从地理位置上首当其冲占据了绝对优势：向西靠近秀江御景花园住宅区，向东毗邻御景国际会馆，南朝向湿地公园。销售中心的本体是一家营业多年的海鲜酒楼，后因经营问题便转卖给我们的客户，进入后厅的就餐区依然能感受到酒楼的气息，那么它更像是旧楼再利用和改造，充分发挥了设计师的创作能力和空间合理再利用能力。地理位置的选定同时也决定了本楼盘的定位和主要针对的客户群体，噱头的营造在某种意义上能够起到锦上添花的功效。

“室内是建筑的延伸”，这是设计师独到的见解，建筑和室内不应该是相互独立存在着，而是要相辅相成，这样的认识也是本案的成功之所在。整栋建筑分为三层，除一层主要展示空间，其余两层分布为 VIP 室、办公区和就餐区。通过“里应外合”的串联，使得设计更富有魅力。设计初期，设计师对中国传统合院式的“目”字型的三进院落进行推敲，匠心独运提炼出其最精华的元素：通过正面左边大门须穿过一段设计好的水景区域再步入销售中心正门，这样的设置，能更好的贴切中式传统庭室院落的婉约和内敛；室内空间布局主要分成三个区域，中间的为前台接待区，左边为洽谈区，右边为展厅，三大空间通过人为隔断，既各自独立存在，又融会贯通，这样的设计手法在中式传统的庭院中体现得淋漓尽致，将其运用到室内空间中也别有一番风味。

格栅作为设计的主题元素，让东方禅味意犹未尽。纤直的实木条排列在室内空间中随处可见，寓意着正直、包容、豁达、沉稳。建筑结构运用钢结构来延续这番

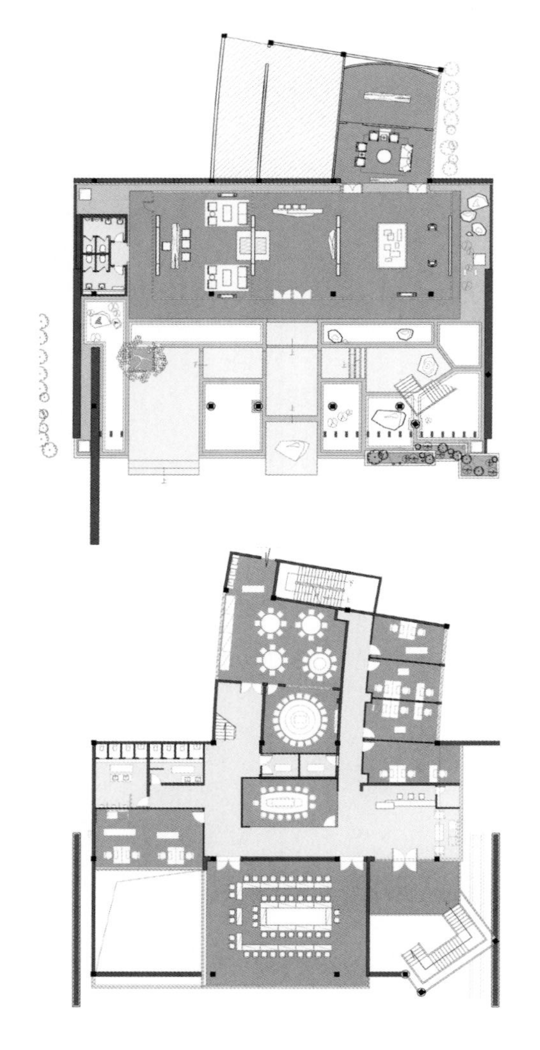

禅味，配合栽种的竹子、常青树和人造的水景，浓厚的意境呼之欲出。在设计过程中，设计师始终坚信，传统文化的表达和传递，不能仅仅只是拘泥于那些形式上的代表性符号，更重要的是神的塑造和意会。

左：外观夜景
右1：格栅为主要设计
右2：水景区

左1：品茶区
左2：纤直的实木条排列
右1、右2：大厅

Boyue Binjiang Sales Center

铂悦滨江售楼中心

设计单位：KLID 达观国际设计事务所
设　　计：凌子达、杨家瑀
面　　积：800 m^2
主要材料：罗曼蒂克灰大理石、橄榄珍珠大理石、拉提木
坐落地点：上海
完成时间：2016年
摄　　影：施凯

项目坐落于上海张杨路与崮山路交汇处，由地产领跑者旭辉集团、亚洲高端物业缔造者香港置地两大品牌首次携手缔造。该项目是一个房地产销售中心，其整体室内空间由达观国际设计事务所负责设计。室内主要功能区域有影视厅、前台、大堂、沙盘区、模型区、洽谈区、水吧、附属空间（卫生间、小型办公室等），各功能空间互相分开，又不影响视觉美感。

左：建筑夜景
右1：从外看室内
右2：接待台

铂悦·滨江 Park Mansion

左1：洽谈大厅
左2：吧台
右1：模型区
右2：洽谈区

Tianjing Garden Sales Center

天境花园销售中心

设计单位：广州共生形态设计集团
设　　计：彭征
参与设计：谢泽坤、吴嘉
面　　积：850 m²
主要材料：金属漆、铝复合板、瓷砖、地毯
坐落地点：广州
完成时间：2015年8月

项目以建筑空间的逻辑性为线索，以“窗口”为设计的基本符号，通过不同尺度和朝向的“窗口”在满足功能的前提下形成趣味性的室内立面，大厅的“窗口墙”如同岩石壁般的造型寓予了“峰境”的象征性，并通过透明的建筑表皮由内向外传达。

项目以一个纯净的超大体量橱窗效应来应对一个相对新兴的场域，由内而外的空间逻辑，造就了区域范围内的强烈个性和整体感，形成深刻的感官印象和城市新记忆点。超大尺度的古铜色金属漆和铝板实现了空间感知的一体化，局部跳跃的亮黄色，使空间的穿越成为一场时尚有趣的体验。

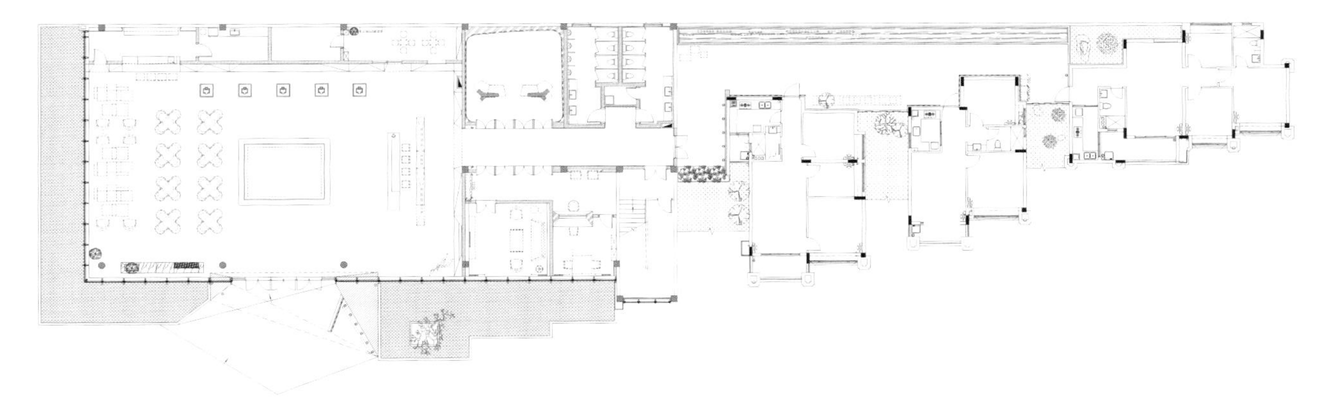

左1：建筑外立面

左2：模型区

右：局部跳跃的亮黄色，使空间的穿越成为一场时尚有趣的体验

左1：接待台
左2：过道
左3：休闲区
右1：休闲区
右2：走廊
右3：细节

Changlong Linghang Marketing Center

长龙领航营销中心

设计单位：深圳市盘石室内设计有限公司
设　　计：陆伟英
参与设计：丁莉莉
坐落地点：杭州
摄　　影：陈维忠

项目位于江南水乡的杭州。杭州，比起不相信眼泪的北上广，它既相信眼泪，更相信梦想。这座古老而又年轻的城市，因它的宽容与柔情也让越来越多的游子回归寻找自己最初的梦想。在这杭州首个飞行主题的社区中，我们意愿打造一处媲美于杭州奥体天空之城的空间体验，向每一位进入长龙领航的人传递空间内在的价值与生命力。

如天空之城般的空间流动，给人时空穿越的幻象。云端贵族们身在云际流淌之间，在这里重拾梦想与探索世界的好奇心，体验星际穿越般的梦幻之旅。龙动云涌的空中脉络既意味着长龙航空的创新航脉，也是杭脉。

温馨、幽静的会所区域，演绎着西湖之印象，让人放松身心、静心探索梦想之旅，探幽涉远，等待风起云开，圆梦起航。

左：建筑外立面
右1：接待区
右2：贵宾洽谈室

长龙领航
满洲里
丹东
呼和浩特
北京
唐山
杭州
西安
武汉
深圳
香港
台湾
三亚
澳门
南宁
巴厘岛
长龙航空
LOONGAIR

左1：如天空之城般的空间流动，给人时空穿越的幻象

左2：龙动云涌的空中脉络

右：模型区

Yunhu Sales Office

云湖售楼处

设计单位：上海无间设计有限公司&上海世尊软装机构

设　　计：杨杰

软装设计：汪玲飞

面　　积：2000 m^2

主要材料：爵士白大理石、黑白根大理石、橡木洗白饰面、黑色橡木

坐落地点：成都

摄　　影：孙骏

空间的入口是整场的气韵起点，对于整个室内空间气质的定义从门的界面便开始了，一个通透轻盈门扇，把这里特有的诗性精神和艺术品结合，邀请客人们开启一场悠久历史传承、精湛技艺和独特创意的云上日子的旅程。门厅充满梦幻的旋律，用以金属铜质的艺术装置，地面以及吧台通过材质和肌理的变化重组了一个自然的气象景观，营造一个梦幻的场所入口。

进入内厅，几个层叠的楼梯，和一个自然形态的芦苇荡意境的灯光装置，玄关设立突显层层递进序列感，呼应了入口的气韵同时也连接和收放了大空间。悬挂在整个内厅上空的是元素球灯，成为空间视觉焦点，数个圆形穿插构成的球体，覆以反光材质，依靠灯光的散射剔透晶莹。

“芦苇荡”的另外一面便是云上日子的殿堂，客人行走在不同区域，会产生不一样的视觉霓虹。空中悬挂的巨型云片装置《云上的日子》与地面湖景沙盘相得益彰，俯仰之间为顾客提供了艺术互动的体验。大厅区域尺度开放有力，温润流畅的线条在空间流动穿透，云片装置和线条之间，使人仿佛有种“影纵元气表，光跃太虚中”之感。洽谈区地面采用流云和水纹样地毯，材质和形式都增强了空间的无限感，半户外的区域使空间得到极大延伸，建立了湖区与建筑的关系，垂直流畅的浅木质结构勾勒了整栋建筑的立体轮廓。

两层的建筑实现了极其丰富的空间变化，交叠的挑空、工作室、水吧、会客区、体验中心、观景露台等空间有节奏地一一舒展，与自然的结合既紧密又保持着恰当的分寸。

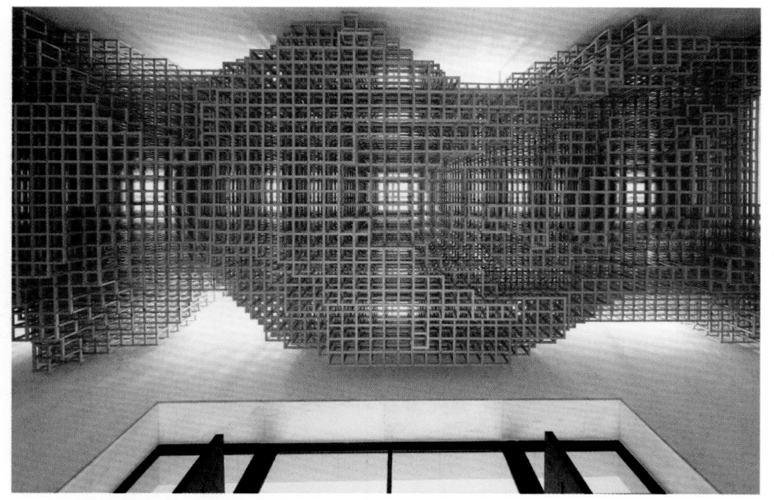

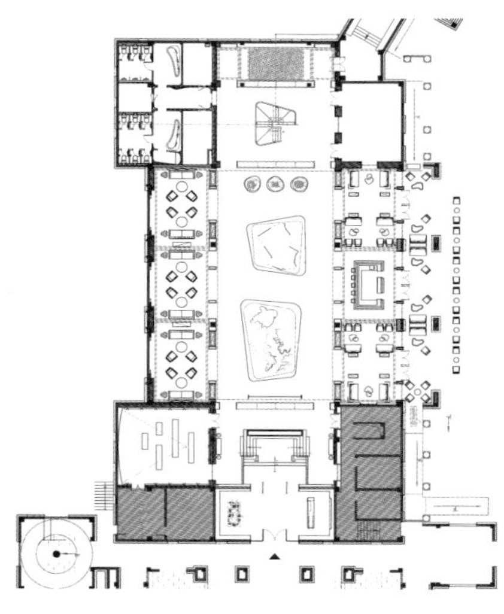

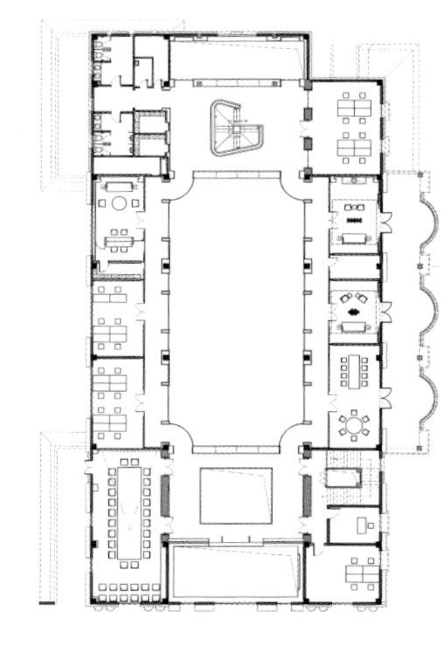

左1：接待台顶部细节

左2：模型区顶部细节

右：接待台背景

世茂
雲湖

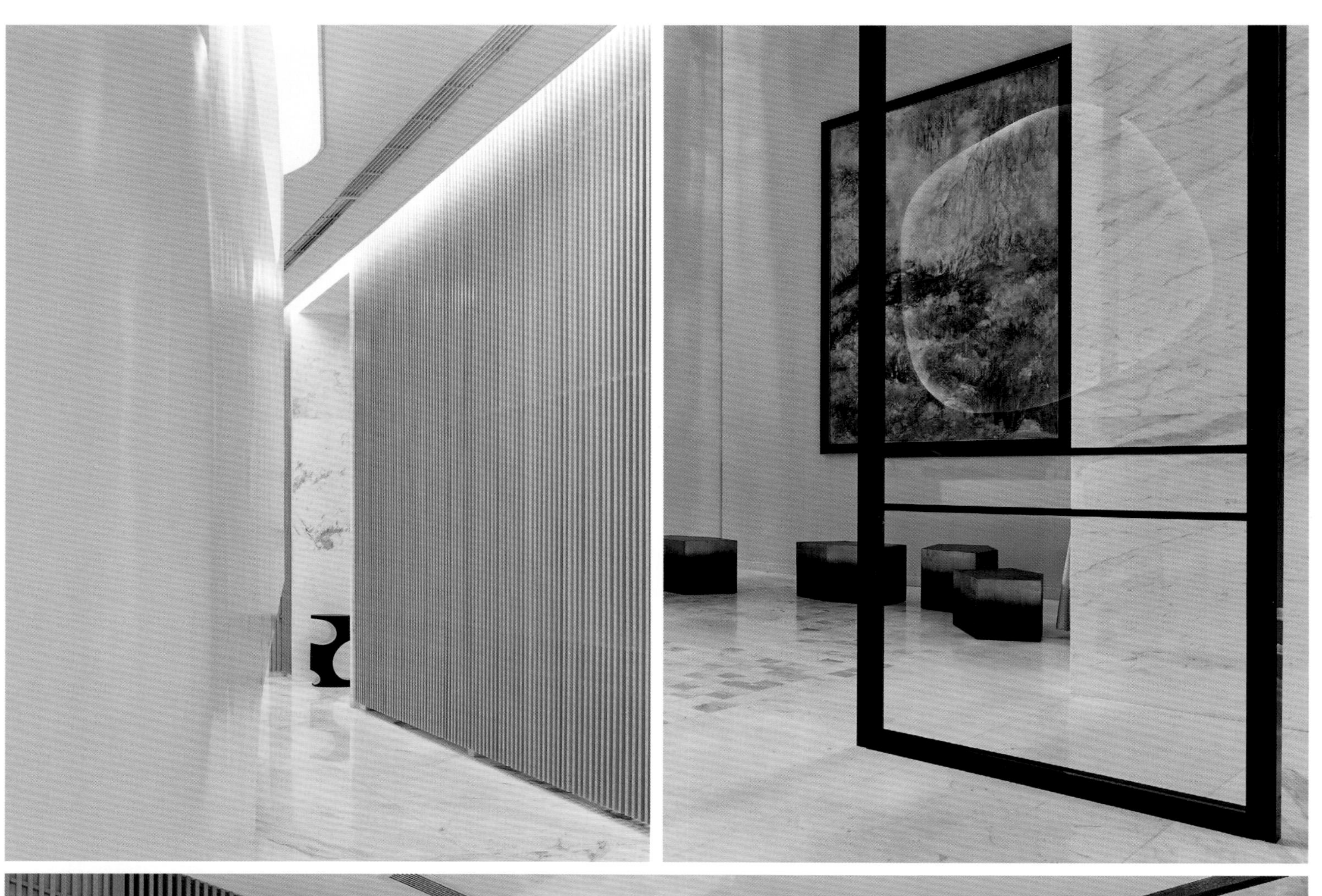

左1：过道
左2：空间局部
左3：洽谈区
右1：模型区
右2：楼梯口

Aoyuan • Yinxiang Lingnan Sales Center

奥园 · 印象岭南售楼中心

设计单位：深圳高文安设计有限公司
设　　计：高文安
参与设计：李琳、汪佛泉、夏前敏
面　　积：2600 m²
坐落地点：广东韶关
完成时间：2015年7月
摄　　影：阿贵

设计团队结合韶关印象岭南・奥园文化旅游城的地缘，为韶关・印象岭南售楼中心量身订做“新装”，透析韶关上下两千年历史，将汉朝名城特色和古人顺应自然的智慧，以禅意传承之势一一呈现。

中庭，一进玄关，一盏高 7.5 米、直径 3.5 米的华丽水晶吊灯悬垂而下，气势折服壮丽。两边的屏风空灵淡雅，以中国传统的水墨画表现出韶关独有的地理特征，顿时，丹霞山的雄浑，三江六岸的多姿立现眼前。

穿过屏风，进入洽谈区，以白色为主，干净素雅，更适合慢语倾谈。视线从洽谈区的几道屏风延伸到深度洽谈区的鸟笼，在光与影的作用下，别致雅趣。简而至静，韵味深长。整个吧台使用深色大理石，体量感大，而外立面用火砖铺设，鲜艳的色彩打破厚重感，视觉冲击力强烈，现代感十足。与洽谈区形成鲜明的对比，朴实的斑驳木凳又呼应了中式调性，两者相辅相成，让各自风格更为突出。

二层洽谈区隔着透明玻璃，毗邻中庭华丽的水晶吊灯，恢宏气势依旧令人震撼。中式圈椅线条流动，小盆景绿意盎然，墙上泼墨随性，与体量感夸张的吊灯对比成趣，充分表现了设计的张力和空间关系，大小之间、空间的可观性与舒适性两相适宜。

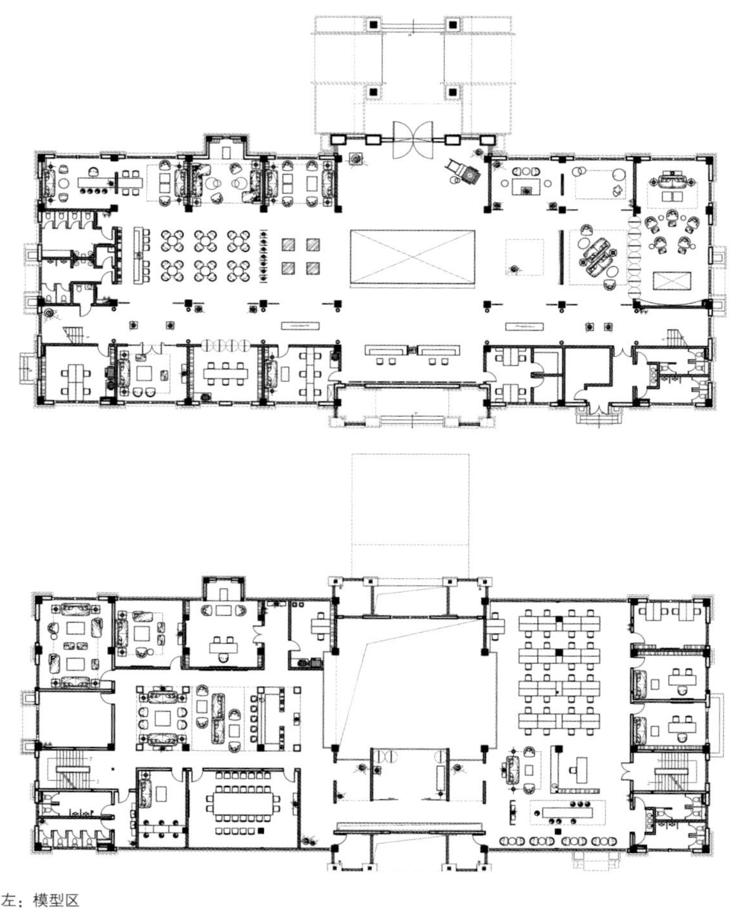

左：模型区
右1：小景
右2：茶吧
右3：空间透视

左1：等候区
左2：洽谈区
右1：书社
右2：二层等候区

Xuhuifenglu Chunzhen Center Sales Office

旭辉丰禄纯真中心售楼处

设计单位：IADC国际涞澳设计公司
设　　计：张成喆
面　　积：450 m²
主要材料：橡木实木、黑色金属板、条形金属吊顶
坐落地点：上海
摄　　影：薛钰滔

室内设计并不单纯是为了空间的塑造，更是某种情境抑或诗意的营造。旭辉丰禄纯真中心售楼处就仿佛有着灵魂，它是一颗来自森林的种子，在这里有它的朋友、家人，也有宿敌，它们上演着一个个生动有趣的故事。设计师巧妙地将这个故事通过借景、开窗、围合等手法展开，创造出一个独具生命力的方盒空间。

在空间规划中，设计师利用6.5米的空间高度，实现了建筑中的建筑，以单纯的原木材质组成积木式的体块，犹似方盒一般的空间，经过流线的重组，形成分合有序的趣味格局。金属植物架亦以方形为构造，借由绿色植物，形成通透的分界面，让人宛若置身植物园的温室之中。

定制的家具陈设和灯光照明改变了售楼中心一贯的空洞与缺乏个人色彩，天然触感的木材、金属与绿植，搭配柔和温暖的光线，营造出温馨舒适的氛围，现代简约的风格被注入人性化的元素。紧邻入口的创意展示架同时也是整个售楼中心的书吧，文化与商业完美融合在一起。黑色的金属与天然木饰面相结合，成为图书、创意产品、童趣、绿植的展示空间。各种场景都适合在旭辉丰禄纯真中心开展，商业洽谈、房产销售、休闲放松、临时办公、艺术展览……所有的故事吸引人们慢慢走近，在空间里找到童真、找到快乐，找到一种梦幻的可能。

整个空间呈现开放的属性，绿植与木、金属形成共生关系，设计师通过构造为空间赋予新的内涵。最终，这个通透、开放的方盒子建筑，成了人们眼中的“景观盒子”。

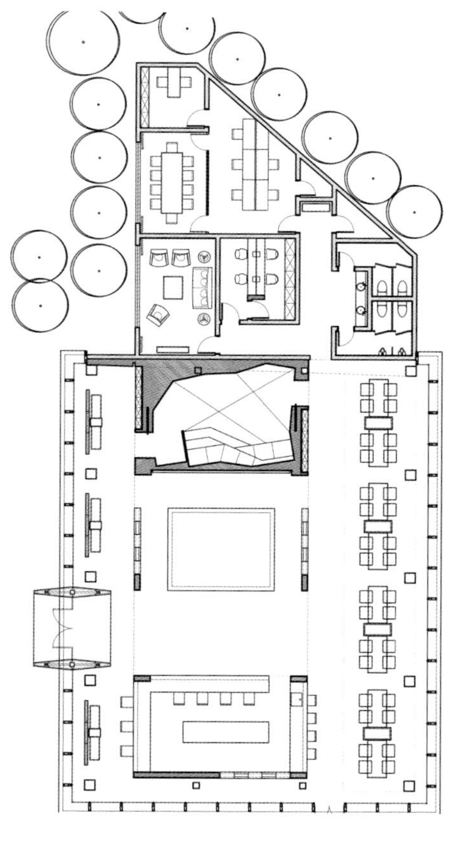

左：建筑外立面
右1：局部
右2：沙盘区
右3：休闲走廊

左1：空间透视
左2：休闲洽谈区
右1：工作区
右2：绿色景观盒子

虹桥
徐家汇
七宝
莘庄

Xi'an Vanke Baldur Sales Center

西安万科赛高悦府销售中心

设计单位：李益中空间设计
设　　计：李益中、范宜华、黄剑锋
陈设设计：熊灿、欧雪婷
施工图设计：叶增辉、高兴武、胡鹏
面　　积：1200 m²
主要材料：太极棕大理石、棉麻硬包、铜色不锈钢、玻璃
坐落地点：西安
摄　　影：郑小斌

本案为西安万科赛高悦府销售中心，项目临近城市中轴未央大道，是一座涵盖住宅、高端商业、写字楼为一体的多业态城市综合体项目。销售中心位于写字楼办公层4层，服务于购买住宅、写字楼的客户群体。设计定位为“都会新东方”风格，希望在局限的空间内，通过轴线关系以及界面的序列感能够表达“尊贵、文化”的项目定位。在空间布局上，围绕核心筒的客户动线关系带入“厅”和“廊”的感觉，增加空间的体验感，材质的表达上更多的选用棉麻质地的硬包、开放漆的木饰面与玻璃及高反光度的石材形成对比，去表达都会感觉的新东方。

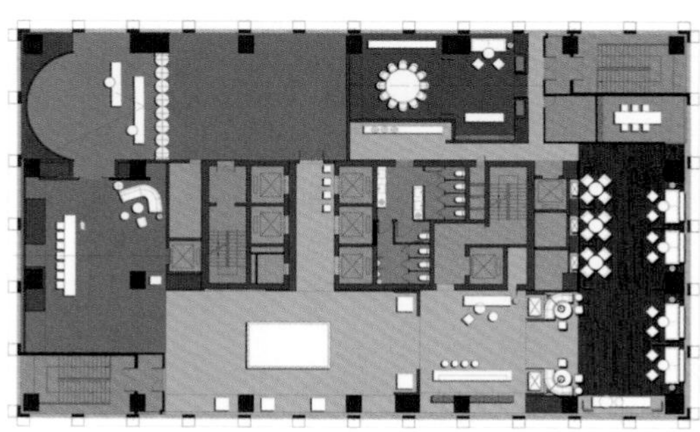

左：大厅
右1：接待厅
右2：沙盘区

左1：吧台
左2：休息区
左3：影视厅
右1：洽谈区
右2：贵宾接待室

Xiamen Bandao Sales Office

厦门半岛售楼处

单位名称：厦门嘉和长城装饰工程有限公司
设　　计：孙少川
面　　积：900 m²
主要材料：654花岗岩、微洞石火山岩、文化石、红松木
坐落地点：厦门
摄　　影：刘腾飞

位于厦门景州乐园悬崖上的半岛售楼处，面海临风，无疑是厦门地理环境最美的售楼处之一。钢木结构斜顶，典型的东南亚风格，颇符合厦门这座美丽的滨海之城。

室内地面采用本地出产的654花岗岩进行光面、火烧面处理及亚光火烧岩，这些石材全部来自工厂切割剩余的边角料，将它们通过宽窄不一的切割拼贴，构成一幅抽象的图案，普通的廉价材料做出了迥异于高档材料的特殊效果。由每根3米长的废弃塑料雨水管烤漆做成的灯管，高低错落的自屋顶悬挂下来成为沙盘区的吊灯，映照着下方的椭圆形的沙盘区域，就像倒挂着的垂直森林。休憩区巧妙采用了下沉式设计，客人坐在沙发上即可将视线把眼前的无边界水池与远处的大海连成一线，一览海天一色的宽广。吧台同样采用下沉式设计，以营造通透的视觉感受。

值得一提的是，项目采用的垂直送、回风系统隐藏于墙面，不仅降低施工成本，同时避免了对屋顶建筑形态的破坏，为福建省民用建筑首用。

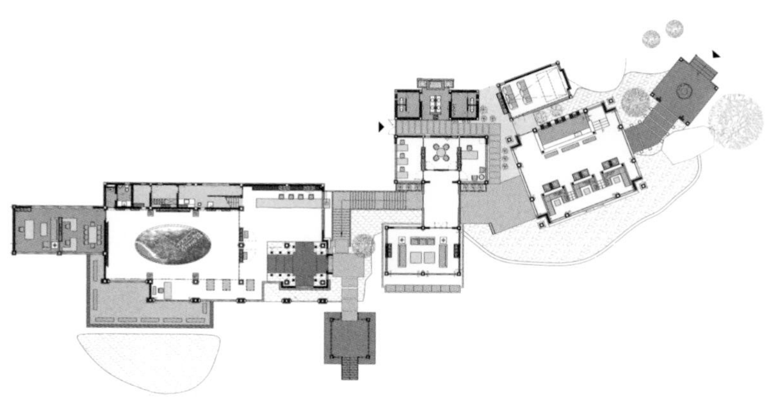

左：外景一角
右1、右2：室内外完美融合

左1：休闲区
左2：模型区
左3：VIP洽谈室
右1：户外一角
右2：进门大厅、接待台

Jiangshanyue Neighborhood Center

江山樾邻里中心

设计单位：重庆尚壹扬装饰设计有限公司
设　　计：谢柯、支鸿鑫、许开庆、汤洲、张登峰、李倩
面　　积：2000 m^2
主要材料：橡木实木、水泥、水磨石、黑钢
坐落地点：重庆
摄　　影：感光映画、黄明德（中国香港）

江山樾邻里中心前期是作为地产的售楼处使用，力图将空间打造成一个有温度的图书馆，带给客户更多的参与性和对地产项目的美好期许，来实现轻松愉悦的销售氛围。建筑设计之初，室内设计便介入进来，这样，最大限度地满足了室内设计的空间要求和结构要求，使得室内空间充满变化，起伏有趣。橡木的大量运用让空间具有了温润的质感，实木、黑钢与水泥的对比使用，材料简单朴素而充满张力。

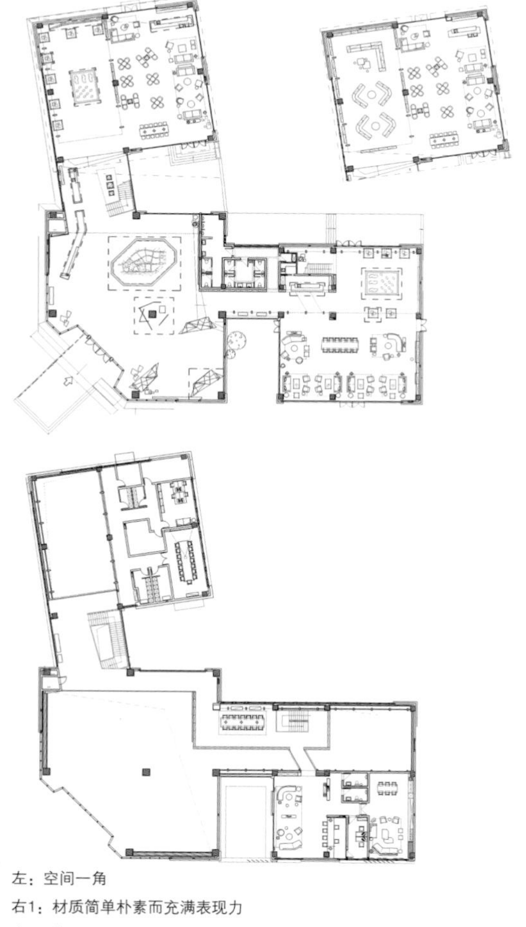

左：空间一角
右1：材质简单朴素而充满表现力
右2：休闲区
右3：阅读区过道

左1：局部
左2：过道一侧
左3：休闲区
右1、右2：楼梯
右3：会议室

China Resources Yuefu Sales Office

华润悦府销售中心

设计单位：深圳真工建筑设计公司
设　　计：程绍正韬
面　　积：1500 m²
主要材料：珊瑚洞石、安哥拉灰、白金米黄、白蜡木
坐落地点：深圳
完成时间：2015年12月

以华润集团总部大厦为核心的华润深圳湾综合发展项目位于后海中心区核心位置，用地面积8.57万平方米，计容建筑面积76万平方米。由“万象汇”、白金六星级酒店、高品质商务公寓及高端住宅等组成。该项目将与相邻的市新科技馆统一规划、设计并与华润深圳湾体育中心“春”有机融为一体，建成后将成为深圳未来滨海CBD核心区功能最齐全、业态组合最丰富、位置最显赫的高品质现代都市综合体，成为代表深圳海滨城市形象的新地标和新名片。

我们在打造悦府项目时，更希望让住宅回归生活本真，从始至终我们想要设计的是当代意义上的豪宅——好宅、雅宅。

让心灵体会气韵生动的幸福。我们提倡“像蝴蝶一样生活”，用美学的态度去处理空间的每一个细节，并赋予每一种生活机能充满高度的人文关怀的喜悦与使用情趣，最终形成回归本真的生活作品。悦府给我们呈现的便是充满现代简约、充满人文气息，同时与室外都会生活相融合。

选材上，我们不仅苛刻取材，更追求材质与空间和谐交融，选择适当的材料经过特殊的工艺处理，最终形成材料与空间的对话。使我们在触摸材料的同时感觉墙壁有了一层皮肤般，让室内的环境可以自由呼吸。

左：接待台
右1：样板间外景
右2：样板间外立面水景

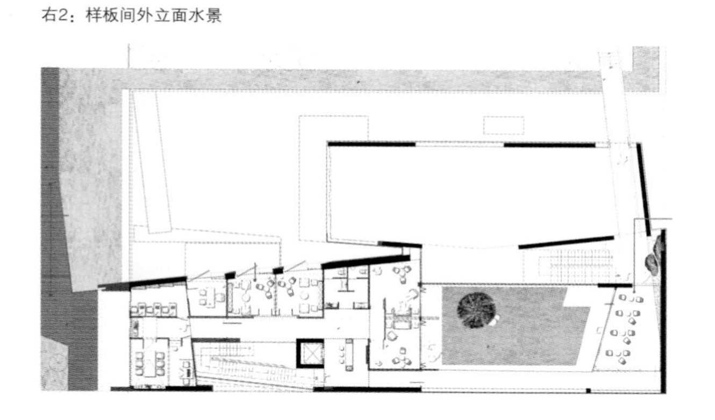

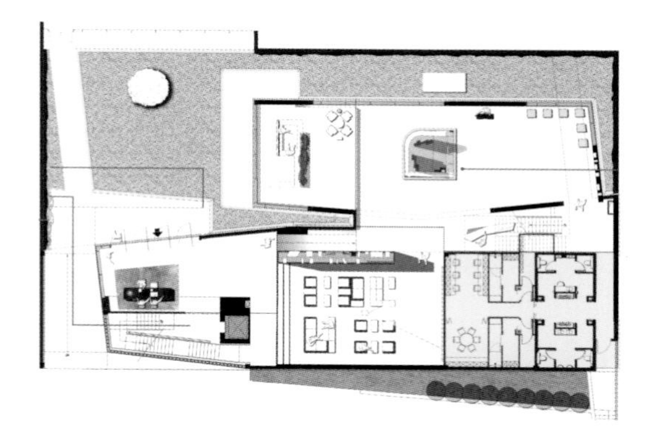

左1：营销中心过道
左2：售楼处过道
左3：样板间客厅
右1：营销中心外景
右2：售楼处一角

Three Gorges Cultural and Creative Industrial Park Sales Center

三峡文化创意产业园销售中心

设计单位：品辰设计
设　　计：庞一飞、邓书鸿、王翼
面　　积：1245 m^2
主要材料：雅仕白、土耳其灰石材、玫瑰金镜面
坐落地点：重庆

项目地处重庆万州江南新区，坐落于万州城区中轴线上，是万州行政中心、文化中心与新中央商务区所在地，其品质，与万州城区气质、项目定位一脉相承。万州地处重庆东北部，长江上游中心城区，亦为三峡库区腹地核心。其独特的地理枢纽地位，令其不同于重庆周边其他城区，城建广阔、人口众多，似乎她更像一座繁华城市。

峡之腹心，城之未央，她开放、包容，具有不容小觑之气场。她温情、舒适，又极富时代新意，这是对生活姿态的包含、延续。

灰白二色石材的运用，洗练空间整体质感，玫瑰金镜面，缓和灰色主调的冷峻，上下不羁的笔直线条，让空间挺拔恢弘，玻璃幕墙凹凸整体视觉，空间构造也因此得以更多释放。休憩区加入木作阶梯，独具创意且散发温情质感，一米阳光温暖露台空间，点点绿植悠然其间，以“新”之作，肆意城市浮华。

左：休闲露台
右：大厅

左1：模型区
左2：空间透视
右1：空间一角
右2：休闲区

Xi'an Financial Center IFC Sales Center

西安金融中心IFC售楼中心

设计单位：RWD
设　　计：黄志达
面　　积：516 m²
主要材料：大理石、地毯、墙纸、装饰布艺
坐落地点：西安
完成时间：2015年9月

项目坐落于古城西安，秦腔、古城墙、醇厚的历史文化传承都是这座城市的符号，我们取意东方禅之“静”，创造出“静、色、形”一体元素的联想，在整体设计中，将其转化为空间的氛围意境，加以现代的设计手法表现，造就“东方风骨”与“西式气质”的巧妙契合。

一进入售楼中心，正中即见设计用材上的伏笔，完整的木质天花与无拼花大理石共同营造出 IFC 的项目气势，顺着来宾的视觉动线，将沙盘安置在左侧，转右马上可以入座开始咨询洽谈。一层洽谈室整体融合、藏而不露的东方气质，将主色调的净藕色与橙、绿配色衬托得恰到好处。整体 VIP 室在外空间的米白主色上进行延续，保证了视觉上的一体性，低奢的暗香槟色沙发单椅与长沙发抱枕的跳色是一次品质的对视。

转角通往二层的楼梯处，设置了一棵纯色白漆装置树，仿佛预示着空间从东方氛围转向了西式的潮流。来到二层重点区域，在入口处设计了线条极简、质地纯粹的若干艺术装置小品，让来宾从视觉思维马上发生转向。整个二层空间借鉴了“港式银行的多功能 ROOM”布局，多以分隔开的独立小房间为主，在保证洽谈私密度的同时，让来宾感受到一种难能体验的尊贵感。

整体空间除去净色不作过多装饰的墙面与简约的设计线条，四周以艺术挂画与陈设饰品来表现禅境，一切不仅是为设计之美，更多是为功能所用，亦呼应了主题“精睿禅境”的精髓所在。

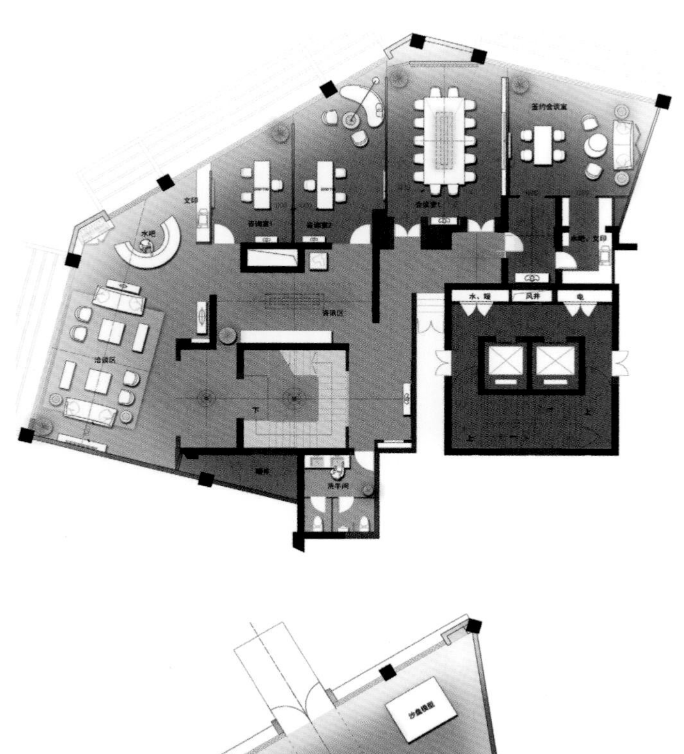

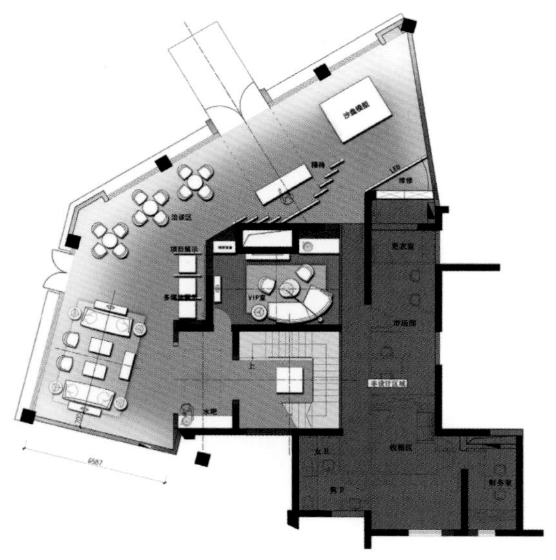

左：一层入口
右1：二层签约区
右2：二层入口

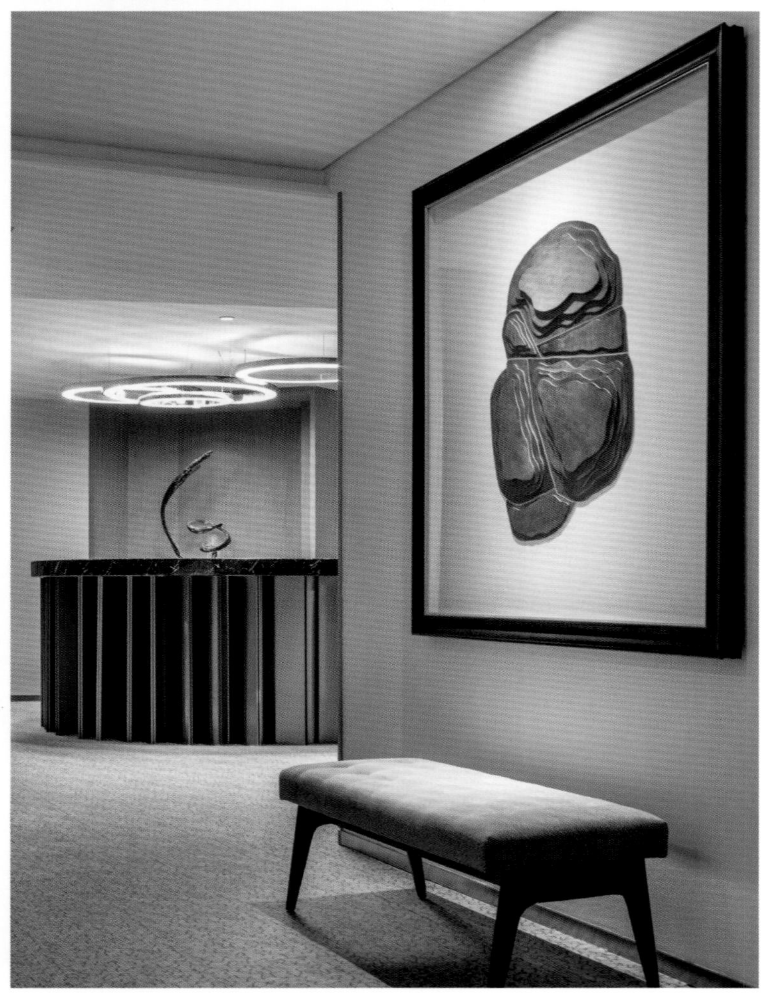

左1：楼梯小景
左2：二层过道小景
右1：一层VIP室
右2：二层签约室

Huafa • Zhongchenghui Wuhan Marketing Center

华发 · 中城荟营销中心

设计单位：深圳市朗联设计顾问有限公司
设　　计：秦岳明
参与设计：肖润、何静、阳雪峰
面　　积：1286 m^2
主要材料：直纹白玉、树脂板、木饰面、皮革、不锈钢
坐落地点：湖北武汉

不想脱离武汉去臆造一个毫无关系的风格，所以我们对在地文化进行了深度考察。东湖雨后湖面泛起的涟漪激发了设计师灵感，也让我们找到了答案——水。江河纵横、湖港交织的武汉，水，既见证了它的繁荣与发展，也滋养孕育了它几千年的历史人文。这一次，我们意图营造的，是一个以水为题、润物无声的自然空间。

水的性格，化在动静之间。因此，如何演绎它并将其自然地融入空间成为了本案的设计要点。于是，我们将室内外的实体水景，空间的屋顶、墙面、屏风，抑或是灯具和艺术装置、壁画、摆件等，都活化为“水”的载体。那些提炼过后的“水”之意向，便在不经意间唤醒来访者内心深处的美好涟漪。

入口两侧，设置了延续室内外的水景，希望借此在热闹都市中营造一种“复得返自然”的静谧之感。在空间的立面处理上，白玉石墙面细腻的水波纹，与上部横向线条变化部分形成“涟漪”纹理相呼应，有如湖面投进了几颗石子。层层递进，引人驻足、遐想。

室内灯具设计，我们着重凸显“水”的律动质感。接待大厅聚合有致的组合灯具如清晨的露珠，同时亦具有强烈的导向性，在空间自然流动。而模型区上方的组灯，则如倾盆而下的太阳雨，瞬间将视线引向中心模型，使其变为全场焦点。

相对于其他空间，洽谈区的设计更加注重营造内心与情感的交流与对话。以艺术装置和屏风区隔的洽谈区，动中有静，既现代又传统，逼真地诠释出水的精神和底蕴。水墨意境的绢丝隔断屏风，将“墨即是色，水晕墨章”、“象中有意，意中有象”的水墨意境向我们铺展而来；而灵感源于台湾云门舞集的现代舞剧——《水

月》的大型艺术装置悬挂其中，灵动舒展的线条犹如水在阳光下舞蹈，形成强烈的视觉符号，化成洽谈区的点睛之笔。

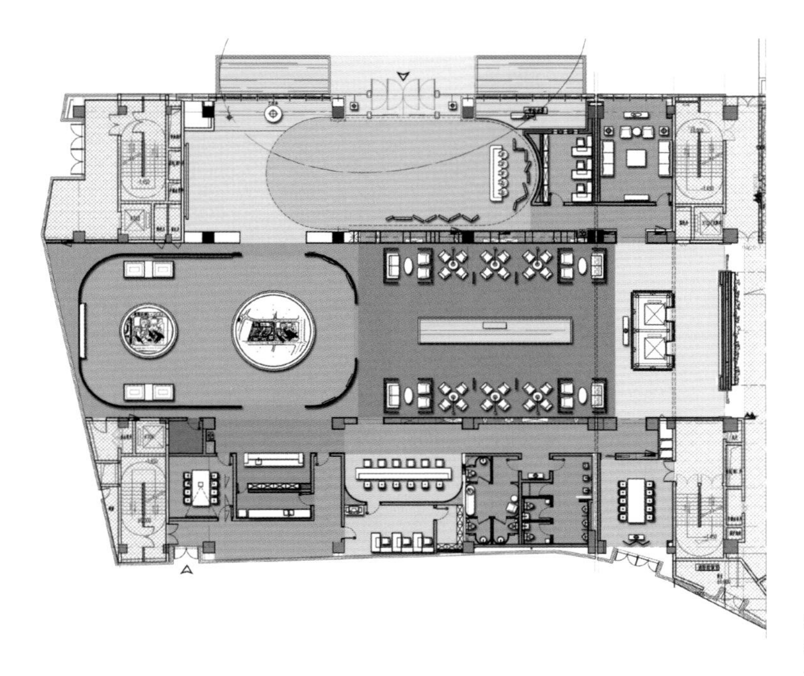

左：入口
右1：入口接待区局部
右2：洽谈区艺术装置

左：入口接待区

右1：洽谈区动中有静，既现代又传统

右2：模型区上方的组灯，如倾盆而下的太阳雨

Xiashili Sales & Exhibition Center

硖石里销展中心

设计单位：杭州典尚建筑装饰设计有限公司
面　　积：600 m^2
主要材料：天然石材、深色木作、艺术玻璃、墙纸
坐落地点：浙江海宁
完成时间：2015年7月

本案位于浙江海宁，为一某置业硖石里项目售展中心，由接待大厅、展示区、洽谈区、办公区等组成。整个空间大气却又不失精致细腻，山水纹的天然石材，中式菱格的隔断，抽象水墨图案的艺术玻璃等材料的运用无不体现着东方韵味，呼应着硖石这个“两山夹一水”有着深厚人文历史的地方。

正是：
菱歌清唱棹舟回，树里南湖似鉴开。
平障烟浮低落日，出溪路细长新苔。

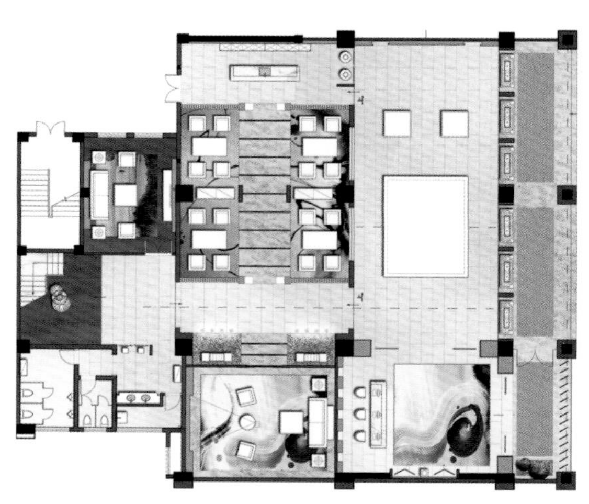

左：户外走廊
右1：中式菱格隔断
右2：空间透视

左1：局部
左2：接待大厅
右1：VIP洽谈室
右2：洽谈大厅

Jindi Xixi Fenghua Sales Office

金地西溪风华售楼处

设计单位：杭州易和室内设计有限公司
设　　计：李丽、傅庆州
面　　积：736 m²
主要材料：树脂琉璃、古铜、夹绢玻璃、绢丝手工墙绘
坐落地点：杭州
完成时间：2016年5月

项目坐落于杭州西溪，在极富江南水乡的气韵中，设计师以新东方韵味为宾客们倾力打造一个兼具心灵归属感与文化情怀的体验之所。在售楼处启动初期，设计师便精心勾画，与建筑、景观、幕墙等各专业紧密配合，向人们阐述了室内外中式文化元素浑然一体的概念。大到建筑与户型格局的优化，景观的神态、路径的铺设，小到山水、石头的摆件等，设计师力求与室内空间装饰调性等遥相呼应。

沙盘区，用东方美学的逻辑来思考当代的设计语言，更时尚、更艺术，当然也更具情怀。朱砂红钢琴烤漆板与高级灰天然大理石的完美搭配，并以古铜点缀，彰显整个空间恢弘高雅品质。墙面精美绝伦的树脂琉璃和地面大理石交织，相互凝视，呼应，共鸣，视线所到之处弥漫着风华绝代的新东方气韵。特别定制的大型吊灯盘踞沙盘区上空，与建筑原有通高中空结构互相结合，巧妙营造了空间内光与影的曼妙效果。

步入洽谈区，别具匠心的落地窗设计是室内的一大亮点，通透的落地大玻璃窗令室外绿意盎然的自然风光一览无余，自然光线随着时间在室内投下丰富光影，使内外空间得以延伸和渗透。墙面装饰，设计师别出心裁把画作为背景，并结合著名国画大师张大千的山水画和现代琉璃材质，实现了更时尚的东方美学及文化氛围。坐在质感十足的弧形沙发上，伴随着自然光和室内光的糅合摄入，犹如进入了世外桃源，让人心旷神怡。

移步 VIP 休息室，即见设计师在细节处理上的用心，一盏盏水珠状的小吊灯，轻盈灵动，与背景的水墨山水画勾勒出一幅生动的江南烟雨图。

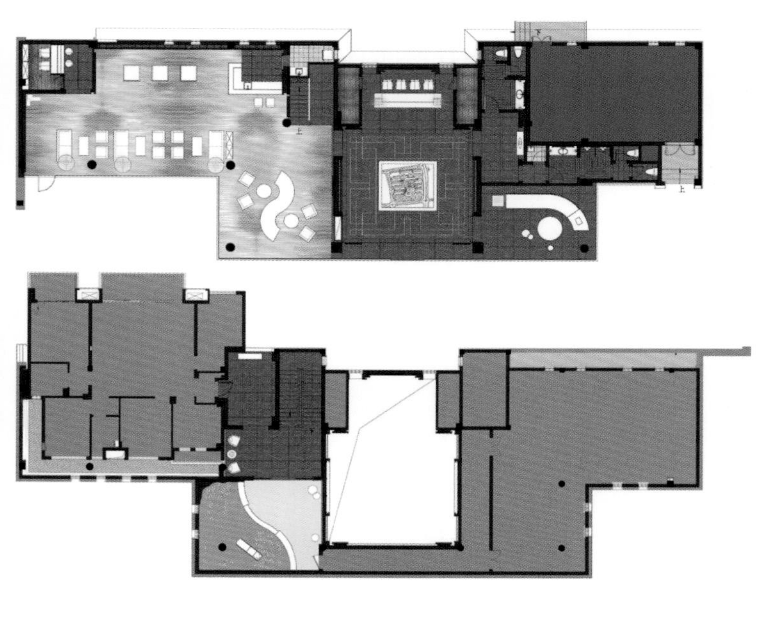

左：建筑外立面一角
右1：水景与建筑相融合
右2：户外

左1：模型区
左2：洽谈区一角
左3：接待台
右1：VIP休息区
右2：洽谈区

Jinmao Bay Commercial Villa

金茂湾商墅

设计公司：PINKI DESIGN品伊高端别墅设计

设　　计：刘卫军、袁朝贵

面　　积：420 m^2

主要材料：大理石、墙布、木饰面、工艺玻璃、金属

坐落地点：广州

完工时间：2015年10月

摄　　影：江河、文宗博

身处繁华都市太久，便渴望一丝静谧的身心归处，阳光、茶香、听风、听雨，你应该享有这种姿态，生活的诗意而满足，睁开双眼，看到的便是美好。在繁杂世俗生活中，多留些时间读书，安静下来，徘徊在屋里时，那些鱼儿、花朵、枝蔓、尘埃和阳光能给人以慰藉。

家的思念写在里面，一个转角一场邂逅，小船、光影、秋叶、诗歌，载我们进入梦里的天堂。一个小小的角落，那是通往故乡的记忆，外婆婆娑的背影，窗前的烛光，栅栏里的小鸭，林子里的灯笼，还有夕阳下的霞。荷风三两，美月一轮，我与风月对望，饮茶、赏花、研墨、落笔。花至半开，茶饮半盏，恰如其分的情意，便是最好的境界。

婚姻最好的状态就是彼此成就对方，彼此滋养对方，让对方变成更好的自己回馈给对方，这就是最好的爱。一个小小的空间，清萧纵横，弹指四十年载，细品当年的似水年华。在这儿灵魂滋养之处，与爱人道一句细语轻言，微笑拂面，聊聊女儿，叙叙家常。

每一处，每一景，都是一段小小的故事，你有爱过的人吗？你还记得第一次甜蜜的亲吻吗？还记得儿时的玩伴吗？我们可以做朋友吧，今天我把我的故事讲给你听，如果没有遇见你不会了解，这里有我的挚爱，这里有我的的回忆，这里有最美的相遇，也有最好的懂得。

有时候我觉得自己该向一个艺术家去生活，不管别人投以什么样的目光，我就是我，做自己想做的事，欣赏着孤傲的自己，在作品里表达自己的态度，其实我们又何尝不是把这个项目当做一件艺术品，在里面释放自己孤独，寻找自己心灵深处的根。如果你问我哪里是精神家园，我想告诉你：其实就在你自己的内心。

我们将这份生命的礼物送给你，也把生活的感动送给你，这份礼物是我们对生活最细腻的感知，也是与精神最直接的对白。

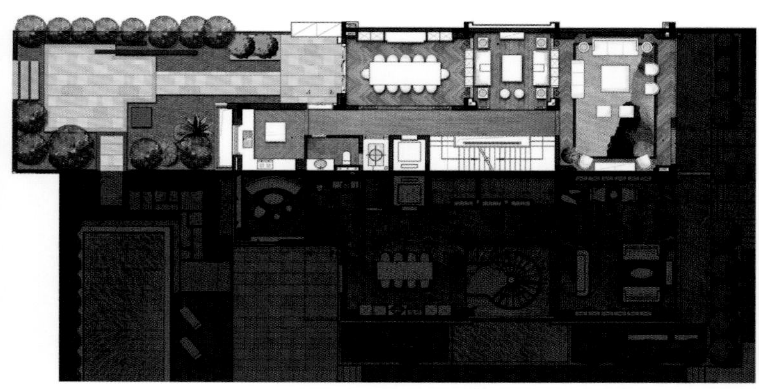

左：夹层小景

右1：宴会厅

右2：会客厅

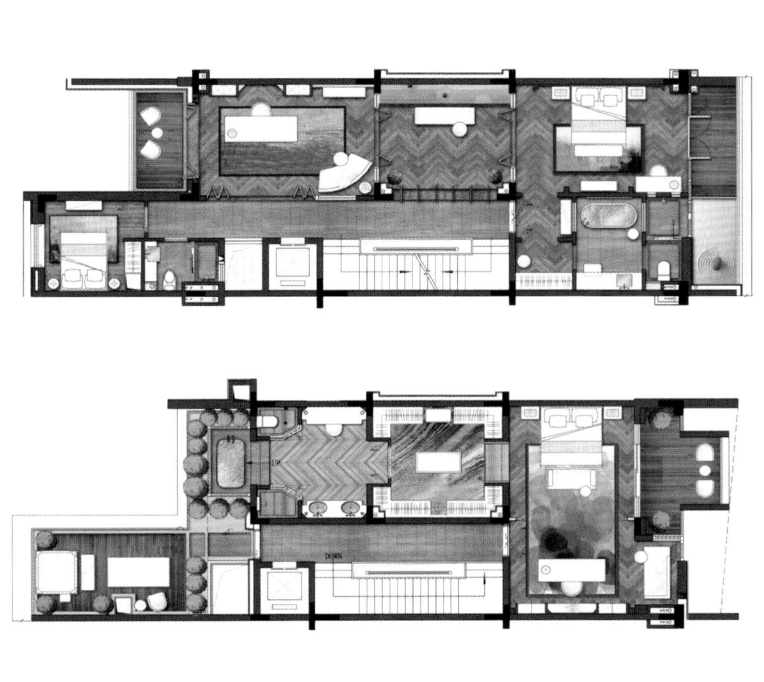

左1：夹层过道
左2：书房
右1：卫浴间
右2：主卧书房一侧
右3：主卧

Hualian Urban Panoramic Sample Room

华联城市全景样板房

设计单位：大易国际设计事业有限公司•邱春瑞设计师事务所
设　　计：邱春瑞
面　　积：127 m^2
主要材料：意大利木纹、大花白、黑钛金、伦特黑、灰玻
坐落地点：深圳
完工时间：2015年10月
摄　　影：大斌室内摄影

室内设计采用偏台湾风的中式风格。整个设计以木色为主色调，搭配黑、白、玉兰三种颜色，整个环境笼罩于一种古色古香的氛围，而黑、白大理石的搭配加上黄铜的点缀，空间给人一种稳重大气之感。

玄关、茶室、客厅、卧室之间的连接自然契合，充分体现了空间的合理性以及动线合理的便捷原则。在整体设计中，木的竖格栅大量应用，使得整个房间充满浓郁的古典情调。茶室造型古朴的原木桌、椅配以古代沏茶用具，加上白瓷花瓶和几支含苞待放的红梅，还有玉兰色的瓷制小壶以及高脚木凳上的迎客松，一切都遵循古人的审美原则，置身其中，仿佛自己身上也沾染了几分古人的淡泊宁静。

客厅，大理石、原木桌椅、布面沙发的组合，古典中凸显时尚，质朴中彰显高贵，黑、白、木以及玉兰色的色彩组合，对比强烈，夺目而不刺眼，体现主人雅而不凡的审美。主卧的原木墙壁和原木衣柜配以布艺大床、陶瓷花瓶、鲜花，再配上两盏暖黄的玻璃纱灯，在古典中透出一点小浪漫，在优雅中体现家的温馨。浓郁而不失简洁的中式韵味，有格调，有质感，在体现户型空间感的同时，营造了良好的展示氛围。

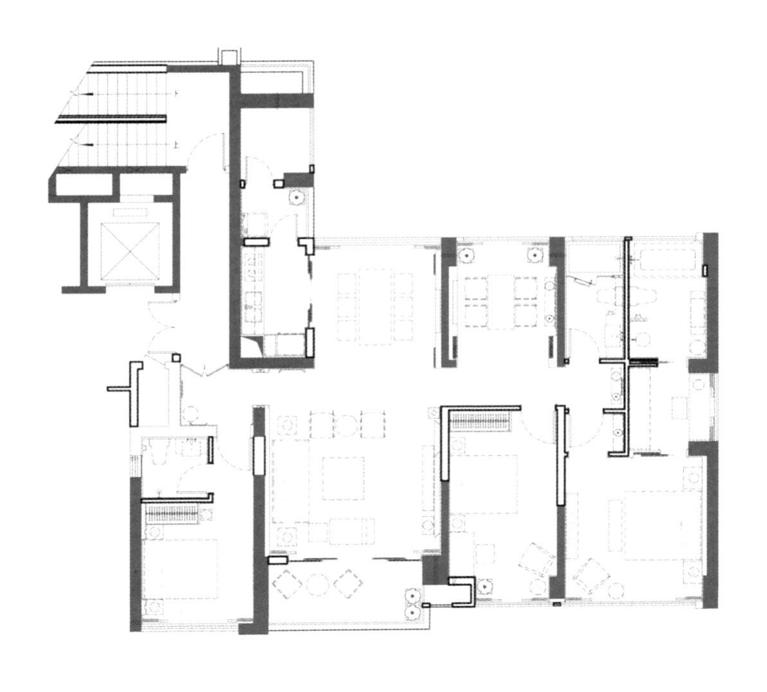

左：空间透视

右1：餐厅一角

右2：客厅

左：茶室
右：卧室

Huijing Urban Valley Villa Sample Room

汇景城市山谷别墅样板间

设计单位：广州共生形态设计集团
设　　计：彭征
参与设计：彭征、陈泳夏、李永华
面　　积：320 m²
主要材料：大理石、烤漆板、硬包、不锈钢
坐落地点：广东东莞

作为日益稀缺的别墅资源，本案针对莞深目标客户打造小户型联排别墅，项目位于广东东莞与深圳交界的清溪镇，清溪拥有得天独厚的山水资源，是一个鲜花盛开的地方。设计以“阳光下的慢生活”为主题，希望将项目的地理位置、建筑户型等优点通过样板房淋漓展现。

一层的起居空间充分沐浴着明媚的阳光，室内外的空间通过生活场景的设置有效交互，尤其是室内向室外扩建的阳光房，成为传统功能的客厅与餐厅之间个性化起居生活的重要场所。设计摒弃客厅上空复式挑空的传统手法，使二楼的使用空间最大化。顶层的主卧不仅设有独立衣帽间、迷你水吧台，还拥有能享受日光的屋顶平台与按摩浴缸。

厌倦了都市的繁华与喧嚣后，需要一份简单与宁静。设计摒弃了复杂的装饰、夸张的尺度以及艳丽的色彩，沉淀下宜人的尺度、明快的色调以及材质典雅的质感和空间中能容纳想象与可能性的“留白”。在城市山谷的午后时光，风夹带着阳光和泥土的芬芳扑面而来。

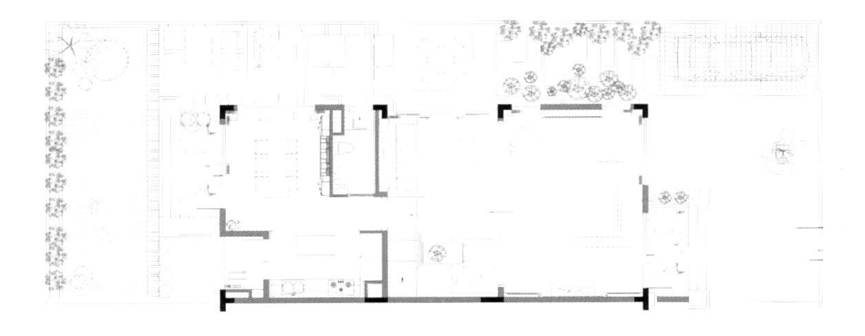
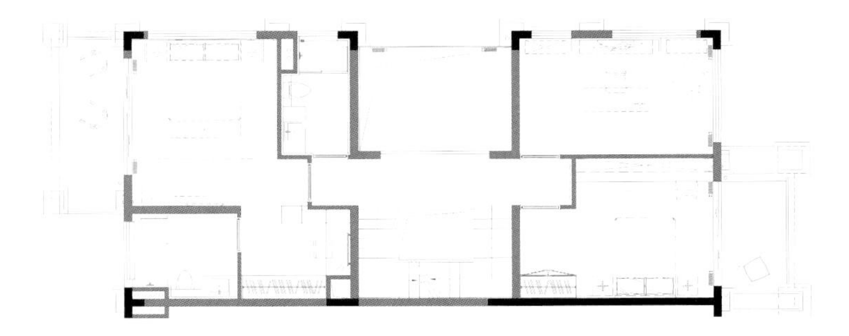

左：客厅
右：餐厅

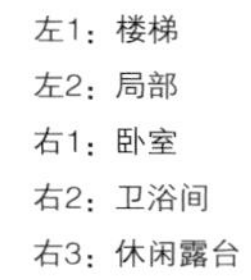

左1：楼梯
左2：局部
右1：卧室
右2：卫浴间
右3：休闲露台

Urban Huacai · Shangguan Jiayuan Garden Sample Room

都市华彩 · 尚观嘉园样板房

设计单位：硕瀚创研
设　　计：杨铭斌
面　　积：75 m²
主要材料：金箔、乳胶漆、高清喷画墙布
坐落地点：佛山
完工时间：2015年10月
摄　　影：杨铭斌

空间以一种清晰明了的方式分割，一边涂抹了金箔的区域，另一边却以全白的空间来对比。个性化、精准且大胆的色彩运用，是这个案例的特色所在。对这个住宅的示范单位来说，设计师希望创造“一切可能的色彩”，如同创造一切可能的生活一样。设计师还采用一惯的空间处理手法，并认为空间不一定是平面的，错落有致的设计增加许多层次变化。

左1：细节
左2：客厅一角
右：客厅

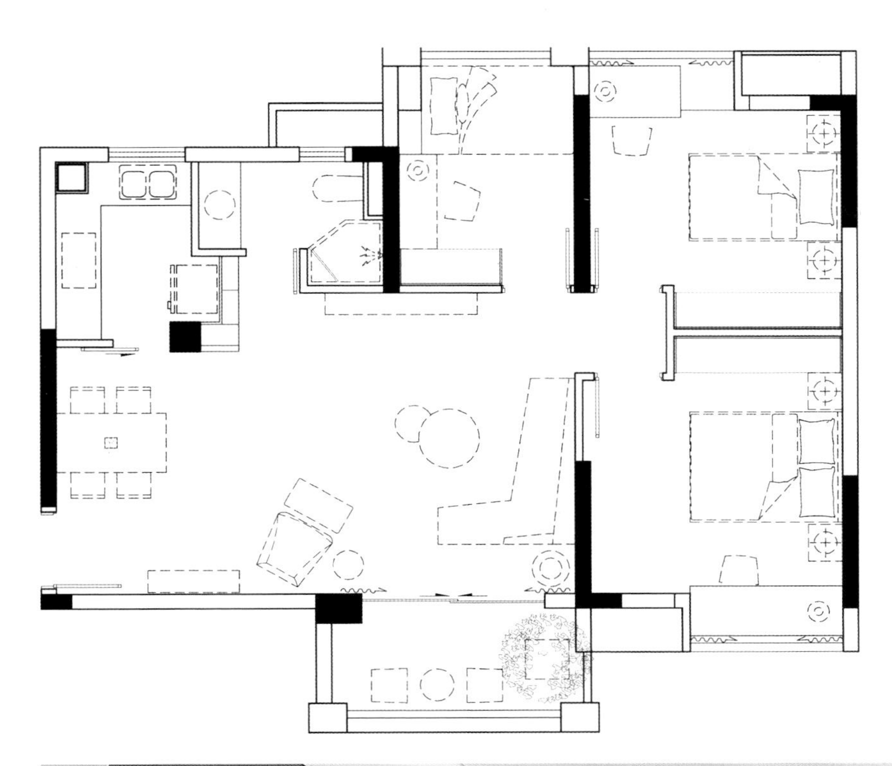

左：餐厅一角
右1:卧室
右2：卫浴间

Changlong Linghang 90m^2 Sample Room

长龙领航90户型样板房

设计单位：深圳市盘石室内设计有限公司
设　　计：陆伟英
参与设计：丁莉莉
面　　积：90 m^2
坐落地点：杭州
摄　　影：陈维忠

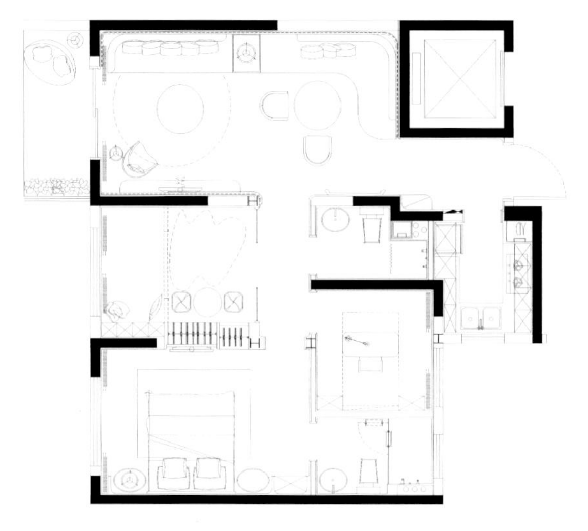

少年时的梦想，常被认为是妄想，不被认可，甚至被嘲笑，但自己的梦想坚持了只有自己知道，我们做着自己喜欢的事情，独自走在路上乐此不疲。说来也巧，儿时对天空的向往如同一种寓言，命运将我们引向飞行。当年只在心中勾画的梦想，如今像新生的叶子一般，娇嫩又充满着生机，它已准备好挑战风霜雨露，迎着朝阳，抱着超越平凡的执着，圆梦高飞。勇敢放飞的梦想，它是超凡脱俗的，是无拘无束的，让我们凌空俯瞰大地，开启新的生命之旅。

"翔·梦"户型的设计初衷亦是如此。"非淡泊无以明志，非宁静无以致远"，虽无绚丽的彩虹，但它宁静而浩瀚，朴实无华中带着与众不同的浪漫。这里是"逐梦者"的飞翔乐巢，这里有他们美妙的梦想与渴望的世界。他们追求的不止于简单的飞翔，他们要享受着临空带来的乐趣，愿在心旷神怡中自由飞翔、透过云端俯瞰大地山河，飞得更高、飞得更远。

左：过道
右1：客厅局部
右2：客厅

SAX
SAX

左1：空间透视
左2：卧室
右1：细节
右2：卫浴间

COFCO Ruifu 500B Villa

中粮瑞府500B别墅

设计单位：上海无间设计有限公司&上海世尊软装机构

设　　计：杨杰、张菲

参与设计：胡兢春

面　　积：1500 m^2

主要材料：爵士白大理石、黑白根大理石、混水板、仿古铜

坐落地点：北京

完工时间：2015年6月

摄　　影：孙骏

将东方哲学与艺术融入设计之中，尝试着找到能与当下中国精英对话的空间语境。这种诗意般的动线规划，不仅令空间架构充满端庄的仪式感，亦形成人、自然、建筑空间、合和的价值观。

内院以传统的合院三进式层递关系为设计理念，让小品式玄关、挑空采光天井以及拥有无敌露台的客房各得其所，共同营造了三室合和之态。而穿插于空间之中的山石流水，亦是将东方哲学艺术融入当代设计的典范。以水为引导划分空间，不仅带动了居室的节奏感，也传达出特有的生活智慧。

作为空间中轴线上的端景餐厅背景墙，我们以 12 片艺术屏风加以诠释，这是一款用 3D 打印而成的巨型屏风，在传统太湖石的图形中提取元素，并将其抽象，变成数字化的感觉，跃然于屏风之上，以彰显中西合璧之寓意。旋梯以圆形呈现连接整个楼层，不仅完成了其行走功能，也成就了空间的各种可能。旋梯上行至二层，是主人房和双子房的相对私密空间，中呈圆形挑空，呼应楼梯和庭院的概念，强化其对称性，亦满足景深、过渡以及采光的需求。

在宅子最中间的地段，原本是采光最弱处，我们将原本不在此处的楼梯，改到了这里（从地下一层到二层的区域），将这个“弱光”区变成了交通动线。除了交通动线的改变，这样一个城市大宅，还需要一个精神的堡垒，以契合空间的气度。为此设计师创造了“垂直图书馆”，旋梯贯穿地下一层和二层，周围是环绕的藏书，这是整个空间的文脉所在，也是家族的脉络所在。不仅如此，还在楼梯底部设计一个圆形的水面，宛若将室外景观索引进室内般，自然流畅，而此时的楼梯俨然一尊雕塑，它们互相作用成了此空间最精彩的一笔。

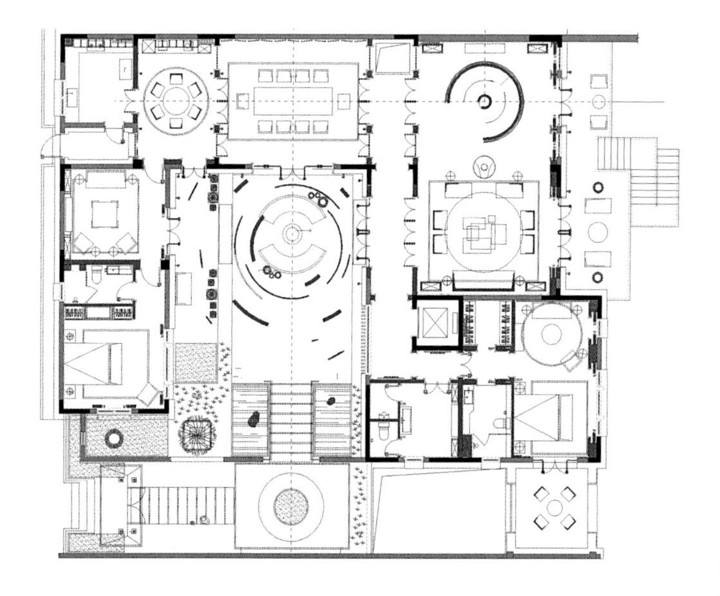

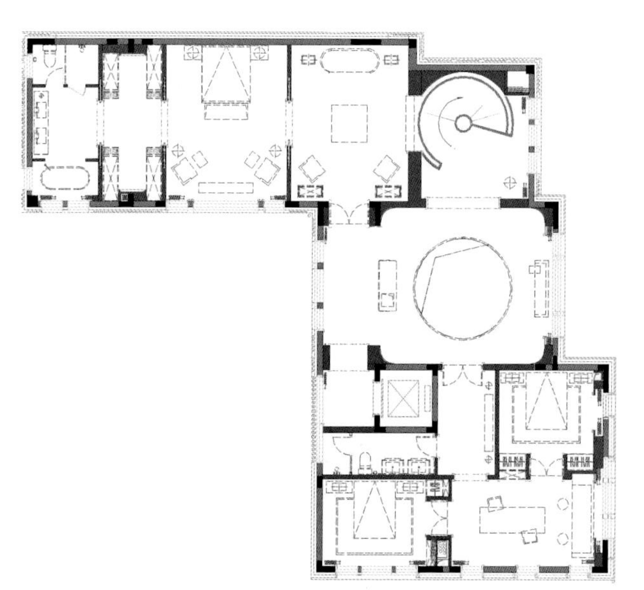

左：餐厅外景

右1：圆形旋梯

右2：客厅

左1：餐厅背景是3D打印而成的巨型屏风

左2：从中餐厅透视西餐厅

右1：过道

右2：起居室

右3：卧室

Jindu Nande Courtyard

金都南德大院

设计单位：方振华设计（香港）有限公司
设　　计：方振华
参与设计：郑蒙丽、高巍东、古文洁
面　　积：180 m²
主要材料：胡桃木饰面、金色金属、大理石、硬包、黑钢
坐落地点：浙江嘉兴

这是一套小高层七层与八层上下两户合为一户的复式设计，室内面积181平方米，户外面积63平方米，运用现代中式风格，设计低调大气又不失华丽，精心打造了一个成功人士安居会客之所。入门穿过椭圆形中式玄关，便是餐厅与客厅一体的开放空间，二者合一，大大提高了空间感受，并设置了一个户外精致的花园庭院，透过落地玻璃窗，与室内互为呼应。楼下为主人休息、学习的私密区域，一下楼梯便是起居室，左边为琴房，女主人最惬意的事莫过于侧卧于沙发上听女儿的琴音了。主卧设有独立卫生间、衣帽间及书房，把书房门一关，书房便是主卧的一部分，门开着也不影响主卧的私密性。

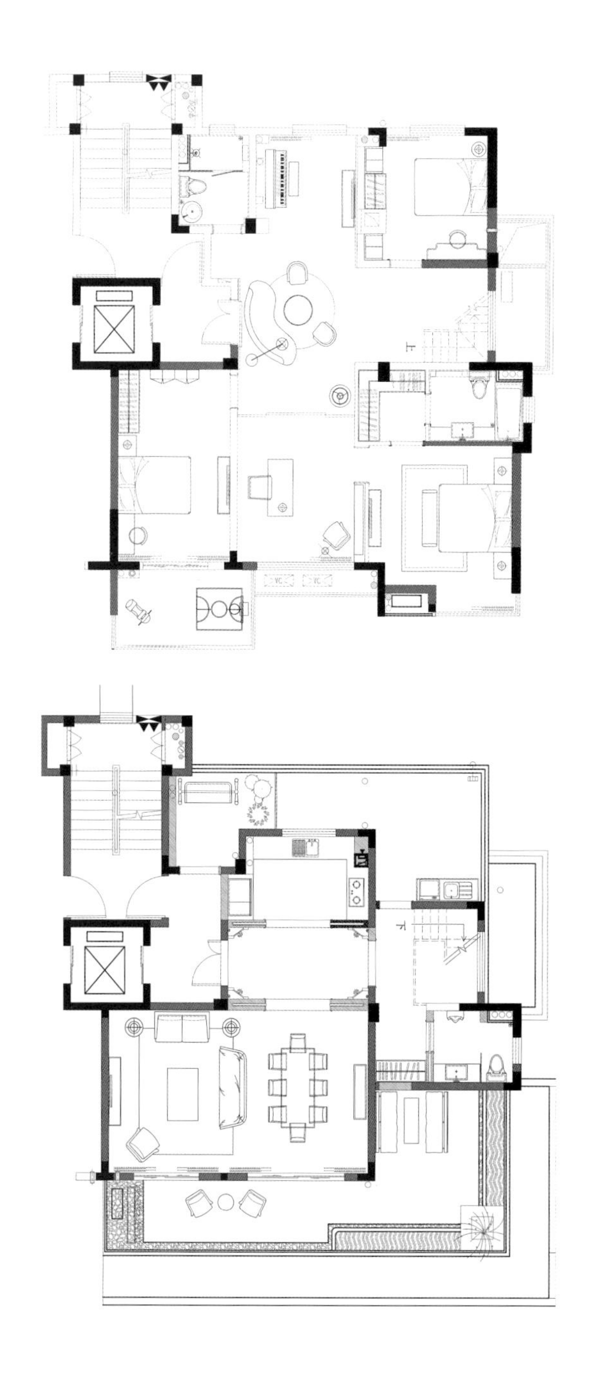

左：玄关

右1：客餐厅透视

右2：餐厅

左：客厅
右1：书房
右2：卧室

Shenzhen LOHO City

深圳坪山六和城

设计单位：李益中空间设计
设　　计：李益中、范宜华、余霞
陈设设计：熊灿、欧雪婷、李芸芸
施工图设计：叶增辉、张灿湘、胡鹏
面　　积：248 m²
主要材料：白金沙大理石、木纹玉、拉槽玻璃、皮革
坐落地点：深圳
摄　　影：郑小斌

项目位于深圳坪山新区中心，交通便捷四通发达，属于商业 MALL 核心地段。楼盘采用围合式布局，充分保证内部园林的舒适尺度以及建筑楼栋之间的通透与采光，同时最大程度保障居住舒适性。

设计师希望打造“展现财富，注重品味，融入传统，体现现代都市化”的坪山多元化生活样本。因此，设计师运用帝王黄、皇家蓝、灰棕色为主色调，饱满的空间布局和对比用色，成功塑造和展现出无上尊贵的王者色彩和楼王尊贵的气质。

“简单呈现细腻，朴实打造优雅”，尽显奢华高贵极尽优雅之美是项目的设计主题。设计师选择浅灰柔和的色调，让其在众多色彩中淡定自然，以细致的设计手法营造一个奢华与品位共存、生活与艺术同在的起居空间，同时勾勒出一丝东方时尚的闲适生活。

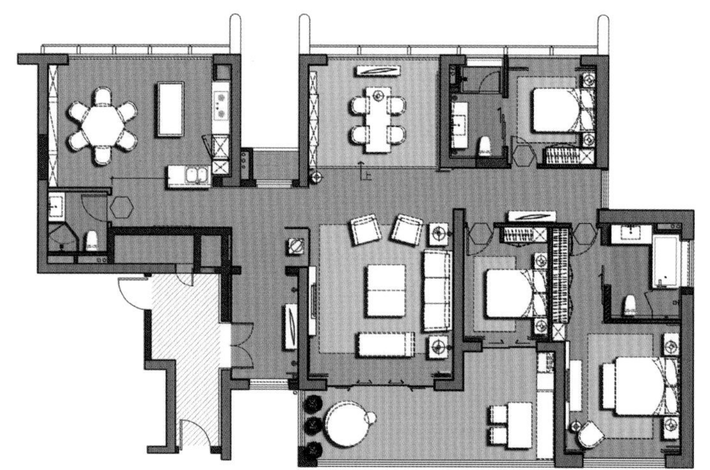

左：小景
右1：空间透视
右2：餐厅

左1：过道
左2：休闲区
右1：卧室
右2：卫浴间

Xi'an Vanke City of Gold Loft Style Model House

西安万科金域国际loft精装样板间

设 计 单 位：李益中空间设计
设　　　计：李益中、范宜华、关观泉
陈 设 设 计：熊灿、欧雪婷
施工图设计：叶增辉、漆雄、邓超、胡鹏
面　　　积：35 m²
主 要 材 料：乳胶漆、防火板、拉丝不锈钢、墙纸
坐 落 地 点：西安
完 成 时 间：2015年11月
摄　　　影：郑小斌

本案客户定位：25 岁左右有文化内涵的单身青年，年轻有活力，思想活跃，对新鲜事物接受度较高。本项目面积较小，但楼层相对较高，所以在开始方案时初步想法把它设计成一个 LOFT 的单身寓，合理利用空间，空间最大化利用。通过对户型分析和客户定位分析最后设计成一个清新现代北欧风格。

由于空间局限性，只有一个窗户，设计过程中尽可能在每个空间都可分享到窗外阳光，尤其是小户型空间光非常重要，所以比较重视空间通透感。整个设计透明性很好，无论站在哪个角落视野都很开阔。

本案设计最大限度减少空间狭窄感觉的同时注重住户私密性。入户右边是一个开放式厨房，左边是公共卫生间，往里就是客餐厅联在一起，空间之间有功能性的区分但又紧密相联。客厅处有一个通高空间，小户型也有大气一面，这个也是空间的一大亮点。二层设计成相对私密卧室，卧室空间可以共享窗户洒进来的阳光，当清晨醒来时拉开窗帘，一缕清新晨光洒进室内，唤醒一切事物，包括每一个细胞，这是一种很写意的生活，乐活、随性。

从设计风格去解读，界面简洁大方，色彩明亮多变，一眼看上去不会觉得繁复，室内线条简约流畅，简单中彰显大气美，选择尺度较小家具，软装搭配色彩多变，物料选择偏自然的亚麻布料，营造出清雅时尚艺术气息。

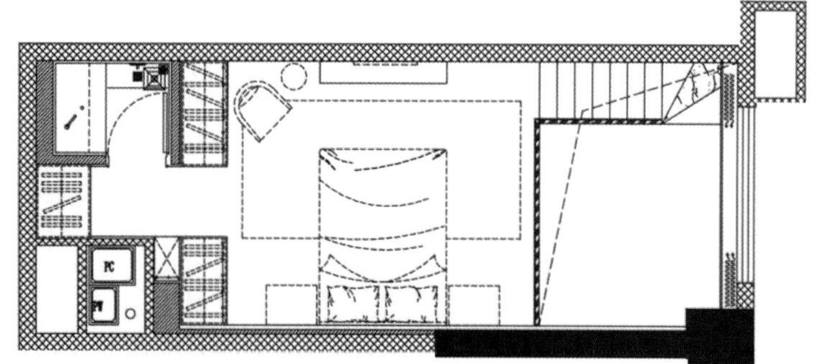

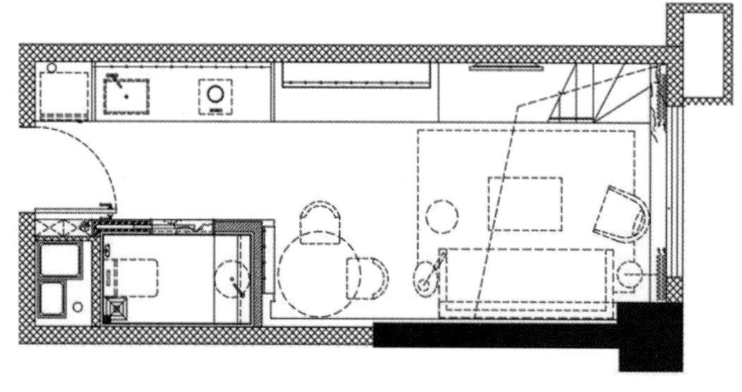

左：餐区
右1：入户右边是开放式厨房
右2：客厅

KEEP
CALM
AND
CARRY
ON

左：空间之间有功能性区分但又紧密相联
右1：开放式厨房
右2：二层卧室

Vanke Feicui Binjiang Sample Room

万科翡翠滨江样板房

软装陈设：LSDCASA
设　　计：彭倩、蒋文蔚、葛亚曦
面　　积：270 m^2
坐落地点：上海
完工时间：2015年9月
摄　　影：阿光

理查德・布兰森（Richard Branson）曾言："我们要去别人从没有去过的地方。没有模式可以模仿，没有东西可以复制，这就是魅力所在。"上海是现代时尚的中心，流行文化的顶端，在高雅华贵的表象背后，LSDCASA 设计所传达的是对自由的追求和永不言止的精神。

走进这座寓所，各种经典元素穿搭自如。拒绝浮华与花俏，空间简洁、舒适、历久弥新，"不思索接下来怎么做，只自问应以何种方式表现"，玩味出极具现代时髦的 Style。整个空间赋予几何美感的黑白线条与幽微神秘的铜质家具的交融与碰撞，象征着 20 世纪初贵族社会的优雅风尚。

黑白即视是空间陈设的主要表现，营造知觉心理中的虚实之道。在空间陈设中，经典的黑白单一理念透过冷调材质，过滤掉了一切不相干的色彩，通过碰撞、更新、转换，比例上和空间层次上达至整体。

入户门廊，巨型人像是自信的体现，简单直白的自行车是自由向往，黑白相衬的色彩是经典的彰显，交叉编制皮革纹是时尚象征。客厅以简洁示人，简练直挺而富有生命悦动感的迷人线条，舒适而奢华的面料，黑与白缔造的经典，香槟色柔和魅惑。餐厅的设计以硬朗轻盈的线条感凸显经典与现代的交织感，黑色编制皮革给人成熟稳重的味道。

主卧和次主卧分别位于两侧，可视生活喜好和心情来作选择。主卧通过色彩的大胆对比，简练的线条，营造出具有强烈视觉冲击力的空间感受，似乎在向世人展现主人的勇敢与率直。次主卧直简的线条显现出深沉的寂静，挺括顺滑的面料，摈弃繁杂琐碎的负重，几何线条和抽象画再次延伸，纯真且浪漫。

左：玄关
右1：客厅
右2：餐厅

左：空间装饰细节

右：卧室

Shuian Chinese Style Villa

水岸中式秀墅

设计单位：玄武设计
设　　计：黄书恒、林胤汶
软装布置：吴嘉苓、张禾蒂、沈颖
面　　积：357 m^2
主要材料：海南黑洞石、蛇纹石、金箔、酸洗镜
坐落地点：苏州
摄　　影：王基守

苏州，一座水色盈溢的古老城市，与意大利威尼斯一样，具有绝佳的水乡风景与细致的人文风情。春风拂面，细柳垂杨，清淡的城市笔触，总予人无限遐思，而建构于悠久历史上的现代景观，更使此地于中西交汇处，更呈现古今对话的可能，空间与时间尺度的堂皇交错，铺就了苏州水岸秀墅的底蕴。玄武设计将“马可波罗东游记”作为故事主轴，以西方探险家与东方大汗的晤面机缘，巧妙转化为中西混搭风格，利用湖水色泽的深浅递变，于家饰的传统线条与硬装的现代材质之间，呈现专属于苏州的柔婉气韵。

踏入玄关，取材自知名建筑师莱特的繁复窗花映入眼帘，装饰主义的流利线条，与对口鞋柜的金箔花样遥相呼应，体现东西元素的戏剧张力；几扇鎏金窗花深嵌壁面，为客厅点缀古韵之余，亦成为串连视觉的利器，设计者进一步以镜面不锈钢天花的反射效果，转化了空间比例，增强大气氛围；延伸线条起伏，餐厅以出风口串起内凹天花板，明晰着客餐厅界线的同时，亦使视觉备加开阔，彰显豪宅气势。

于色彩方面，特以湖绿为底，将传统元素（如铜钱纹沙发）与现代工艺紧密结合，透过比例转换，如餐厅壁面长条型，即是模拟竹简质感，呈现古朴的东方韵味，二楼壁板虽为中式比例，侧面却以亮面材质藏匿花俏；或者色彩变奏，如客厅窗帘选用明黄跳色，转至卧室，便选以不同层次的草绿与黛绿等，于古意盎然的廊室内，体现“中西混搭”的风情，如马可波罗远渡重洋抵达中国，与忽必烈大汗把酒言欢、相互馈赠的和谐景致。

左：进门玄关
右1：客厅局部
右2：客厅

左1：餐厅
左2：楼梯
左3：局部
右1：休闲室
右2：卧室

Zen Style Space

禅意空间

设计单位：广州道胜设计有限公司
设　　计：何永明
主要材料：大理石、深古铜拉丝不锈钢、墙纸、木饰面
面　　积：198 m^2
坐落地点：广东江门
完工时间：2015年7月
摄　　影：彭宇宪

198 平方米的大户型，在号称是“楼王”的项目里，绝对不一般。甲方给出的需求是有东方调性的空间，东方设计元素往往是典雅的，我所构想的本案业主一定是不奢华但是有品味的人群。

整个空间氛围营造颇为禅意。说到禅意，可以用很多词来形容，比如自然、空无、精炼等，与我们的生活息息相关。只要身处“禅意空间”，就很容易进入“宁静致远”的境界，享受难得的悠然自得。禅意讲究“简静、和寂、清心”，玄关处运用中式案几，衬托墙面嵌入的天然水墨大理石，辅以灯光，造就一幅“空山新雨后”的景致。看着满室和寂，配以客厅铜制镂空屏风，东方的饰品，显得格外通透和清雅。飘窗上一壶茶、一个紫砂杯、造型古朴的盆景、几缕袅袅升起的茶香……开窗风过，时事岂不云淡风轻。

客厅是以半开放式的屏风隔断来营造通透的公共空间，镂空屏风与博物馆式的软装陈列有拨动空间气氛的韵律。创新型仿古灯具、精致的家具，在设计上强调高雅韵味。“琴、棋、书、画、诗、酒、花、茶”——文人雅士所求的八雅意境均渗透空间的每个角落，可谓是将中国元素运用到了极致。

主卧，将客厅色彩延续，视觉统一，用色温馨。飘窗物尽其用，小憩或是品茗均可，味觉与视觉的双重享受可以激发精神层面的共鸣，正所谓琴瑟和鸣。父母房无须过多饰品矫揉造作的修饰，几榻有度，器具有式，沉寂的暗红色大气而稳重。

软装最具匠心，客厅的钉子画是在古人绘画的基础上再创造的又一艺术表现形式，横看竖看都不一样，即丰富了古代绘画的立体感，又有现代铸造的金属质感。整个空间的设计把唯美与精致、自然与恬静、固守和创新把握得十分到位，触目所及的每个角落都能感受到用心。

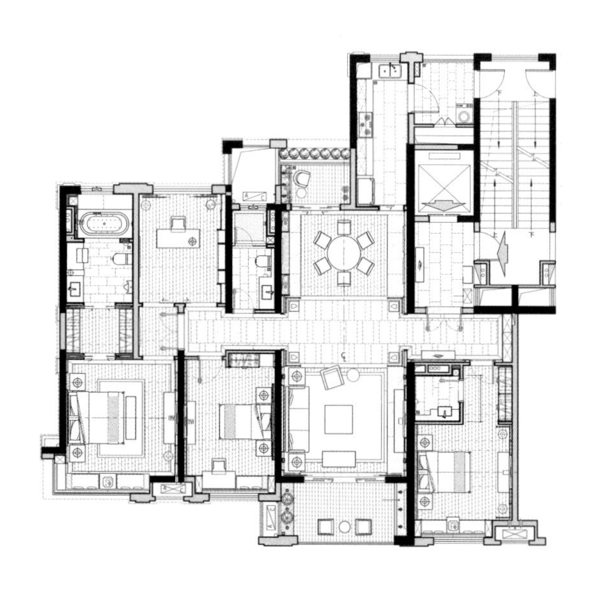

左：进门玄关
右1：从客厅透视餐厅
右2：客厅电视背景

左1：餐厅
左2：卫浴间
右1：卧室
右2：卧室

Youngor Mingzhou 250m2 Sample Room

雅戈尔·明洲样板房

设计单位：宁波汉文装饰设计工作室
设　　计：万宏伟
参与设计：胡达维、曲超
面　　积：250 m^2
主要材料：橡木多层实木地板、仿石材砖、金属板、素色壁纸
坐落地点：浙江宁波
完工时间：2015年9月
摄　　影：刘鹰

本案位于宁波东部新城，项目定位精准，每套为 250 平方米大平层。参与了前期建筑空间设计的配合深化工作，我们从建筑的形式和室内功能的完整结合分析，以及室内和室外、建筑和园林之间的逻辑关系梳理和统一，也从生活方式的理解到生活的使用功能方面深化整合设计。一个好的设计不一定非得要设计技巧和手法多么炫目，它首先一定是耐用耐看和舒服的感觉，这个“舒服”来自于设计师对各种空间尺度的把握取舍以及对空间逻辑的梳理整合，对空间气氛的营造把控，做有生活质感的、有温度的住宅空间。

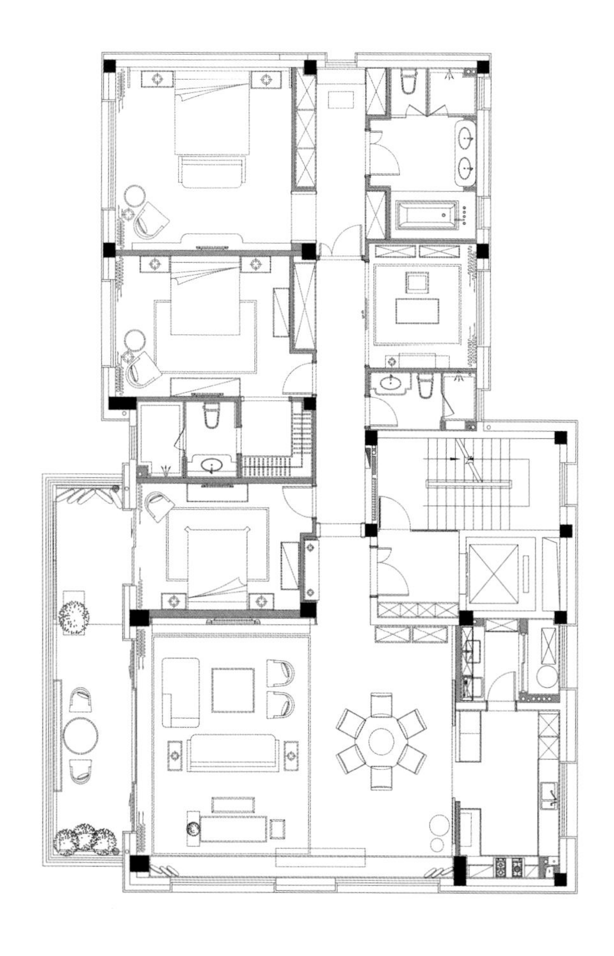

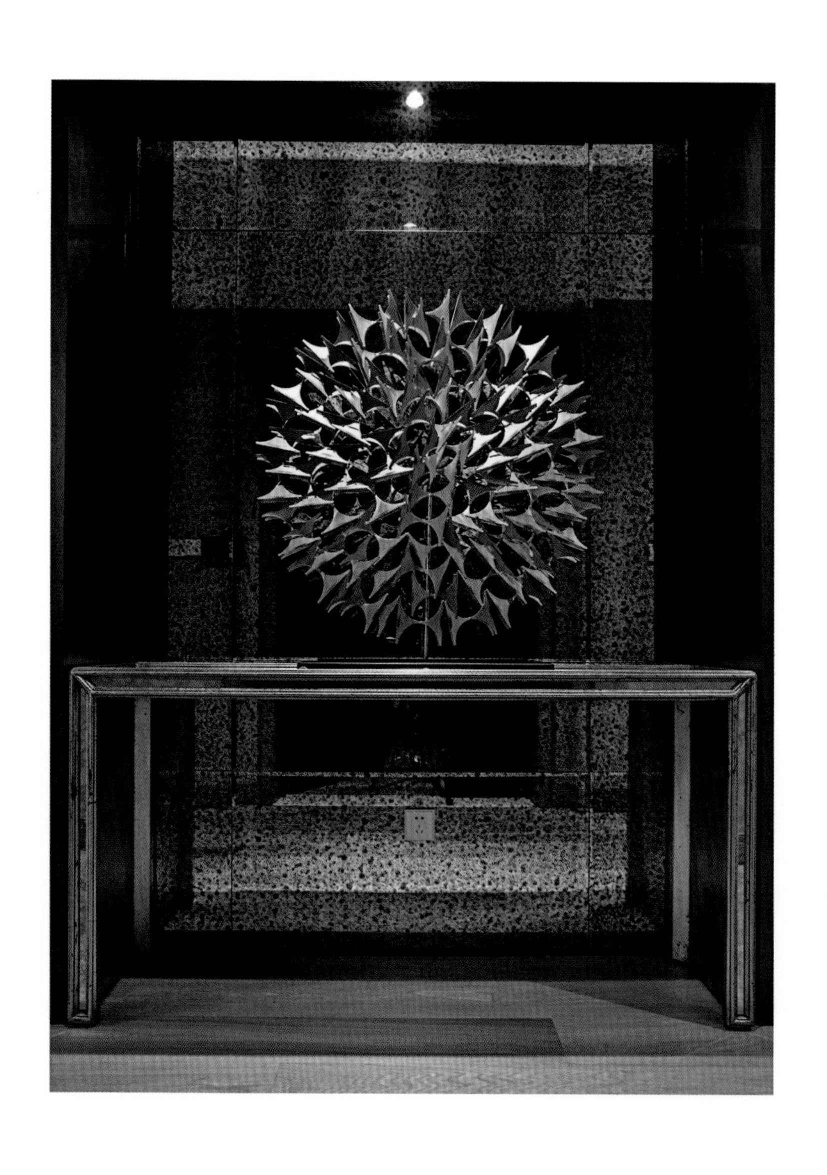

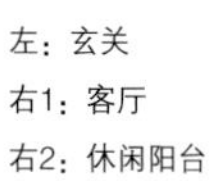

左：玄关
右1：客厅
右2：休闲阳台

左：餐厅
右1：过道
右2：卧室局部
右3：主卧

Boyue Binjiang Sample Room

铂悦滨江样板房

设计单位：大观•自成国际空间设计
设　　计：连自成
面　　积：674 m^2
主要材料：烤漆板、胡桃木、拉丝古铜、绿植
坐落地点：上海
完工时间：2016年1月

在毗邻老宅的铂悦滨江，设计师采用摩登前卫的后现代主义风格打造本案，既是对经典的致敬，更是寻求传承之上的突破与超越，展现了一种穿越时空的艺术力量。设计师将整个别墅看作是一个能量的载体，集天地、时空之精华，包容并蓄，又特立独行。摩登前卫是本案带给观者的最初印象，白色的基调纯净空灵，简洁的线条组合多变。若是给点时间细细体味，看似干净利落的空间，却开始呈现多样的风姿，色彩、线条、图案，文化、历史、风格一一浮现出来。

本案在建筑规划上打破了传统别墅的设计理念，强调超大的空间尺度，这也为室内设计创造了得天独厚的条件。邻近没有高楼，阳光作为大自然的馈赠洒进整个屋子，与干净纯粹的白色空间融合恰到好处。而为数不多的金、黑、蓝、绿、橙，仿佛是画卷上的浓墨重彩，跳跃穿插其中，为空间增添了几分生动和高贵。

当然，色彩的引入也与空间功能有着内在联系。设计师试图将大自然中最具能量的阳光、空气、水、绿树一一搬入室内。所以，地下室的设计也成为了整个居所的一大亮点，当您从客厅沿着旋转楼梯徐徐而下，恍然间宛如是穿越了时空的隧道，来到另一个奇妙的世界。5.65米大尺度的挑高空间让人豁然开朗，而充满绿色、带有泥土气息的景致，仿佛是宫崎骏笔下的“理想国”，宁静惬意。大面积的绿植墙面创造了静谧的自我空间，阳光从天井洒下，底部还有水池吐纳着清澈的细流，真是别有洞天。所以，冥想、阅读、收藏等私密的个人行为，都被设定在此特别的空间内完成，契合居者的个性彰显。

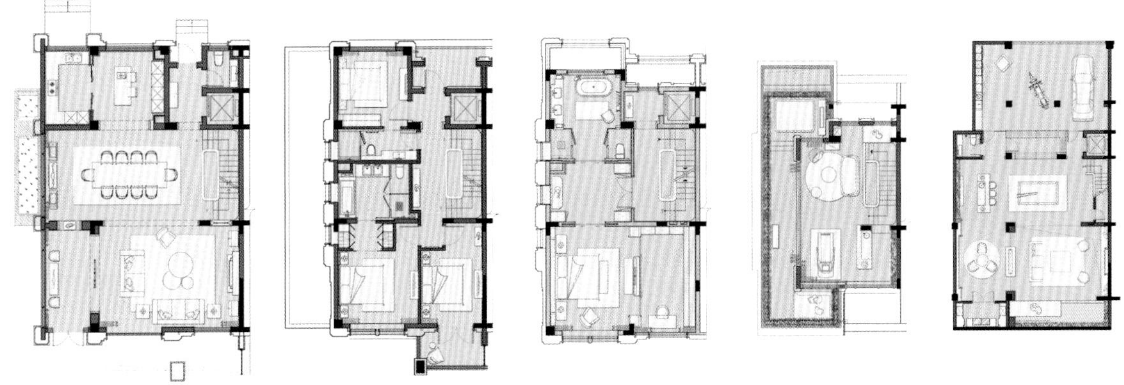

左：从客厅透视餐厅

右1、客厅全景

右2：餐厅局部

左：地下室客厅镂空装饰立面

右1：地下室客厅入口

右2：夹层书房

Boyue Binjiang Villa Sample Room

铂悦 · 滨江别墅样板房

软装设计：LSDCASA
设　　计：葛亚曦
面　　积：670 m²
坐落地点：上海

上海旭辉铂悦 · 滨江坐落于陆家嘴腹心，是旭辉集团巅峰住宅作品，软装设计委托负有盛名的 LSDCASA，打造奢享级超级体验豪宅。LSDCASA 传承上海独特的海派文化，设计中没有追随上海民国时期典型的 ART-DECO 样式，而是延续巅峰上海最虔诚的怀旧和最大化的创新，以现代风格融合新古典诠释上海的世界主义。

软装设计延续建筑及室内的新古典风格，以此为基础环境，续写丰沛的美学力量空间，设计抛开一切形式和标签的表象，以匹配财富阶层应有的生活方式，让单一的权力、财富的显性诉求，过渡到生活中对伦理、礼序、欢愉、温暖的需要，呈现生活空间中细微的感动。

冷静的黑、睿智的卡其、明快的爱马仕橙和内敛的云杉绿，共同诠释现代主义的色彩美学。家具样式摒弃浮华与繁琐，木作与金属互为搭配，洗练的线条，纤巧精美的样式，空间中流淌着洗练的情调和怡然的气息，将生活形态和美学意识转化成一种无声却可感知享受的设计语言。

这套 670 平方米的府邸共有六层，空间的每一层都有自己独特功能和对应的趣味和隐喻。纵观整套邸府，更像是具备魅力和非凡感官的艺术臻品，时光就此凝练成艺术，生活由此完美升华。

左1：入口
左2：餐厅
右：客厅

左：三楼主卧区不同视角
右1：三楼主卧书房
右2、右3：地下一层雪茄室

Erqi Binhu International City Duplex Sample Room

二七滨湖国际城双拼样板间

设计单位：上海飞视装饰设计工程有限公司
设　　计：张力、刘畅、赵静
面　　积：148 m^2
主要材料：高光烤漆板、皮革
坐落地点：河南郑州
摄　　影：三像摄

年轻需要梦想，需要活力，更需要创造力，对于年轻的创业团队来说更是如此。创业者希望以时尚亮丽为设计主题，整个空间最为突出的就是色彩的选择，用绿色、黄色贯穿整个室内，充满活力的色彩让气氛都变得跳跃起来，搭配深色家居，避免了亮色带来的浮躁。休闲区黄色的沙发，进墙式的设计，更节约空间的同时，不减舒适度，三两个抱枕，一杯清香的茗茶，便可有效缓解工作时紧张的心，装饰画作为空间的点睛之笔，又是那么的恰到好处。

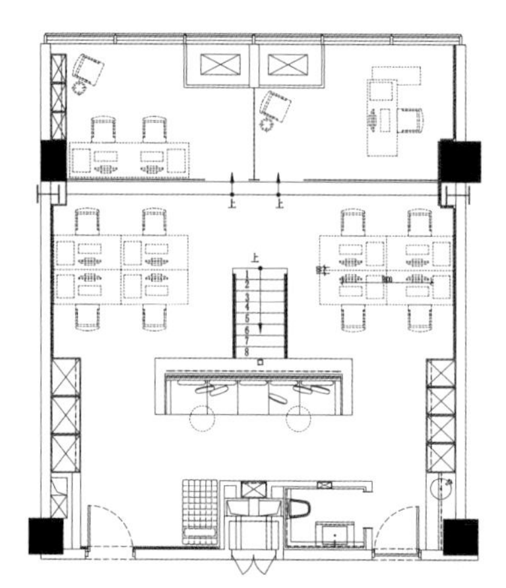

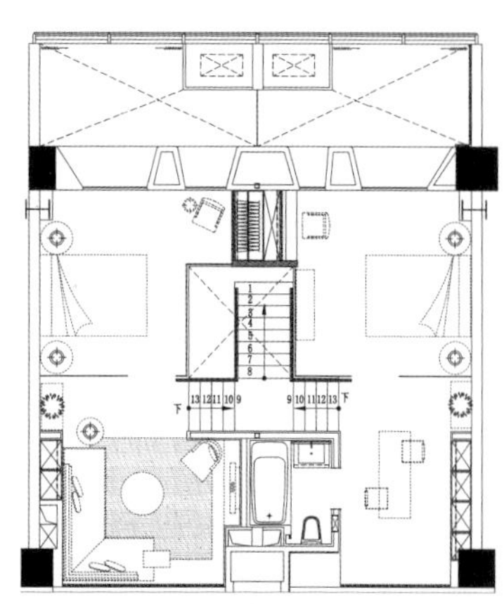

左：过道
右：会客区

5
9
Your
Sincerely

左1：工作区
左2：楼梯口
左3：空间透视
右1：卧室
右2：起居室

Lvcheng Shengshi Binjiang Sample Room

绿城盛世滨江样板房

设计单位：上海益善堂装饰设计有限公司
设　　计：王利贤
参与设计：汤玉柱、宋莹
面　　积：410 m²
主要材料：黑色镜面不锈钢、黑檀木、橡木染色木饰面、软包
完工时间：2015年10月
坐落地点：上海
摄　　影：温蔚汉

本案围绕轻盈、欢快、中性的构思，以现代主义风格为主调，在空间平面设计中不受传统对称限制，追求自由开放、独具新意的视觉感官。重点采用了不锈钢、大理石等材料凸显时代感，主要区域搭配色彩浓烈的装饰加以点缀。

开敞、内外通透，个性化的线性设计，使得空间布局流畅，各区域自然融合。时尚的家具在开放的环境下，彰显与众不同气质。空间氛围丰富且多元，金与黑呈现的庄重气度，蓝色的典雅，还有极富东方气息的情调。不同色彩组合，给人带来不同视觉感知，充分利用色彩先声夺人的力量来制造直观的视觉效果。设计师的时尚眼光与独到见解，赋予了每个空间不同色彩。再加以融入充满了艺术气息的陈设，使观者充分领略到奢华设计的魅力与价值。

设计师非常注重体现个性和文化内涵，在设计中强调人的个性，反对苍白平庸和千篇一律，体现个性化需求。通过可移动的元素，丰富的色彩，增加空间内的文化内涵，为本项目打造了有品位、有特色的空间。

左：客厅
右1：过道
右2：餐厅

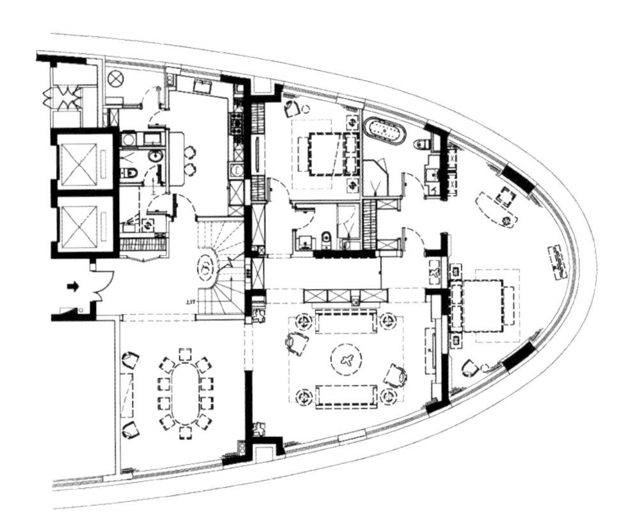
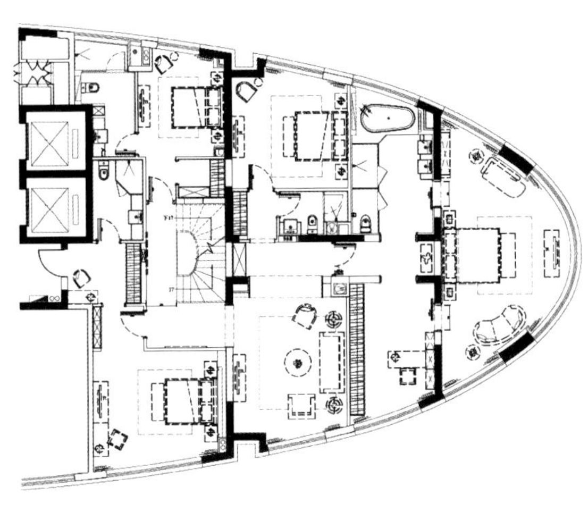

左1：起居室
左2：卫浴间
左3：客卧
右：主卧

Jindi Xixi Fenghua Western-style House Sample Room

金地西溪风华洋房样板房

设计单位：杭州易和室内设计有限公司
设　　计：麻景进、金碧波、戴海水
面　　积：132 m²
主要材料：橡木饰面、山水玉大理石、夹宣玻璃、绢画
坐落地点：杭州
完工时间：2016年5月
摄　　影：阿光

杭州之美，不过三西，西湖、西泠和西溪。倘若，居于西湖之滨，在当代已然成为一种奢望，那么，西溪湿地，恰是繁华都会中，轻读杭城最深生活滋味的唯一遗存。身处杭州唯一的大型城市绿肺，竟与都市繁华无间共存，这无疑成为了都市文化中产的理想生活首选之地。金地西溪风华洋房样板房，如躺在西溪里的一叶扁舟，倒影了西溪千年的绝代风华，即便波圆无痕的一次邂逅，无不怦然心动。

设计师秉承金地西溪风华“更熟悉的风土人情、更文化的居住体验、更时尚的东方美学”的居住主张，取意东方禅之“静”，旨在描画“静、色、形”一体元素的联想，并在整体设计中，将其转化为空间的氛围意境，加以现代的设计手法与细腻的材质表现，力求造就绝代风华的东方神韵与体贴入微的人文关怀，回归到人最自然的生活状态中。

进入客厅，禅意东方的浓郁气息便迎面而来，令人内心得以平静。家具造型简约，材质采用棉麻、胡桃木、金属等不同空间气质元素，与香道饰品完美融合，收放自如地诠释了东方的精髓，让人备感上流社会的优雅与品味。

餐厅设计兼容了宴客礼仪和文人情怀，在灰色基调中，璀璨的水晶吊灯洒下温馨的光景，设计师别出心裁地以写意山水画来装饰背景墙。气派的大理石圆桌、独家定制的餐椅与中国茶道在同一时空对话，隐喻独到的审美和非凡的气度。

设计师关照不同的需求，不同的居室被赋予了不同的情性。主卧，以蓝灰色为主调，与原木纹理的家具中凸显原始之美。与山山水水、月光竹林的隐士意境中，让主人找到心灵的平衡和安宁。

左：客厅透视餐厅区域
右1、右2：局部
右3：过道

窗外的景色是书房的对景，视线毫无遮挡地从室内延伸至室外，空间也显得更加宽敞明亮。挥洒禅韵抚琴来，高山流水觅知音。在书房的时光，是如此悠然自得。把玩文玩，亦或沏一壶香茗，沉浸于此，让人回归内心，忘却尘嚣。

左1：餐厅
左2：书房
右1：主卧
右2：卫浴间

Life and Attitude

生活与态度

设计单位：正反设计
设　　计：王琛、蒋沙君
参与设计：冷成昊、陈钟
面　　积：300 m²
坐落地点：浙江宁波
摄　　影：王飞

如今的生活有点“过于热闹”，人人都忙，人人都埋在手机世界里。家对于当下来说已经越来越模糊。家是一种精神，它指引着我们该如何生活。本案设计核心思想是生活的态度，对于家而言，并不在乎它有多美，而是它能否带来归属感。

空间布局以开放式为主，设计师希望通过每个功能区域的串联，增进人与人之间的交流，公共区域每一处角落都可随意坐下，或安静看会儿书，或和自己最亲密的人喃喃细语。生活本该如此，不需要过多的精彩，但总能让你感动。

正午，烧好美味的饭菜，仿佛墙壁上的“马儿”也嗅出了阵阵扑鼻而来的香味。对饮食挑剔的态度也成了生活中不可或缺的一部分。酒足饭饱，闲暇无事，坐在沙发里观赏露台上刚买回的植物，或许在以后日子里它的小伙伴会不断增多。生活的状态也是如此，在时间的岁月里，我们可以不断添加自己喜欢的物件，让它成为家庭的一员。楼梯在空间里并不只是走动的贯穿点，繁琐的工作之余，停下脚步，盘坐在楼梯上，不经意透过如雨丝般的钢索欣赏暗藏柜体上的艺术作品，或许能带给你一些不同意义的生活领悟。

家也需要分享，周末老友聚会，步入二楼茶室，虽不大却不失精致。侃侃而谈之余品一口清茶，伴随着琴声，时间仿佛凝固一般。

左：玄关
右1：餐厅背景
右2：客厅

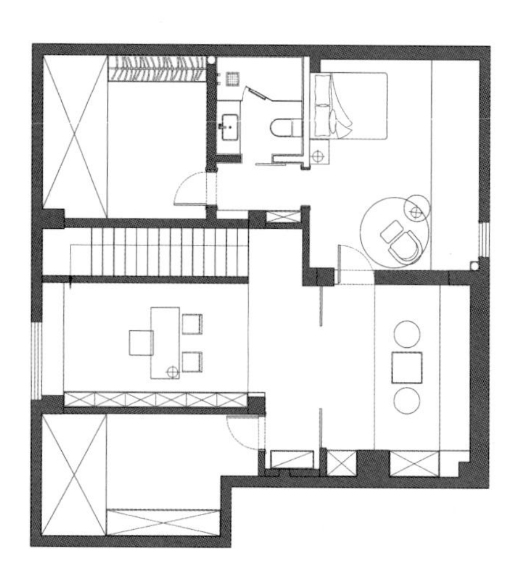

左1：楼梯
左2：二楼一角
左3：楼梯侧面
右1：过道
右2：孩童房
右3：主卧

Pure White Fairyland

纯白之境

设计单位：尚层装饰（北京）有限公司杭州分公司
设　　计：池陈平
面　　积：260 m^2
坐落地点：杭州
完工时间：2015年12月

从国外留学归来的年轻主人，喜欢简约设计，崇尚品味生活。设计师选择以白色作为设计语言，用减法和去装饰化手法塑造了极度冷静而克制的家。“你可以将之理解为一场生活的回归，也可以理解为是对业主的一种‘标榜’，标榜其对低调奢华和精神丰足的追逐。”

白色，向来极难把控，特别是在一个空间中大面积使用白色，对空间的变化和细节的创造上有着很高要求。对此，本案设计师回应是“线塑”、“光塑”和“人与空间关系的重塑”。从物体、自然、人和空间的逻辑出发，步步为营，塑造完整、克制却有张力的空间关系。

依托不规则的线条来实现“线塑”。在儿童活动区，线条，几何，多边形被反复执拗的运用，却依然和谐存在于书柜、地面、顶面的边角、墙面的装饰画等各个细节之处。简单关系的空间里，恰如其分的透明摇椅和雕塑感的矮凳就更似艺术品，点缀其间，潜移默化地塑造人的内心。“光塑”，白色对光线最为敏感，通过巧妙安排自然光、布局室内光源的比例和位置，纯白的空间有了光线的照入，自然而然带来了明暗，带来了一年四季一天之中不相同的光影变幻。

“人与空间关系的重塑”，移步换景之中，看到空间的张弛有度，看到光影变幻，窗外的自然构成室内的画卷，营造出别样感官体验。黑、白、灰的简单过渡让家居在光影中更见优雅。家居在功能性的基础上不落潮流，人性化的家居奢华而不过度，简约更要经典，这是“雅豪”生活方式的一份淡定与从容。

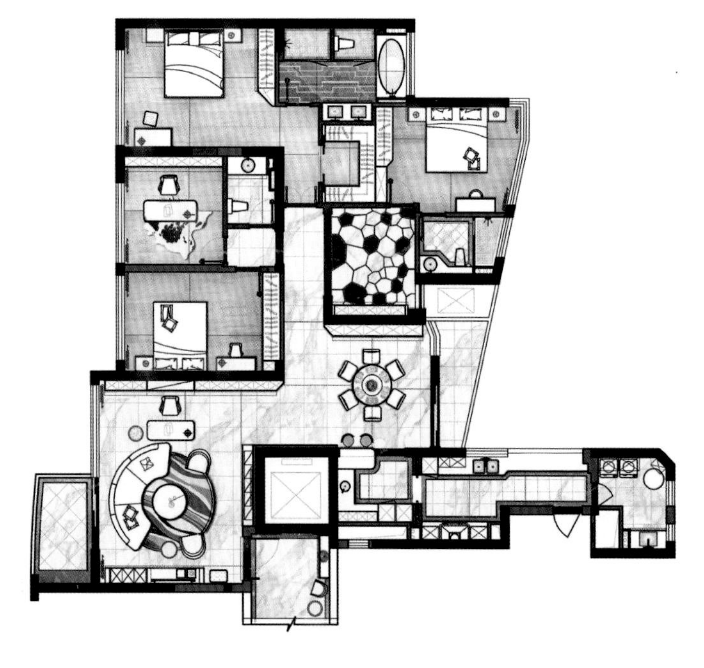

左：客厅过道地面纹路与动线合二为一

右：客厅一角，大面积落地窗带来了绝妙的光影，窗外的自然风光如画般映入室内

左1：客厅，线条硬朗的空间与线条柔和的家具相得益彰
左2：孩童娱乐区
右1：厨房中错落的白盒子颇为现代
右2：空间直接而强烈的更衣室
右3：主卧加入了质感温润的家具和些许色彩

Haitang Villa Communal House

海棠公社住宅

设计单位：建筑营设计工作室
设　　计：韩文强、李云涛
面　　积：510 m^2
坐落地点：北京
完工时间：2015年11月
摄　　影：魔法便士

项目位于北京东郊一处居住区之中，设计范围是联排别墅楼当中一个单元的上下三层。一层以及地下室是上下连通的，主要用来做主人对外接待；二层有独立的出入口，主要满足家庭内部起居。

设计的基本思路是利用材料和空间的变化来模糊原本室内的内外、界面之间的关系，创造一种开放而充满层次的漫游环境，让室内脱离局部的装饰，回归到自然、朴素、静谧的具有东方气息的居住氛围。

一层围绕会客厅和书房这两个木盒子空间展开，橡木格栅 + 搁架以备藏书、展示、陈列之需，同时构建出由外到内半透明的层次关系。茶室利用灰色水泥漆结合定制的混凝土台面和桌面，灰盒子与背景的反差产生不同尺度的空间感受，同样的手法也用于客卧室。地下一层重新整合了下沉庭院与内部空间的关系，庭院种植竹林使下层空间产生内外景观的交互。地下车库也被改造成为明亮的客房空间。二层内部居住部分置入一个“穹顶”柔化屋顶与墙面的关系，使内部环境柔和而富于变化。

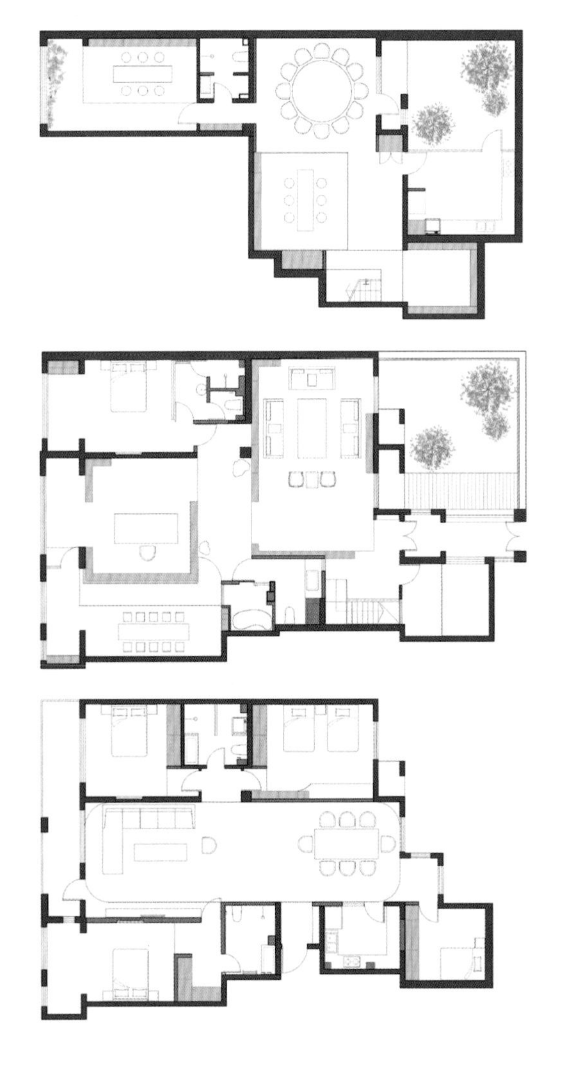

左：茶室
右1：书房
右2：入户口

左1：客厅
左2：起居室
右1：餐厅
右2：客房
右3：过道

The Liu's

The Liu's

设计单位：维斯林室内建筑设计有限公司
设　　计：廖奕权
面　　积：996 m^2
主要材料：木、云石、Corian
坐落地点：香港
完工时间：2015年10月

本案的特色是夸张抽象的同时带一点 classic detail，以白色为主导，保持简约清新的感觉。

鲜艳夺目的墙纸为纯净的空间增添了色彩活力，毗邻的厨柜用了 Corian 制造这一体的 Island 连饭桌，天花巨型吊设应和饭桌的形状，舍弃锋利的直角设计，利用圆角使线条更流畅柔和。厨房部分墙身用富有欧洲特色的瓷砖荷兰蓝白色的台夫特陶器，受中国青花瓷影响，颜色以青白花为主，其底釉为白色，再以氧化金属釉来作彩绘装饰，充满异国情趣，为厨房的角落增加一点生气。

天花涂了仿水泥的特色油漆，微妙的带有一点点闪粉，隐约淡雅地浸透原始的味道。值得留意的是每道房门的门轴和门锁，它们的细节位都是由圆线组成，细腻的边缘予人舒适自然的感觉，与古式的灯制互相融洽。

书房的其中一面墙改装成玻璃，以增加空间感，而且可以在工作期间看到客厅的电视，寄工作于娱乐。墙身用了黑板油漆，铺上磁石粉，可以当作是活动教学的黑板墙，为将来家庭增加小成员作好准备。

主人房有一个仿造中药百子柜的白色衣橱，但其实内里空间是跟平常衣柜间隔一样，配上了淡金色的柜抽，用色用料互相配合，低调的散发着一点玩味。套房洗手间里的洗面盆孩子气十足，夸张耀眼的黄色面盆柜和镜框，及地上可爱的六角形拼花砖，呈现童话式的抽象风格。

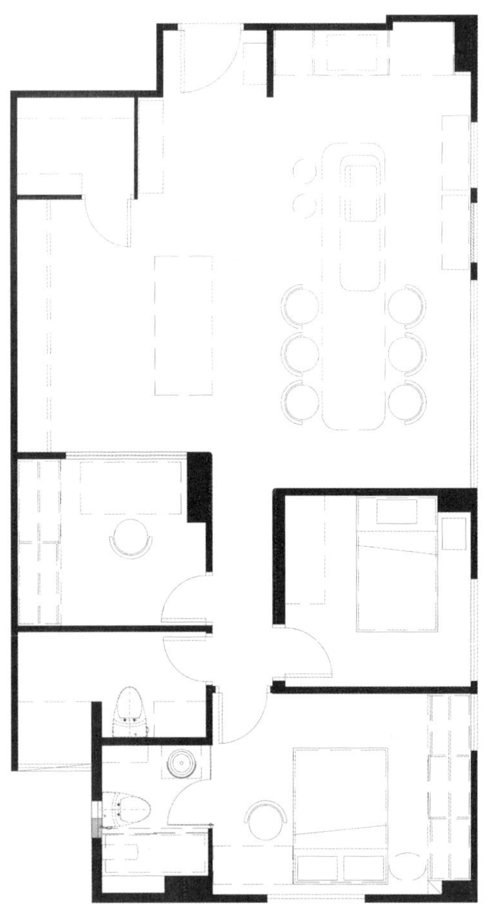

左：过道视觉延伸
右1：客厅
右2：从客厅透视餐厅区

THE LIU'S
NOVEMBER
2015
WESLEY
KAREN
1500
1000
LITTLE
WESLEY
LITTLE
KAREN
500

左1：过道
左2：装饰细节
左3：从洗手间透视卧室
左4：卧室
右1：书房
右2：卧室

Cuihai Villa

翠海别墅

设计单位：维斯林室内建筑设计有限公司
设　　计：廖奕权、许伟彬、曹世妹
面　　积：160m²
主要材料：清水混凝土、原木、生铁、不锈钢

这是由台湾艺术家许伟斌、曹世妹跟香港室内设计师廖奕权携手合作的住宅项目，从空间规划、布置到家具设计、铺排等都一丝不苟，最终得出理想成果。面对天然资源日渐匮乏，我们越发渴望回馈大自然，本案重用废弃物料，以之打造现代作息场景，既能体现舒适审美，也让人细啖淳粹的生活情味。

按照户主意愿，居室仍保有某些旧有痕迹，如入门区、厨房和露台的板石地便属上手铺排，设计团队见其材质完好而沿用下来。有些墙身在凿掉面材后，表面斑驳有致，被团队视为特有装饰纹理，干脆让它展现于人们眼前。客厅影音架后的墙壁凿除面层，以粗糙面貌过渡至饭厅，跟刷上乳胶漆的后半段壁面形成对比；至于厨房墙上的块状坑纹同样是除掉瓷砖的模样。

以上处理多少跟崇尚纯朴、珍惜自然的概念有关，家具、灯饰在此担当传达信息的媒介。它们几乎都是循环再造，主要来自两位台湾艺术家许伟斌和曹世妹的手笔。两位老师善于取材，收集废料如木头、铁管、不锈钢、竹和塑料等加以创作，为作品赋予机能、价值。客厅的沙发、扶手椅、茶几、影音架，饭厅的餐桌、餐椅、矮凳，皆是活生生的例子。难得的是它们的造型上极具变化，如饭厅除了两张高背椅配对成双，其余的椅凳亦各有形态，不同韵味。灯饰种类亦不少，饭厅吊灯利用铁枝和铁线网屈成弧型，有如怀旧设计，散发工业味。此外，两厅没装置灯槽，射灯沿方形路轨排列，构成工整的照明框架。值得一提的是户主喜欢空间开放明亮，着重灵活间隔，室内不但倚重趟门，也用上不少布帘，多是麻布质料，尽量让阳光景致落入室内。毗邻饭厅的厨房，透过富弹性的木格子门作分隔，兼及质材一致，做到构图整齐纯净。

进入房间区，左右两边分别是休闲室及书房，尽头才是主卧房所在。书房的家具编排并不密集，木板和铁枝组成的层架贴着窗户两侧墙身装设，简单得很。书桌朝窗户斜放，跟椅子的用料、风格相似，桌面实木板，框架用铁枝。特别有趣的是从窗帘挂杆吊下的时钟，方形钟框由铁线重迭扭屈而成，手工痕迹明显。桌灯和地灯同是采用多种物料的原创成果。

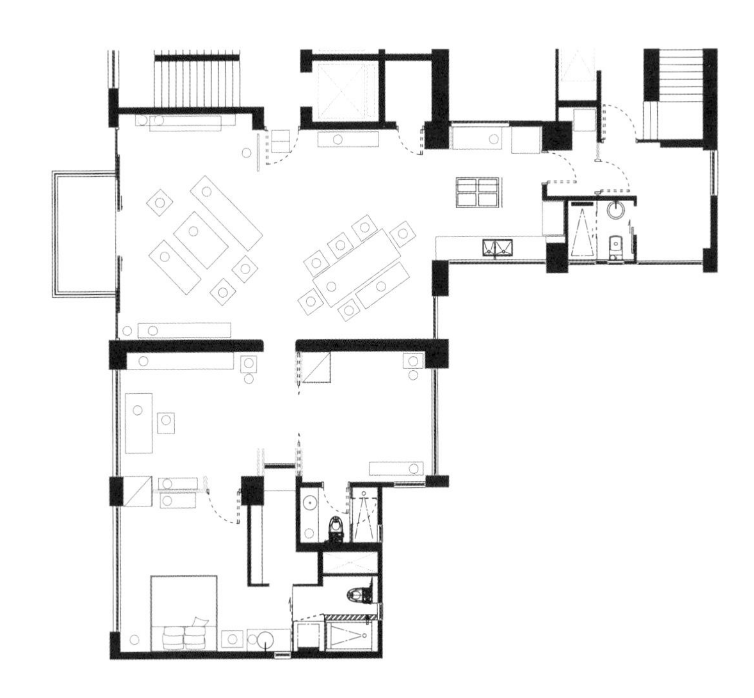

左：餐厅家具以实木和铁枝为基本，造型多有变化
右：客厅连接露台，尽揽蓝天碧海

左1：休闲室铺上动物毛皮，树干矮凳，焕发自然气息

左2：被走道稍为分隔的饭厅多得窗外绿意衬托，别有意趣

左3：斑驳的混凝土墙包含旧日装饰轨迹，历经岁月

左4：别致的洗手台

右1：主卧房被深浅不同的灰调笼罩

右2：书房的开放层架贴着两侧墙身装设

Zhiyu

质域

设计单位：台湾近境制作
设　　计：唐忠汉、高彩云
面　　积：$175m^2$
主要材料：石材、镀钛、木皮、镜面、铁件
坐落地点：台北
摄　　影：岑修贤

材质的语汇界定空间的量体，对比量体错层堆栈，沉稳与律动相互交融，线条贯穿延伸平衡空间重量。

场域界定

置入两空间量体使开放场域自然而成，以材质线条与灯光分界空间量体，增添原本一分为三的空间场域，形成另一独特区域。

量体划分

空间一分为二，一边以单一素材建筑手法延伸空间深度，另一边以材质渐变方式减化量体的存在感，暗喻空间的界定，错落的光和影让空间本质交错流动。

引光入室

光：主空间在规划上运用基地条件，采用垂直动线，引光入室。

影：延续性空间，灯光透过材质错层散布在空间之中，反射的光跟影，营造空间趣味性。

质：空间以石、木润色，镀钛包覆量化空间，透过反射性材料，延续材料本身的质。因反射交迭，传递空间多变的生活面向。

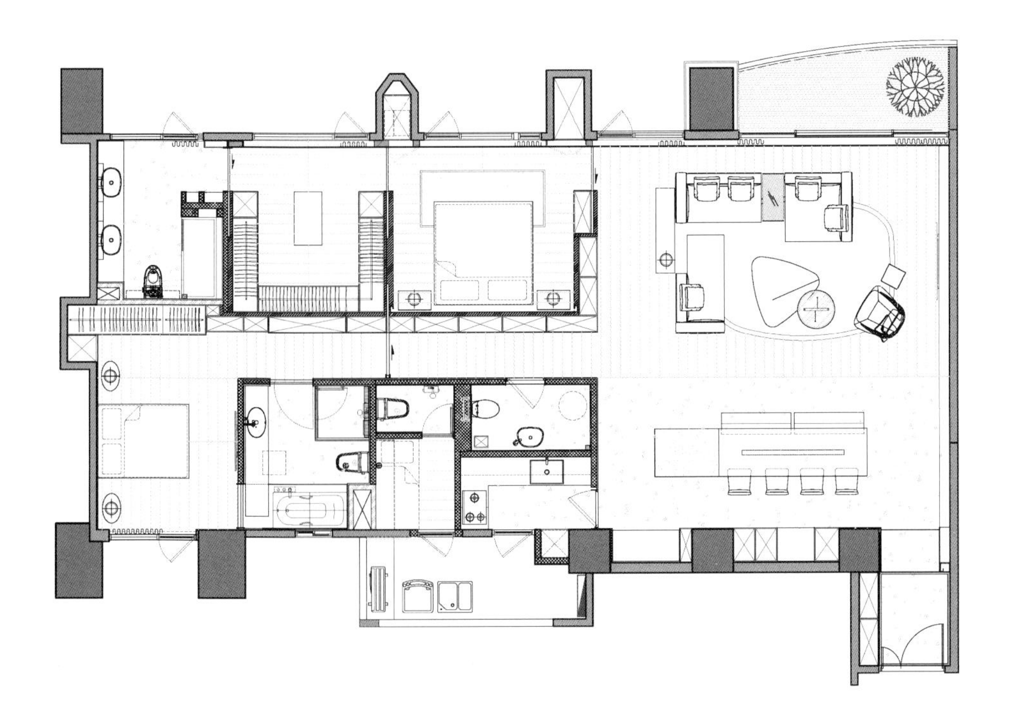

左：客厅
右：餐厅

左1：过道
左2：卧室局部
右1：转角
右2：卫浴间
右3：卧室

Le plan libre

自由平面

设计单位：台湾水相设计

设　　计：李智翔、陈凯伦、李柏樟

面　　积：727m²

主要材料：莱姆石、卡拉拉白石、雕刻白石、镀钛

坐落地点：台北

摄　　影：岑修贤

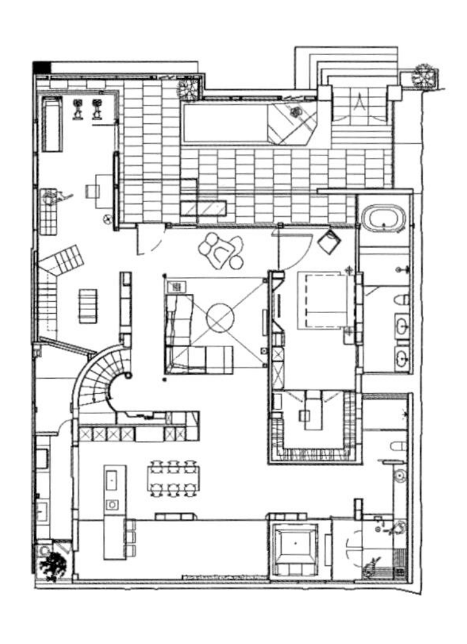

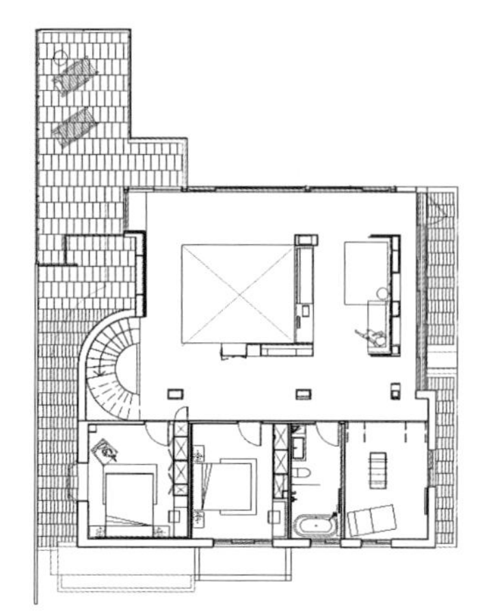

建筑建立在一座 6 米高的基座口，我们以两道长约 15 米的白色长向水平窗带开窗，勾勒出建筑的主要线条。大面的玻璃开窗，除了建筑面向的景观面考虑外，也师法 Mies Van der Rohe 对于“框架结构”和“玻璃”材质的表现。我们希望框构骨架的近乎露明，模糊室内外空间的定义，营造宽广的空间视野。

建筑体正面覆加延伸的正方体串连室内外空间，镜面不锈钢材质融合外在环境与建筑。平顶式的屋顶花园延续建筑体矩形块状的简洁利落，如装置艺术般的牛奶盒（洗涤槽用途）翻洒泄出一滩的青草，为现代主义洒下幽默的语汇。

奉行现代主义建筑的精神“自由平面”与“流动空间”，简单的立面与精致的材质，如莱姆石主墙、白色大理石背墙与垂直绿色植物墙，纵横交错的垂直水平立面建构出形体的简洁与纯粹。4m × 4m 的楼板开口，刻意露梁，梁的连续性成为空间最有力道的线条，一楼延伸至二楼的石材主墙则连接两层的关系性。

旧建筑存留的柱体不刻意隐藏于墙体中，使承重柱与墙分离。以不锈钢与白色石材包覆让柱体与墙产生若即若离的关系，彼此存在又彼此彰显个性。二楼环绕着开口的回字动线，依序是开放式书房、两间小孩房与娱乐室，同样奉行建构准则：自由平面与流动空间。

车库地坪铺面是以不同比例与质感的蓝、黑、白三色地砖，水平向性的构筑成一幅立体画作，加上车库尽头的锥形天井自然光的进入，呈现现代主义线条与光线的纯粹美感。

左：户外露台
右1：外景一角
右2：一层客厅

左1：楼梯口

左2：建筑局部

左3：餐厅

左4：卫浴间

右1、右2：空间透视

右3：卧室

Leisure Life

从容生活

设计单位：黄译室内建筑设计工作室
设　　计：黄译
面　　积：96 m²
主要材料：铁件、烟熏橡木地板、原木、夹丝镜
坐落地点：南京
摄　　影：郑雷

这是来自无印良品大中华区验货人的家，业主家族是做家具贸易的，有自己的家具独立品牌和长期合作的日本设计师团队。女主人父亲长期游走于日本和一些东南亚国家，自己毕业于南京林业大学家具设计专业，现在和父亲一起从事家具品牌的研发、贸易。追求居家的平静，不炫耀华彩之物，是他们对空间美学的诉求，作为一个 96 平方米的复式单位，单层实际面积仅有 40 多平米，而主人在附近有一套二代同堂的别墅，更多的希望在这里设置一个二人世界的小天地。

保留既有的通透和开间格局，设计师让空间的视角，尽量不受平数的限制，开敞的公共区域，让餐厅、厨房、客厅在一个轴线上展开，美食、阅读、娱乐在这里开展互动，模糊了空间功能的范畴，使得家庭的交流气氛更加愉悦。轻松从一层直接过渡到二层，定制的黑色钢板楼梯，线条利落、本色十足，借由材质衍生出不同比例的线性语汇，或界面，或造型，或引导光影，或凝聚焦点，在留白中延伸，串连公私领域相仿的氛围。

二层的私人空间，立面之间转折轻盈灵巧，小居室空间格局被引入套房概念。“小中见大”是设计师在这里贴心处理的方式：卫生间被规划出完美的四件套，浴缸和淋浴契合在窗边，镜子大胆的设计更是给沐浴增添了独特情调；同样，即便是窄小的过道，也设置了端景，装饰柜来自主人的家具品牌，自成一格。依循着中性的彩度，主卧地板延展到床头背景，温润的质地隐隐透进房中，令居住者完全沉淀心情，家私的布置稍稍打破下常规，获得全新的感官，内敛而稳重的陈述着场域内蕴的包容力量。

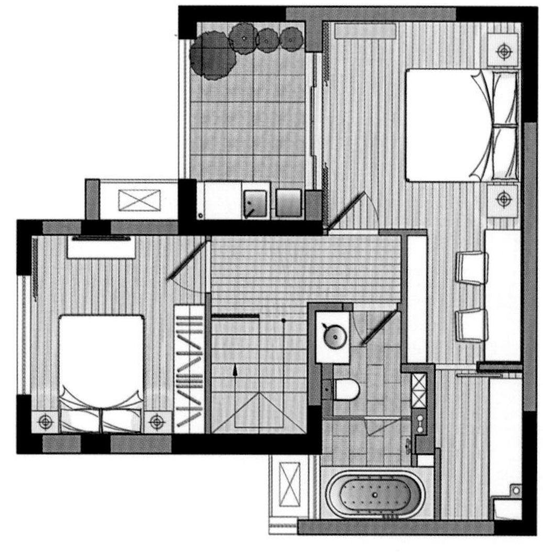

左：从餐厅透视楼梯
右1：楼梯
右2：客厅

设计师为空间创造出从不同向度观望，传达都市悠闲、随性、适意与空间密切结合的情绪，主人丰富细腻的品味见地也窥见一斑，居此，从容生活。

左1：一层餐厅厨房
左2：二层空间透视
右1：二层卧室
右2：卧室局部
右3：卫生间

Lvcheng Feicui Lake Rose Garden Courtyard House

绿城翡翠湖玫瑰园合院

设计单位：北京居其美业住宅技术开发有限公司
设　　计：戴昆
参与设计：郑海丽、郭纯、齐磊
面　　积：1637 m^2
主要材料：混油木作、银镜、抛光铜、大理石
坐落地点：合肥
完工时间：2015年10月
摄　　影：傅兴

本案中，我们对空间的关系、颜色的层次以及风格的多种形式做了不同尝试，无论是纯净的亮色还是素静的米色系，通过对物体比例关系的把控、图案的运用、材质的对比、色彩的细微差别化以及在一个空间里选择了单一的主要颜色加以另一个对比色的跳色，从而达到丰富和统一空间的作用。还有很多空间采取了大面积单一颜色的运用，但在这些环境里会特别注重物体的形态、质感、比例的把控等。

在另一部分空间则采取了放弃醒目颜色，只是加以柔和色系晕染，同时着重考量家具、饰品、挂画、布艺、图案及其他的搭配，在比例关系上做出恰当的调整。这样可以让参观者通过空间的色彩强弱、层次关系及物体形态的独特性有良好的体验，也可以更好的连接上各个不同功能空间，让流线和视觉达到一步一景作用。同时加强体验者在进入主要空间时的强烈氛围。而在个别空间也采取了少量多色运用手法，从而加强整套样板间的展示性。

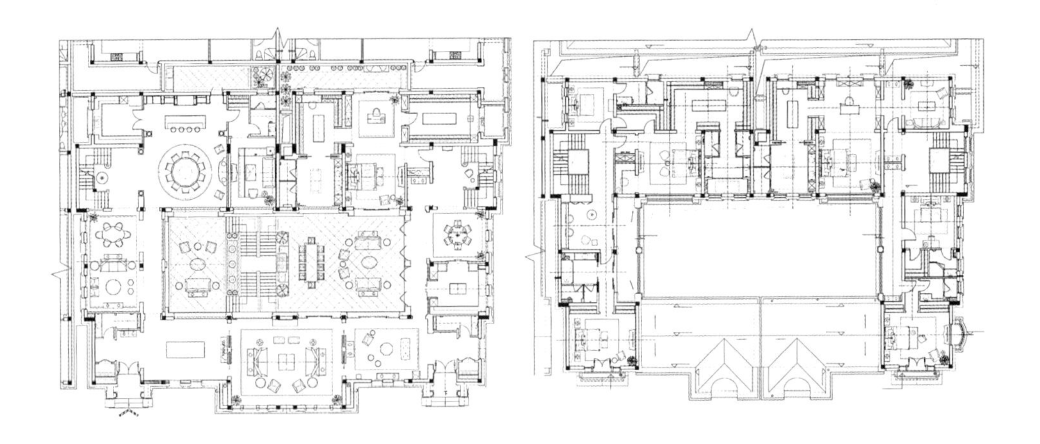

左：客厅

右：大厅

左1：细节
左2：中餐厅局部
左3：主卧
右1：地下层休闲工作区
右2：餐厅局部
右3：茶室

Guanyin

观隐

设计单位：南京北岩设计
设　　计：李光政
参与设计：王宏穆
面　　积：238 m²
坐落地点：南京
完工时间：2015年10月
摄　　影：金啸文

观非目看，乃内心观照之谓，然高享释之云："玄鉴者，内心之光明，为形而上之镜，能照察事物，故谓之玄德。"

本案位于南京奥南版块，房屋建筑面积 238 平方米，加之 50 平方米大露台，相对于常年两人居住而言空间非常宽裕。在格局规划上，设计师打破了普通的空间规划方式，以全开放空间形式处理，加大了各个空间的交流和互动，在保证每个空间独立性的同时，又增强了家庭成员之间的交流互动，营造了很好的家庭氛围。

风格设计方面，设计之初屋主想以现代简约风格装饰空间，营造自然、沉稳、宁静的空间感，故设计师使用了大面木质贯穿整个空间，再搭配以别致几何形体进行切割，品质感得到很大提升；木质墙、顶与浅灰地面的色彩呼应，给人以沉稳、安详、自然亲近感，其他大面留白，淡然清雅的生活态度跃然纸上。及到最终，这处宁静自然温润有氧的居所，无处不散发着居者寻求本真、淡然回归的精神追求。

左：餐厅小景
右1：客厅
右2：沙发区

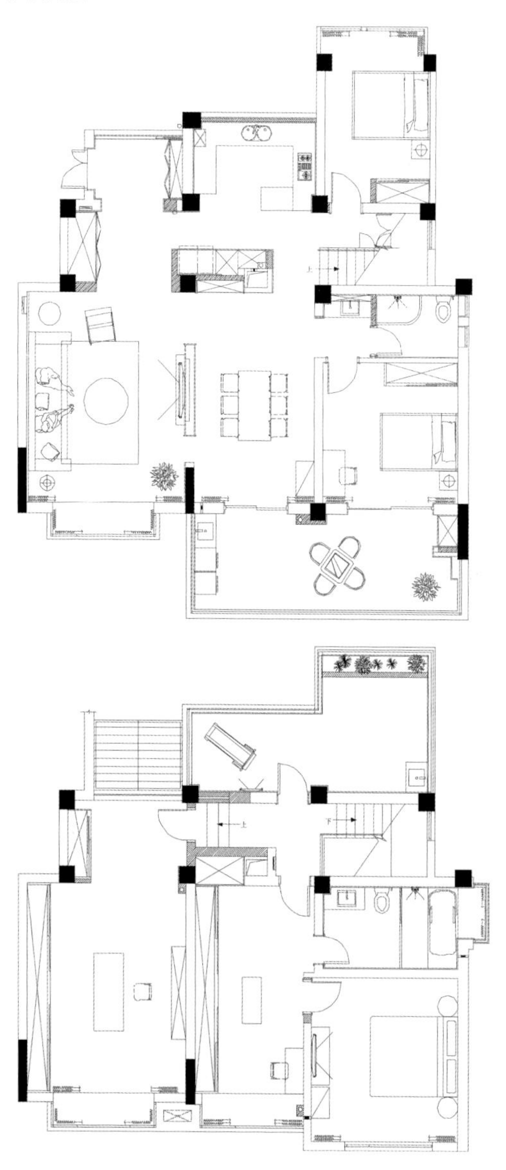

左1：空间透视
左2：餐厅一角
右1：卧室
右2：休闲露台

Arletta

7m² House Reconstruction

7平方米住宅改造

设计单位：B.L.U.E.建筑设计事务所
设　　计：青山周平、藤井洋子、翟羽峰、杨睿琳
建筑面积：7 m²
坐落地点：北京
完工时间：2015年7月
摄　　影：锐景

关于在北京南锣鼓巷大杂院住宅改造的设计上，因为业主的两个房子都非常小，只有 3.7 平方米和 2.8 平方米，所以只能在可变性上作考虑满足多功能，包括垂直方向和水平方向的可变性、伸缩性。

小型独立厨房通过一个可拉伸的桌子来满足 2 人、4 人、8 人不同情况的用餐需求，8 人用餐时南向的墙面就会被完全打开，把桌子拉伸到了院子里，同时可以将房顶上的可滑动格栅拉出来，起到遮阳功能。

小户型卧室，下面部分借用中国古代科举考场里“号舍”座位的想法（桌板和座位板调整成一个高度后可作为床板），我们将木板放在可调的五种不同高度来实现茶室、店铺和卧室的切换，从而实现了小空间的可变性；上部为了适应将来可能出现的各种需求，利用现代技术的电机升降床板和不锈钢线，实现了中国古代智慧与现代科技的结合。

左1：大杂院入口
左2：进门过道一侧
右：改造后的小空间可以满足不同情况的需求

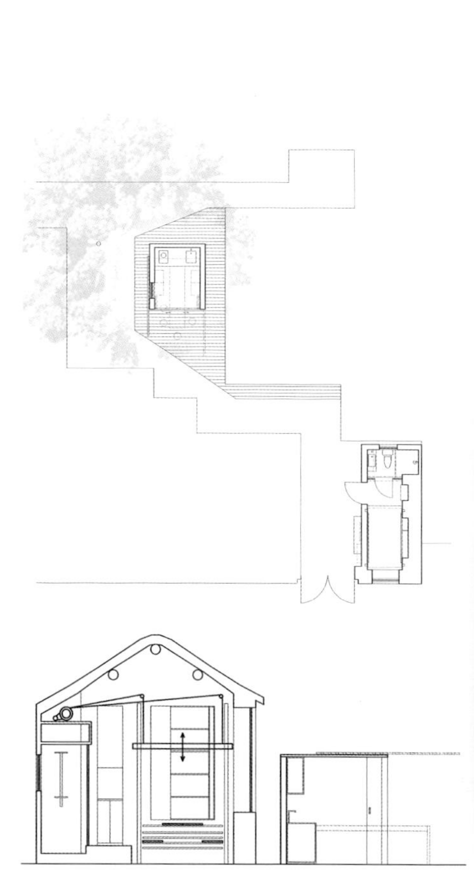

Private Villa

私人别墅

设计单位：孟也设计事务所
设　　计：孟也
面　　积：1500 m²
坐落地点：北京
完成时间：2016年4月

曾经，一代精英层随着中国经济腾飞变得富有，继而追随华丽的西方空间艺术潮，用以彰显自我价值。随着时代变迁，这潮涌必将回落，在更加淡然、理性的心态下，去体验构建在现代人视野下的高品质生活诉求，这场思潮已然开始并蔓延在中国居住空间设计文化中。

中国人的传统还是根深蒂固的留在心底，只要业主的年龄阅历可以驾驭，我们就心照不宣的互相默认，在一个现代自由的空间中加入了很多东方人的印记。或许，只有这样，才能让这个空间在中国物欲最为膨胀的年代里拥有自己清高信仰一样，拥有一个懂自己的设计。

居住在里面，不被外墙复古风格大理石和欧式拱窗所束缚，随心所欲，任性的不用和建筑的欧式表里如一，不再需要讨好社会，这里是家，是这世界上唯一可以为所欲为的地方。“可以在家与爱的人做任何美好的事物”，这一般是多年打拼奔波时誓言的一个人生最大愿望。

飘然在室内，空间是极自由的，光线从客厅、餐厅、起居厅、茶坊一字排开的南向窗户和后改造的顶窗照射进来，照射在并不复杂的装修上，恰到好处。

设计，似乎更多服务于相对富有阶层，设计也往往杜撰了一群中国人，新贵了以后的奢华生活，可以看到业主跟随心目中的理想，花钱买来一切，实现贵族梦，灯火通明满堂水晶吊灯和贵气的大理石华丽的上演，但，这场大戏独缺的却是最需要建设的主角：贵族气质。

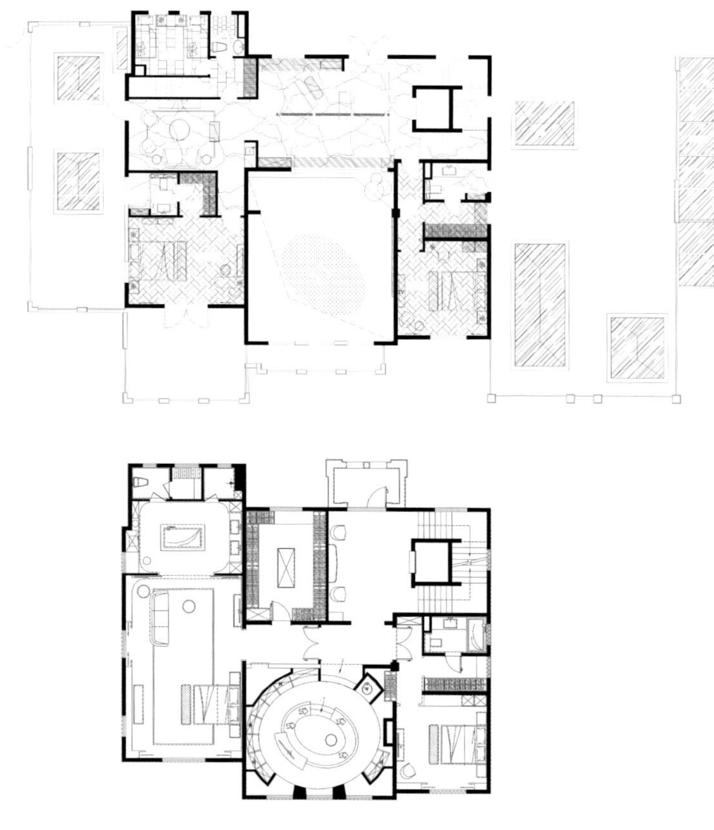

左：客厅
右1：休闲区
右2：客厅局部
右3：茶区

设计，做简单，不容易。

这是一个社会命题，是设计师正确认识并引导市场、不屈从的、一代一代的努力，才能随着社会的总体进步而慢慢实现，普众审美的总体提高才是中国创意广泛意义的春天，我在这个设计的冬天等待，庆幸并感恩：懂我、欣赏我、爱我、信任我的客户，是你们成就了设计，致敬！

是的，这是一个设计说明，最后说明：这个作品6米挑空客厅中，有圆形壁炉的挑高白色墙面的面材是壁纸，是壁纸！

左：餐厅
右1：起居室
右2：卫浴间
右3：主卧

Dynamic & Static Line

动静线

设计单位：嘉兴越界空间设计策划机构
设　　计：应益能
面　　积：144 m²
主要材料：黄杨木皮、镀钛铁件、石材、壁布
坐落地点：浙江嘉兴
完成时间：2015年12月
摄　　影：应益能

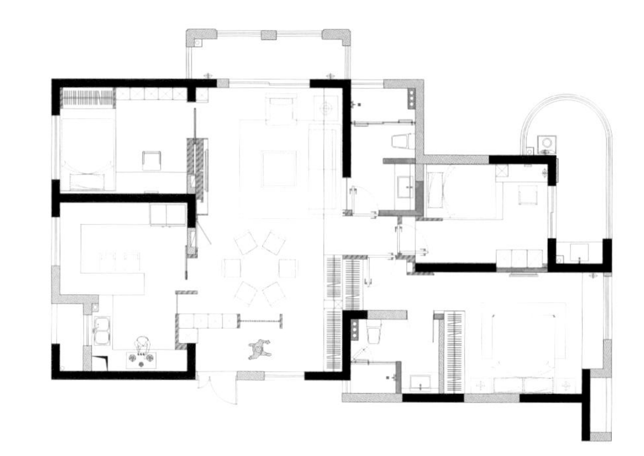

本案位于浙江嘉兴一幢高层公寓楼，原有建筑格局构造传统而古板，毫无新意可言。出于探索家的本性，设计师决定按照自己最本真的手法为空间设置一个谜，通过建筑视角衍生居住者的活动轨迹，释放更多冥想空间，通过严格轴线控制，重新梳理动线分布。

空间各个功能区块被合理巧妙安排，相互分隔又紧密关联，使得空间最大程度被利用，让业主感到舒适和便利，这一切首先归功于流畅的动线分布。家具选择和风格定位方面，设计师充分考量壁面与天花地坪的隐线关系，设计制作了大量壁面家具，嵌入式橱柜，使得整体空间简洁大气。橡木锯痕地板铺就的地面，黄杨木、秋香木家具的选择，以及同色系金属材质隔断，无不流淌着品质的光辉，在低调中彰显个性。一把亮黄色的沙发椅，为空间注入了一抹亮丽的色彩。由落地窗围拢的阳台，斜靠在舒适的躺椅上，看书冥想，可以悠闲度过每个温暖的午后。

卧室同样“不走寻常路”。主卧继续沿袭了极简风格和灰色格调，保留了原有建筑飘窗，配上麻质窗帘，一切显得简单素雅。面积不大的次卧则颇费了一番工夫，榻榻米造型的床倚窗而设，拉大了空间的视觉体验，墙面书架和衣柜自成一体，让小空间也有了大收纳的可能。吧台式的书桌，配上一侧悬挂而下的台灯，让创意发挥无限可能。另一次卧在布局和形式稍作调整，提供了设计的另一种可能。

诚如设计师所预想的那样，这种亦动亦静的居住状态是不需要过于饱满的华丽

外表来渲染的，反倒是消减到极致的线性勾勒，比例关系，光影投射，成了空间的叙述者，这也是设计师的愿想。

左：客餐厅透视

右1：空间局部

右2：过道

左1：空间局部
左2：卫浴间
右1：局部
右2：局部
右3：卧室

Dentro di te

Oriental Lily Private House

东方百合私宅

设计单位：宁波金元门设计
设　　计：葛晓彪
面　　积：400 m²
主要材料：瓷砖、墙头草纸、护墙板、地板
坐落地点：浙江宁波
摄　　影：刘鹰

认识葛晓彪，是从三年前的一套法式作品开始的，如今这套房子的女业主，也正是被那件作品所感动，把自己的新家，全权委托给他来设计。这种托付，没有任何的附加条件，就仿佛把梦想交托给了足以信赖的人。这种信任，也让葛晓彪更加激情澎湃……

如何将法兰西的浪漫融入这个400余平方米的空间，如何让设计既在情理之中——做出业主所欣赏的那种格调，又在意料之外——让最后呈现的效果给予她足够的惊喜？一年的时间，葛晓彪给出了令人满意的答案。如果说三年前业主所看到的一朵绚丽的法兰西玫瑰，那么这一次，展现在她眼前的，便是柔美中带着魅惑的东方百合。

在这个空间里我们既能发现理性内敛的贵族气息，又可以看到豪华与享乐主义的色彩。通过陈设与空间对比，以激情的艺术，打破了理性的宁静和谐，呈现浓郁的浪漫主义色彩，设计师用巴洛克的表现手法，塑造一个艺术化的生活空间。从设计元素来看，浅色的护墙背景、略带夸张的家具，金属与岩石肌理的配饰材质，带有宗教主题的装饰元素以及富有戏剧性的设计作品，以一种柔和、高雅的方式释放着主人内心的浪漫，并在视觉矛盾中呈现更具戏剧化的空间感官。这些艺术形式的应用，目的在于以此呼应业主的精神世界，用艺术和审美的共性，让人与空间产生共鸣，让空间真正成为主人的另一套衣服，在满足使用功能的基础上，成为他和她品味与审美的表达。

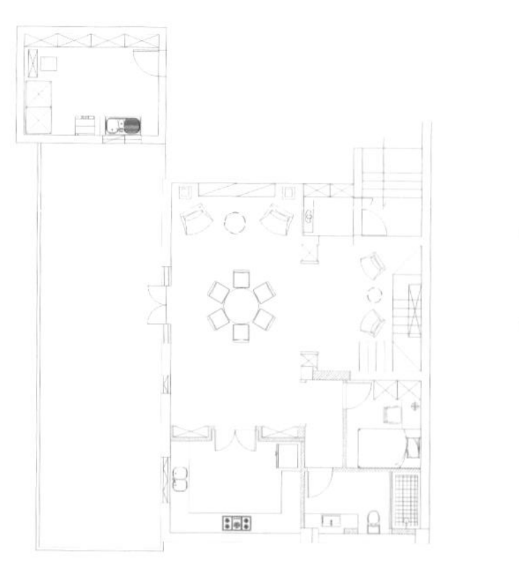

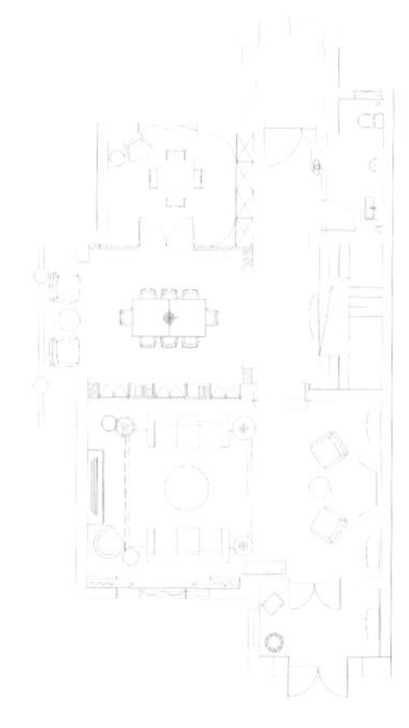

左：玄关
右1：客厅
右2：客厅壁炉背景

左1：地下室楼梯口小景

左2：地下室过道

左3：地下室餐厅

右1：三楼书房

右2：三楼主卧浴房

右3：三楼主卧

Liang Residence

梁公馆

设计单位：晨阳开发设计有限公司
设　　计：曾鸿霖
参与设计：张佑纶、陈建良、刘奕彰
面　　积：287m²
坐落地点：台湾桃园
完成时间：2015年8月
摄　　影：岑修贤

此案临台湾桃园高铁站，为业主专门打造招待客人喝茶聊天及招待亲朋好友旅宿的场所，因此我们运用此特性，用东西方交融的设计概念将其打造成一个既像住家又像招待所的禅学空间，希望客人来到这里能感到放松、惊喜、愉悦。

原客厅区域挑高 4 米圆拱型天花，我们运用斜面隔栅拼接方式修饰，使线条的延展增加空间层次，也拉高空间视觉效果。运用不规则凹凸面的块状木纹包覆过低的大梁，弱化其原本产生的压迫感，也刚好以此超低大梁当作不同场域的分水岭，使穿古越今的风格意念在此得以转换。入门口隔栅设计除化解穿堂风水问题外，因长度过高考虑其支撑性在隔栅间隙加上与天花斜面平行角度的木块支撑，犹如中国武侠片中刀光剑影的意象。

运用同质地木皮切割，将原本单一形式的纹理重组拼接，为看似单一的墙面增添多元面貌，深浅交接的线轴仿佛在视觉上创造出立体之感。刚烈石材与暖实木纹冲突却融合，材质的选用跳脱既定思绪，直线纹路与粗犷肌理丰富了空间的视觉，多元而充满新奇。

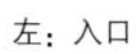

左：入口
右1：客厅
右2：客厅区域挑高4米圆拱型天花，运用斜面隔栅拼接方式修饰

左1：空间透视
左2：餐厅
左3：空间一角
右1：浴室
右2：卧室

Home of Shangtian

上田之家

设计单位：温州大墨空间设计有限公司
设　　计：叶建权
面　　积：230 m^2
坐落地点：浙江温州

本案原结构不规则，复杂封闭，所以在设计上考量更多的是如何在满足功能的前提下做到开放。以现代风格为主线，楼梯的移位使得主卧功能更加齐全。客餐厅的南北互换让阳光可以长时间照射，使空间变得更加温暖，餐厅的隐藏式移门，既可以不破坏大空间，又做到了餐厅空调的节能。

楼梯选用钢丝绳悬吊，悬空处理让客厅多了一道美丽风景，又增添了空间趣味性。餐厅与二楼的玩耍空间设计了采光口，让原本狭窄黑暗的楼梯间变得宽敞明亮，使空间更加灵动。二楼主卧与书房即开即合的处理，增加了主卧内书房的功能又兼顾了其他空间对书房的使用，并加强了空间与空间的互动。

左：餐厅一角
右1：客厅
右2：楼梯
右3：沙发区

左1：二楼楼梯口过道
左2：一楼吧台
左3：餐厅
右1：卧室局部
右2：卧室

Huaqiao Resort Villa

花桥度假别墅

设计单位：上海飞视装饰设计工程有限公司
设　　计：张力
面　　积：350 m²
主要材料：木饰面、乳胶漆
坐落地点：江苏昆山

基于房子周边环境及整个小区都是东方院落的感觉，最终选择室内设计为现代东方风格。当然这里东方韵味更多的体现在业主平时的收藏方面，硬装只是给这些收藏提供了一个干净饱满的空间。所谓“干净”是因为大面上除了木饰面与白色乳胶漆墙面，并用白描的形式加以黑色钛金勾勒，除此之外没有其他材质。所谓“饱满”是空间是饱满的。

从公共空间的层层退进，室内空间，灰空间，以及室内外空间的相互借景；地下与地上及平层与挑空的高低空间错落，都使空间层次得到丰满的表现。这套别墅的设计定位，设计师希望区别平时所住的第一居所，能给业主带来的生活体验和心理感受是完全不一样的，带给业主更多的是“静”与“净”。

下沉式的客厅空间设计是这个户型的特点，设计师希望公共空间更通透，更流动。会客厅与餐厅的机能通过围绕楼梯设计的机能墙展开，这个核心筒兼顾了楼梯间、储藏室、真火壁炉和西式料理台的强大功能，反而是四周的墙面释放出来作为完整的展示舞台。

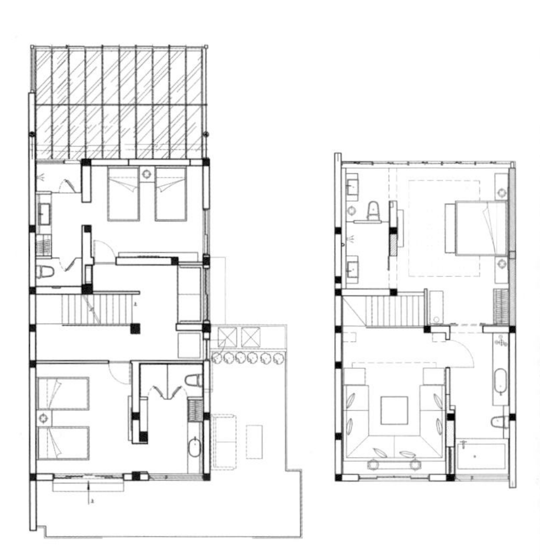

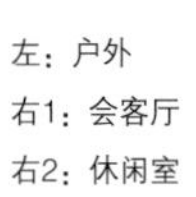

左：户外
右1：会客厅
右2：休闲室

左1：餐厅　左2：厨房　左3：卫生间
右1：客卧　右2：主卧室

The Wizard of Oz

绿野仙踪

设计单位：成都清羽设计公司
设　　计：宋夏
面　　积：116 m^2
坐落地点：成都
摄　　影：季光

关于 TT 的家，我们想做一套比较纯粹的北欧风格：要有原木感的家具，慵懒的布艺沙发，毛线抱枕，Ferm living 的餐具，北欧小边柜，装饰小旗旗，经典招贴画，明亮通透的厨房，素净雅致的卫生间，精致简洁的小摆件，还有最最重要的各种绿色植物。我和 TT 在整个方案完成的过程中，随时都在畅想这个新家应该怎样呈现，以后买什么家具买什么画买什么餐具……TT 喜欢的是北欧风的干净明媚，想和一家人静静的呆在这样的家里，慵懒的度过每一刻闲暇时光。她和老公想给女儿一个自由成长的环境，打造一个犹如绿野仙踪一样的小小花园。于是，这个家，有了一个关于小公主爱与被爱的故事。半年的光阴一秒秒过去，我们终于为 TT 一家呈现出这样一个带着温度的房子。

沙发墙的装饰小旗搭配到北欧风十足的装饰画，构成了客厅的一角。沙发边的小边柜，简单实用。混搭的大小各一的圆桌，也能履行到茶几的功能。下午茶的好时光，阳光透过休闲阳台，洒向客厅与餐厅，整体通透干净。电视柜旁的收纳柜，摆放着精心挑选的摆件，简单别致。餐厅边的边几，静静的构成一幅美景。实木的吊灯，原木的餐桌，Ferm Living 的餐具，在这吃早餐心情都会变好。充满了童趣的儿童房，Tiffany 蓝的墙面，简洁的布艺床，洁白通透的窗帘，好想在这里静静休息。白色的木作搭配蓝色墙面，几何格纹的抱枕，在这学习都是那么的轻松。

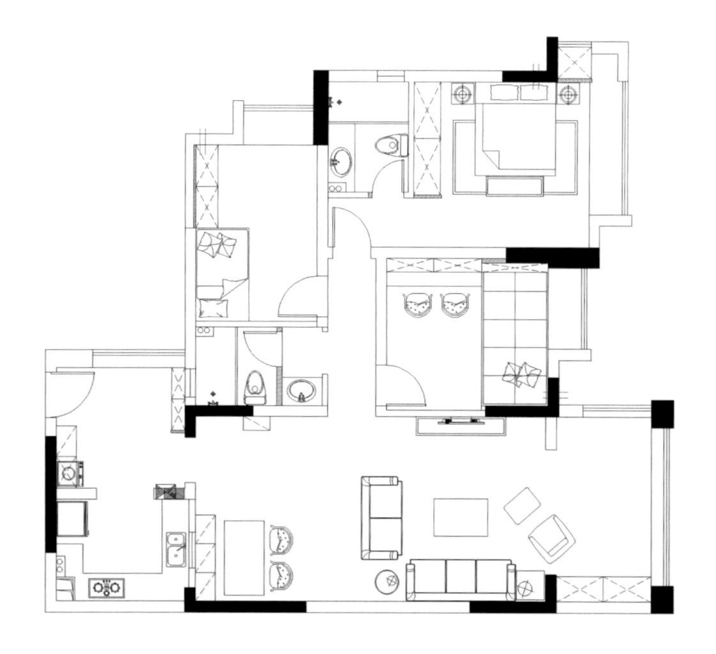

左：客厅一角
右：精致细节

ll is pretty
Andy Warho
derna Museet,
ckholm Sweden
2-17/3 1968

TEA · MILK

All is pretty

左1：客厅
左2：厨房
右：卧室

Ink Jiangnan

印墨江南

设计单位：东易日盛南京分公司
设　　计：陈熠
面　　积：350 m²
主要材料：木饰面、皮革、墙纸
坐落地点：江苏南京

水墨之间营造的是伊人眼带笑意的欣喜，是父母洗尽铅华的古朴高雅，是女儿清冷透亮的双眸，是曾经岁月永久定格的背影。方案在设计初期并没有具体限制，对于业主来说，三代同堂，生活美满，儿女双全，一家人相伴就是他们内心最大期盼。在为他们打造爱巢时，我们将风格界定在黑白墨意之间，缘自捉住流逝的时光，将三代人的故事着笔晕染。

业主背景为 IT 与 HR 行业，开始对于设计并没有过多指向性，希望设计师能够自由挥洒，这样使得设计本身有了更大空间，设计师对建筑内部做了有序调整。首先，在这个 350 平方米空间中，带有立体感的山水画、简洁的暗灰色皮质沙发、家具与墙壁间的线条搭配，模糊了室内外的界定。坐在客厅的山水高墙下，品一壶茶，手中瓷器的触感，品相，仿佛带上了时光的味道，大有脱迹尘纷之感。

设计师将原始厨房的位置做了外扩，利用厨房里的阳台，为客卧的入口提供更多便利，餐厅背景玻璃隐形窗的巧妙设计给客卧带去采光，这种借光手法与苏州园林有异曲同工之妙。暖意的榻榻米，让小朋友多了一份学习环境，为家人增添了更多亲密空间，木饰面柜体的设计让餐厅墙面有了丰富的层次感。简单的天花，延边走的黑砂钢线，和墙面一些收口的砂钢线，柔和出了一种精致和味道，西厨的简洁便利与中厨的精致相互呼应，西厨为小孩带来童年的乐趣，老人与小孩也可毫无代沟的享受幸福的手工制作时光，为白领的快节奏生活省去不必要的担忧，夜幕降临，点一盏明灯一家人共进晚餐，刻下浓浓的亲情。

在本案色彩关系中，黑白灰的格调，彰显着时尚与简约，整个空间宁静雅致。室

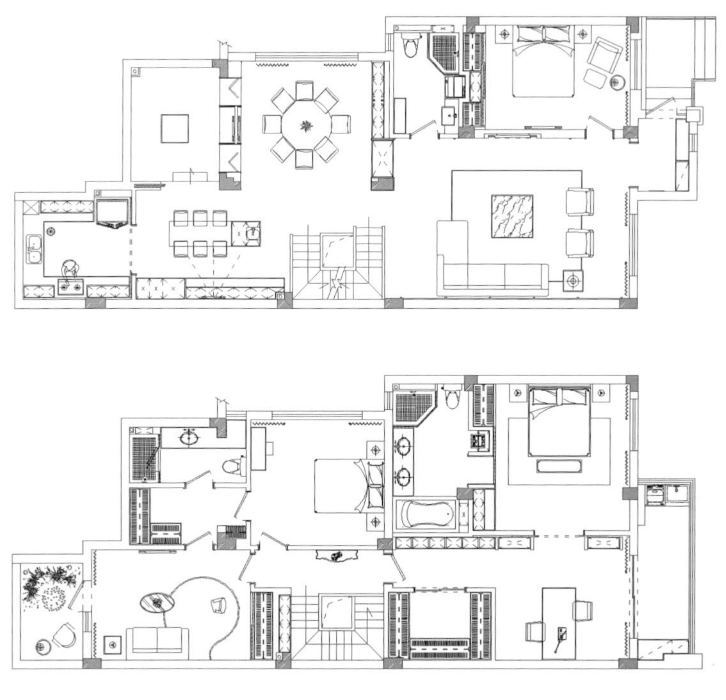

左：细节
右1：客厅局部
右2：客厅

内用了大量木质家具，诗意般静态的鸟儿与干支呼应将自然的感觉引入到室内。楼梯间石材的运用，结合点线面的气息在温婉端庄的空间中凸显出来。客厅的背景画，有一种泼墨和水墨印染的表现手法，表达出一种江南水乡的韵味。在这样特定的空间环境下，除却城市中嘈杂的氛围，让居住在其中的人们体会到江南水乡的宁静。

这样一个空间，这样一份设计，让主人的生活多了一份感悟，一份闲适，一份豁达。

左：餐厅局部
右1：楼梯
右2：空间透视

主编
陈卫新

编委（排名不分先后）
陈耀光、陈南、高蓓、蒲仪军、孙天文、沈雷、叶铮、徐纺、
范日桥、王厚然

图书在版编目（CIP）数据

2016中国室内设计年鉴 / 陈卫新主编. — 沈阳：辽宁科学技术出版社, 2016.10
ISBN 978-7-5381-9927-7

Ⅰ. ①2… Ⅱ. ①陈… Ⅲ. ①室内装饰设计－中国－2016－年鉴 Ⅳ. ①TU238.2-54

中国版本图书馆CIP数据核字(2016)第206287号

出版发行：辽宁科学技术出版社
（地址：沈阳市和平区十一纬路25号 邮编：110003）
印 刷 者：恒美印务（广州）有限公司
经 销 者：各地新华书店
幅面尺寸：230mm×300mm
印　　张：88.5
插　　页：8
字　　数：800千字
出版时间：2016年 10 月第 1 版
印刷时间：2016年 10 月第 1 次印刷
责任编辑：杜丙旭
封面设计：赵宝伟
版式设计：赵宝伟 金 鑫
责任校对：周 文

书　　号：ISBN 978-7-5381-9927-7
定　　价：598.00元（1、2册）

联系电话：024-23284360
邮购热线：024-23284502
http://www.lnkj.com.cn

2016 China Interior Design Annual

2016中国室内设计年鉴（2）

陈卫新／主编

辽宁科学技术出版社
·沈阳·

目录

酒店

HOTEL

文化教育

CULTURE AND EDUCATION

会所

CLUB

CLUB

商业展示

BUSINESS DISPLAY

娱乐休闲

ENTERTAINMENT LEISURE

CONTENTS

M-Qingdao Capital

M–青岛都城

设计单位：上海泓叶设计
设　　计：叶铮
面　　积：6000 m²
主要材料：雅士白、金属、黑镜、渐变玻璃、PVC编织毯、涂料
坐落地点：山东青岛
完工时间：2016年1月

本案坐落于青岛市城阳区，是一幢地下一层、地上九层的酒店改造建筑，总面积约6000平方米，定位为商务型精品酒店。整个设计是以该建筑条件的制约为基点，针对其缺陷而展开的思考。主要体现在如下两方面。

首先，建筑位于十字路边的街角处，入口主立面呈弧线状，设计由此作为空间型态的线型母题，充分将弧线空间引入室内环境，并研究其不同半径及圆心点位所形成的大小不一又相互呼应的圆弧空间构图，从每一局部节点到整体界面，从室内陈设到空间造型，圆润的弧线型态始终贯穿为设计的基本概念。其次，建筑最为不利的因素就是层高的限制，原本6.5米层高的首层空间，被要求一分为二后设一夹层，并在夹层中要安置餐厅、咖啡厅、会务等一系列功能。这将导致作为公共空间的层高极为低矮，相比纵深向所占有的面积，其层高与空间面积的比例将非常不相适宜，空间的压抑感成为一个主要难题。

针对上述难题，设计出了一系列解决方案。将夹层的咖啡厅、餐厅等区域岛屿化，以此化解空间高度与面积比例失调所形成的压迫感。同时取消整体吊顶，配合区域化构成局部岛式吊顶，使乳白色的片段吊顶与深蓝灰的整体楼板梁形成反差对比，尤如夜空般的深邃楼板极大弱化了大面积顶界面的视觉压迫感，进而又自然形成裸露管线与结构，营造工业化的设计语言。在大堂入口处将夹层楼板打通，形成一个扇型共享空间，使上下空间相互贯通，采用透明渐变玻璃分隔空间，从顶板均分垂落至夹层洞口侧壁处，构成大堂竖向垂线的韵律，继而将渐变高度设定在较为安全的围护感觉内。并通过渐变上端的通透玻璃，使共享空间顶棚与夹

左1：入口主立面呈弧线状
左2、右2：接待台
右1：大堂局部

层吊顶位处同一标高，强化整体延展性，进一步解放上下空间的封闭感，从而使餐饮区域获得更多的开放性。

而所有的解决方案，最终都将归属于空间照明的设计，通过照明进一步强化了空间的设计概念及材料选择的视觉特征，使空间的层次关系更为清晰。本案设计了几款独特的照明构造，但遗憾的是由于灯光设计的高度抽象，工地现场对诸如色温、显色性、光束角、投光角、照度比等认识十分陌生，许多设计用材及节点被忽视，使最终整体效果备受折损！

本案在以解决问题为出发点的同时，工业化倾向的设计语言也是其另一主要概念：硬朗的金属线条、黑白分明的空间对比、浅绿色的穿插介入、圆润的独立型态等，使空间在工业感的氛围中更显时尚优雅，进而带来一种现代交通工具舱一般的室内环境体验。这是一个将制约转化为特色，并伴随后工业感形式的设计案例。

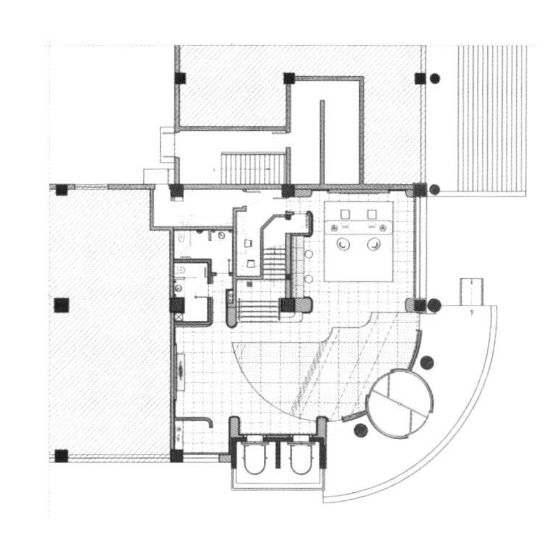

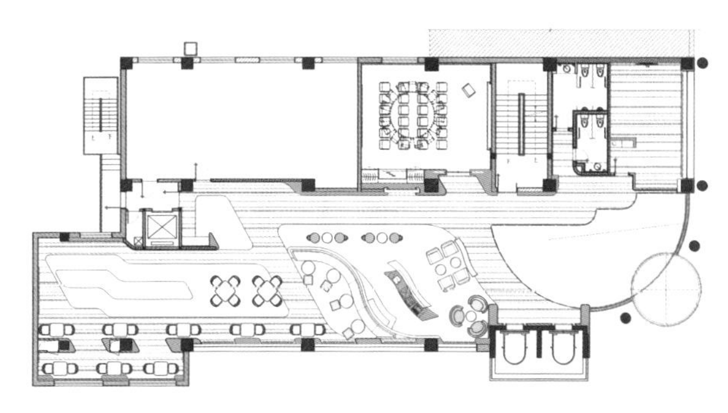

左1、左2：乳白色吊顶与深蓝灰楼板梁形成反差

右1、右2: 相互呼应的圆弧空间

右3、右4：独特的照明构造

Wuxi Lingshan Junlai Paramita Hotel

无锡灵山君来波罗蜜多酒店

设计单位：上海禾易设计
设　　计：陆嵘、陆力行
面　　积：69000 m^2
坐落地点：无锡

波罗蜜多酒店位于云水相接的无锡太湖之滨、秀美江南环水合抱的马山半岛，坐落于世界佛教论坛的会址灵山小镇拈花湾禅心谷内。酒店的室内设计延续着“拈花湾”的禅意精华，以“拈花、微笑、湾”的主题元素作为设计手法的铺展，围绕酒店的公共区、客房区、会议中心三大核心区域，营造一种静谧安详的气氛。好似一个宁静的心灵港湾，随时恭候来宾到此感受禅文化的惬意从容。

室内环境色以静穆平和的木石色调为主。在各功能主题空间，分别点缀着“红桦”、“荷茎”、“釉白”、“钴蓝”等自然基色。从美学上欣赏，它们相得益彰，各显其妙。从视觉上观察，也起着对功能空间区别的引导作用。

室内构成的造型和纹理方面，我们秉着平和的心态和对自然的尊重，撷山脉、祥云等自然元素贯穿于装饰、构件的轮廓中；取云板、竹节、提盒等古风元素沁入到灯具、家具的形态中。

由此整体风格呈现出独具神韵的儒雅端庄，再辅以充满灵动的艺术品、画作、花艺来装点，显得动静有序。令这个“禅文化”主题的酒店散逸出东方禅意的超然物外、飘逸洒脱。

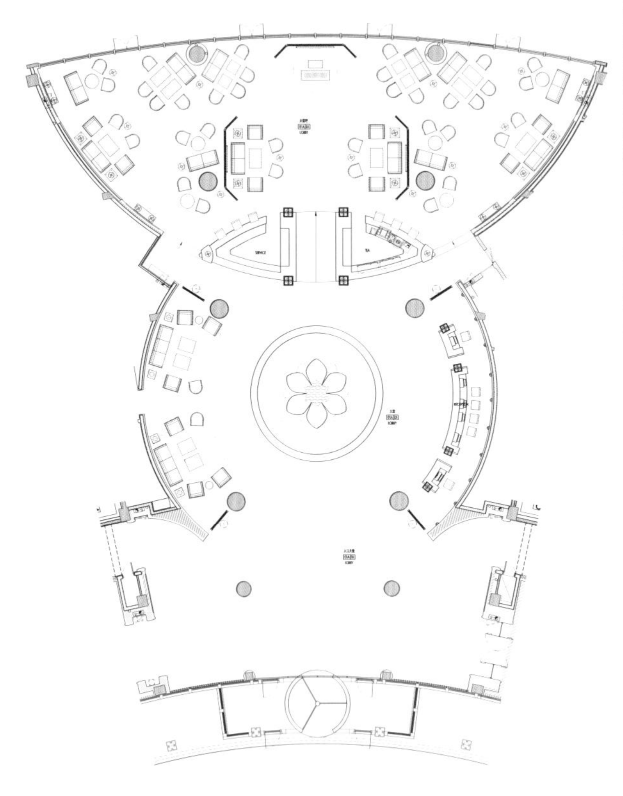

左：大堂
右1：门厅
右2：宴会前厅
右3：大堂局部

左1、左2：行政酒廊

右：全日餐厅

左1：全日餐厅
左2：宴会前厅
右1、右2：套房

Guilin Sheraton Four Points Hotel

桂林喜来登福朋酒店

设　　计：梁景华

参与设计：赵丽嫦、梁德盈

面　　积：18900 m²

坐落地点：桂林

摄　　影：陈维忠

梁景华带领他的团队，以崭新的现代手法活化传统广西民族特色，并以恢宏大气和灿烂缤纷的色彩，演绎当地富有趣味的传统手工艺，充分糅合时尚创意与当地文化。桂林拥有山水甲天下的美誉，洞奇水秀、山清石美，自古至今陶醉了无数文人墨客。酒店的设计理念是承传其独特的地域文化和多姿多彩的民族风情。在研究广西历史文化后，严选以鱼为主题的剪纸工艺，并加入吉祥样式，把比例扩大，象征如意吉祥、和谐共处的正能量意念。

传统艺术文化的形态和色彩强烈而富有张力，以现代大气的姿态在天花、墙壁、照明和家具等处呈现，互相辉映。设计概念贯穿各个公共空间，如大堂、电梯厅、过道、全日餐厅、中餐厅和宴会厅等，各具独特元素，营造别具一格的情怀和趣味。

少数民族的传统布艺编织图案色彩斑斓，图案变化多端，寓意开心和热闹。全日餐厅以此作为主要设计符号，红色的布艺图案满布天花板，配以碧绿和宝蓝色的座椅，整体洋溢浓厚的文化气息。名为“聚味”的中餐厅趣味十足，概念以“鲤跃龙门”为主题，以鲤鱼形态为主要设计元素，注入传统剪纸艺术工艺，形成独特有趣的弧形造型墙。香槟金漆天花垂吊着晶莹的灯饰，营造别出心裁的小天地。

虽然中国红是主宰中式设计历史的调色板，然而梁景华认为只采用中国红确实太单调，其他颜色也可代表东方情怀，如石灰绿、宝石蓝、翠碧青，甚至彩虹色系等，只要谨慎平衡地恰当处理，便会产生极致的视觉效果。

室内泳池的设计犹如桂林山水的缩影。池边的四根柱子重新包装后形成两个大山

洞的形态，背景墙则是层峦叠嶂的山脉造型，与湛蓝色的游泳池互相辉映，与众不同的“山水”美景触手可及。电梯大堂延续大堂的设计理念，静谧大气。于天花重现弧形纹样，为过渡空间熠熠点缀，配合改良后的传统地毯图腾，使之别树一帜。客房以简洁惬意为主，于床背板处横向编织了一条传统民族布艺图案腰带，针针线线都浸染着细腻的设计语汇，七彩色系的地毯图案展现着直条子花纹肌理，纤毫毕现，赋予客房大方有趣的舒适格调。

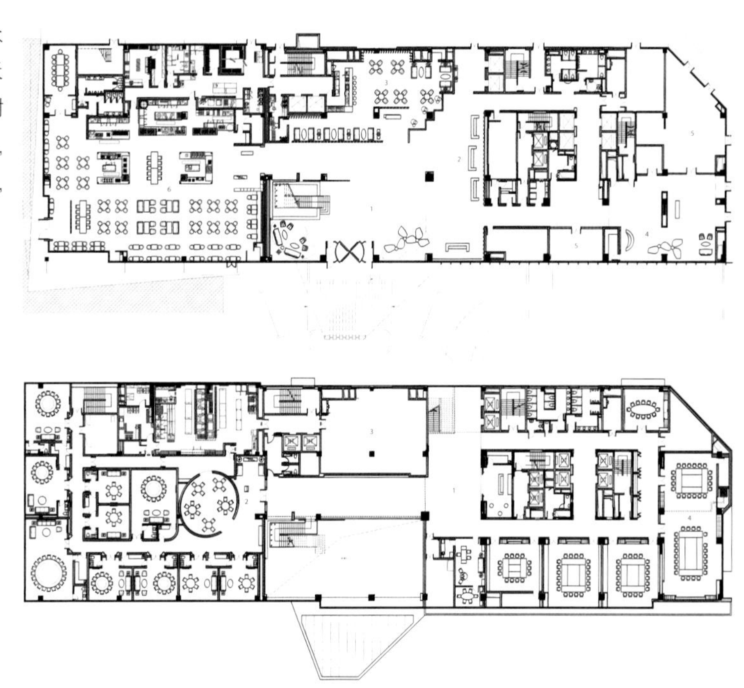

左1、右1：大堂
右2：总台

左1：总台
左2：少数民族的传统编制图案出现在玻璃上
右1、右2：餐厅以鲤鱼为设计元素

左1：宴会厅

左2：电梯厅的天花重现弧形纹样

左3：泳池犹如桂林山水的缩影

右1：包间

右2：客房床背板处横向编织了一条民族布艺图案腰带

Conghua Biquan Grand Hotel

从化碧泉大酒店

设计单位：广州集美组室内设计工程有限公司
设　　计：林学明、陈向京
参与设计：曾芷君、张宁、谢云权、周海新、张宇秀
面　　积：45500 m^2
主要材料：鱼肚白大理石、黑伦金大理石、不锈钢镀铜、木饰面、彩色玻璃
坐落地点：广州从化
完工时间：2016年1月
摄　　影：罗文翰

“百鸟归巢，休养生息”——这里是鸟的天堂，群鸟从远方归来，它们在这里觅食，到这里嬉戏，到这里休养，这里将呈现一派百鸟归巢，生生息息的气象。在城市忙碌的人们回归自然，休整一番，重新找回自身，焕发新的活力和能量。

酒店公共区域以“百鸟归巢”为主题，融汇东西方文化特色，糅合成独具魅力的岭南精神。“涌泉生机归来兮，畅享天养长生息”，大堂空间以涌泉与归巢艺术装置作点睛，赋予空间灵动生机。彩色玻璃、青砖、木饰面等用材，以质朴的材质和细腻的手法，使空间处处渗透出浓浓的岭南气息。

左：大堂服务台
右：百鸟归巢的主题

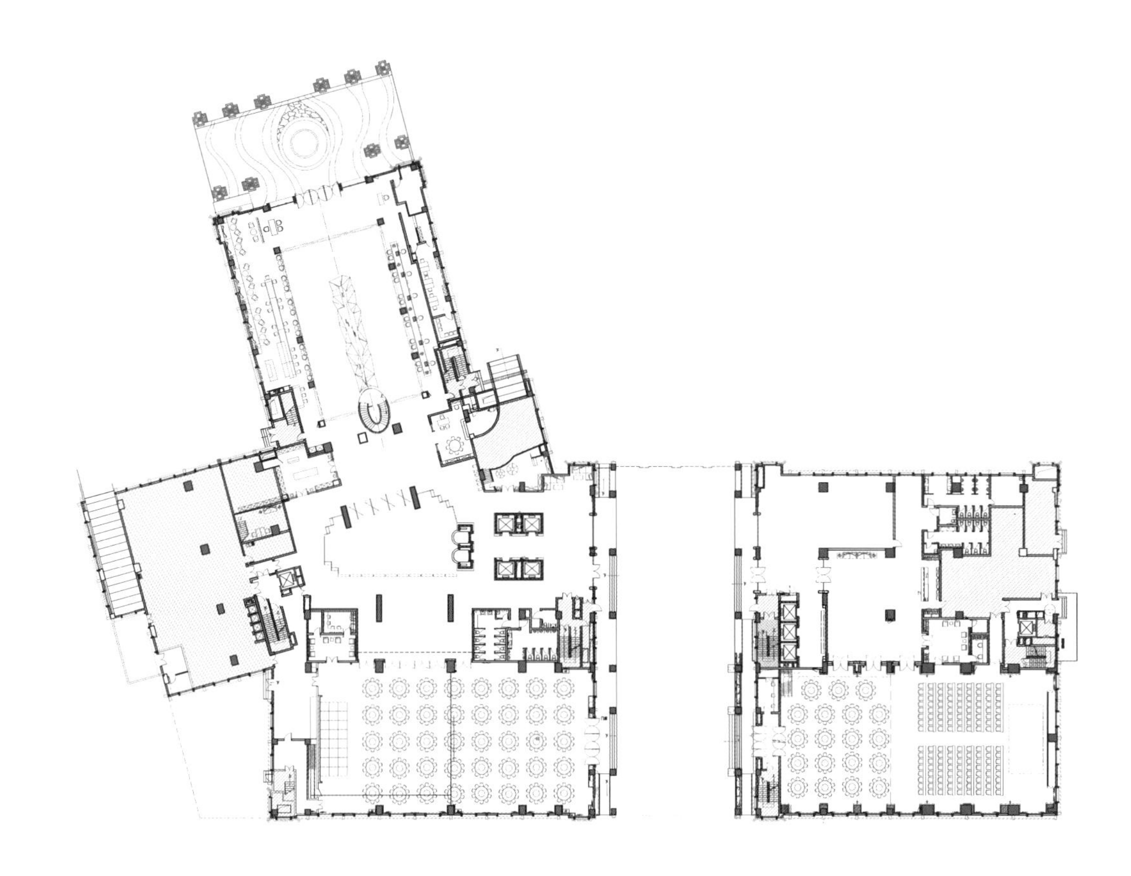

左1：大堂
左2：中餐散座
右1：全日餐厅
右2：客房走廊
右3：水会休息区
右4：客房

Yunnan Xishuangbanna Sheraton Resort Hotel

云南西双版纳喜来登度假酒店

设计单位：YANG酒店设计集团
设　　计：杨邦胜
参与设计：黄盛广
面　　积：47000 m²
主要材料：肌理漆、浅色木、麻质布艺、水磨石
坐落地点：云南省西双版纳州景洪市

酒店大气磅礴的现代傣族建筑群落位于神秘而美丽的嘎洒小镇。设计灵感来源于傣族多彩的民族文化和本真淳朴的人文风情，从建筑到室内无不彰显出精致与典雅，传奇而浓郁的异域风情扑面而来。这是喜来登酒店品牌理念的极致演绎，也是一次对民族文化经典的传承。

酒店整体设计风格以现代中式为基调，结合傣族建筑元素和文化特色，将现代线条与传统圆润流动的曲线相融合，让空间呈现出如大象之刚，大气雄浑；又如孔雀之美，华丽婉约。尤其室内设计注重与建筑形体的结合，强调细节，形成融合低调奢华与内敛雅致的现代美感，彰显独特的热带雨林度假酒店特征。

傣族璀璨的民族文化被深度挖掘，客房选用造型独特的孔雀开屏椅；入口墙面造型的跌级是傣式层层叠级建筑式样的演变；木饰纹样的灵感来源于傣寨吊脚楼栏杆的样式；而用来演奏的傣式象牙鼓化身酒店大堂正中悬挂的灯具，高高低低奏出华章，成为整个空间的亮点。设计师还从栖息在西双版纳热带雨林中的孔雀找到灵感，孔雀精致的羽毛被抽象成图形，跃然于酒店的墙面、地毯之上，犹如孔雀展翅飞过盛满金谷的平坝，赋予空间浪漫的诗意。而孔雀独有的孔雀蓝，结合傣族服饰中亮丽的明黄，被提炼运用到酒店的艺术品中，在以米黄、咖啡为主色调的空间中，犹如点睛之笔，散发出清新高雅的气质。

酒店设计注重自然元素的提炼及环境保护，大量运用科技木等人工建材，打造结合自然的色调和质感，减少了对原木的消耗和对当地环境的破坏，也让室内与室外景观融为一体，完美呈现出典雅内敛，舒适放松的度假空间，带领宾客一同探索彩云之南的神秘之境。

右1：外观
右2：大堂吧
右3：接待台
右4：特色餐厅

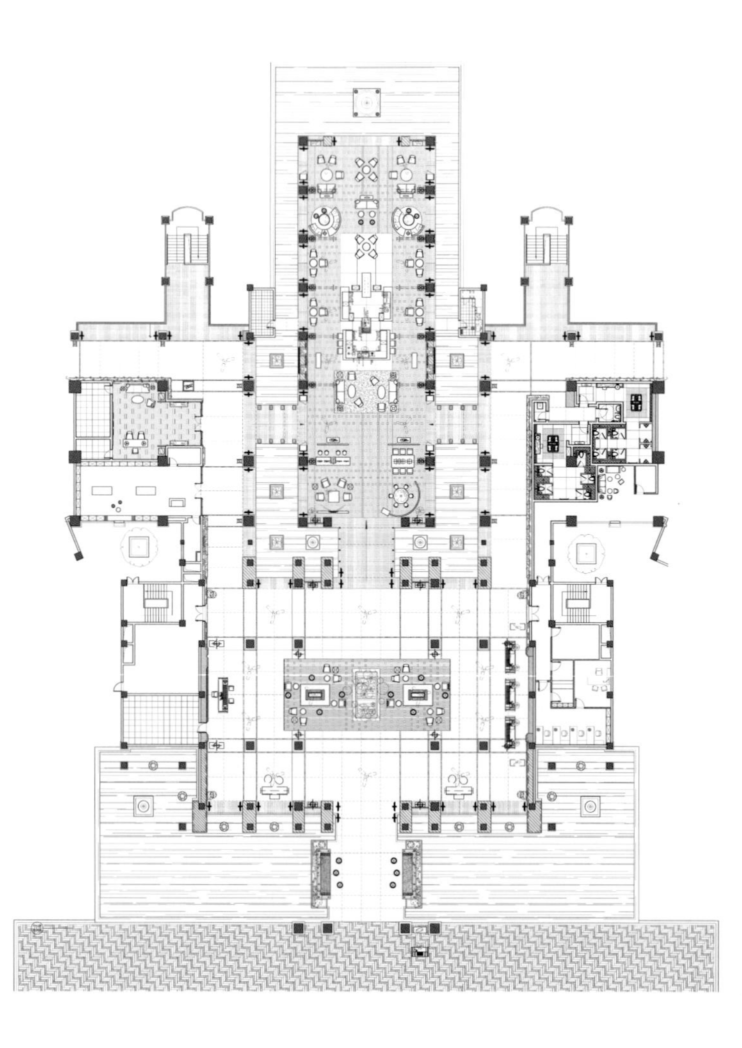

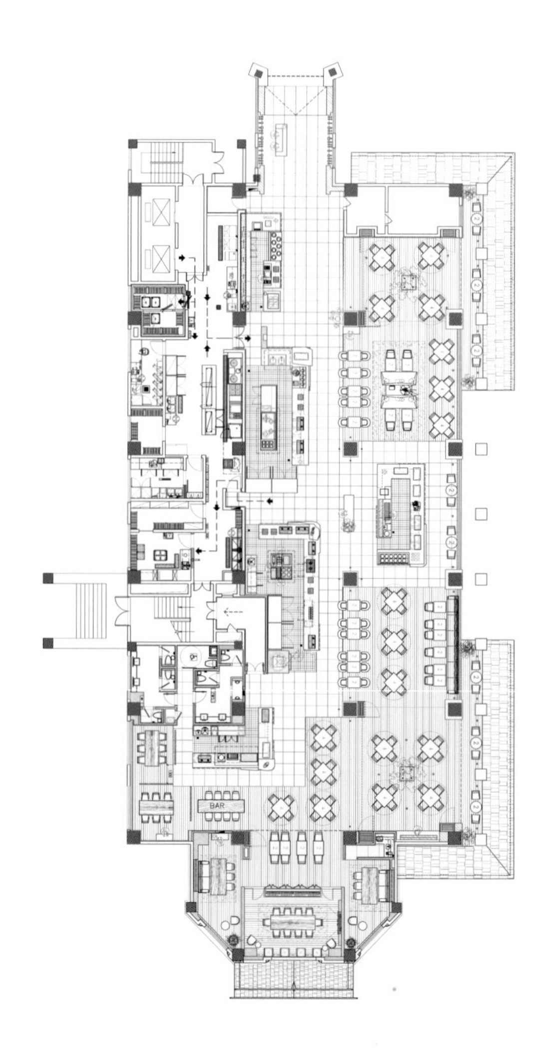

左1：全日餐厅
左2：电梯间
右1、右2：客房

Lushan Pinshang 4S Hotel

庐山品尚4S酒店

设计单位：上海泓叶室内设计咨询有限公司
设　　计：叶铮
参与设计：翁雯君、陈颖、朱文韬
面　　积：8500 m^2
主要材料：木质、铁艺、特殊涂料、PVC、玻璃、陶瓷
坐落地点：江西庐山
完工时间：2016年4月

五月是庐山风景区一年中最舒适的旅游时节，位于山峦顶上的品尚酒店，亦终于结束了近一年来对开张的期待。庐山品尚 4S 酒店的前身为庐山云风宾馆，由宾馆门口的公交车站名“云风站”可窥见其地位。品尚设计是一项老酒店整体改建工程，在充分满足新酒店管理运营及各项功能要求的基础上，努力营造山区旅游型特色酒店是其主要课题，并在设计上追求将自然风味、温馨质朴、时尚品格等特质融为一体的空间体验。

针对特殊的山区环境，在酒店大堂中央安排了体型硕大的现代火炉和大面积的公共区域地热装置。设计用材上体现轻松原味，大量采用旧木格栅、柴火堆、老式钨丝灯、暗色铁艺、蜡烛陈设等。木柴构成的艺术画面，粗糙的墙面肌理等手法，旨在进一步烘托山区酒店的自然气息。而平行线的介入又平添了空间设计的现代节奏。无论是彩色条状的 PVC 编织地毯，严谨等距的格栅线排列，抑或墙面上垂直平行的非等距凹嵌，以及总台、吧台、自助餐台的木饰板拼缝线，都成为了空间界面的视觉语言。

设计伊始对平面布置亦颇为讲究，由于先天建筑的布局制约，在组织不同方向的人流群时，最大化地使功能分区与各人流群合理分配，进而充分考虑住客游山晚归后在酒店公共区域的一些休闲活动，力求在有限的空间条件下，满足人们消磨闲暇时光的潜在需求。

自古庐山以风云闻名，而继云风宾馆后的品尚酒店，又为当下吹来一阵清新的庐山风。

左：大堂
右1、右2：粗糙的墙面肌理

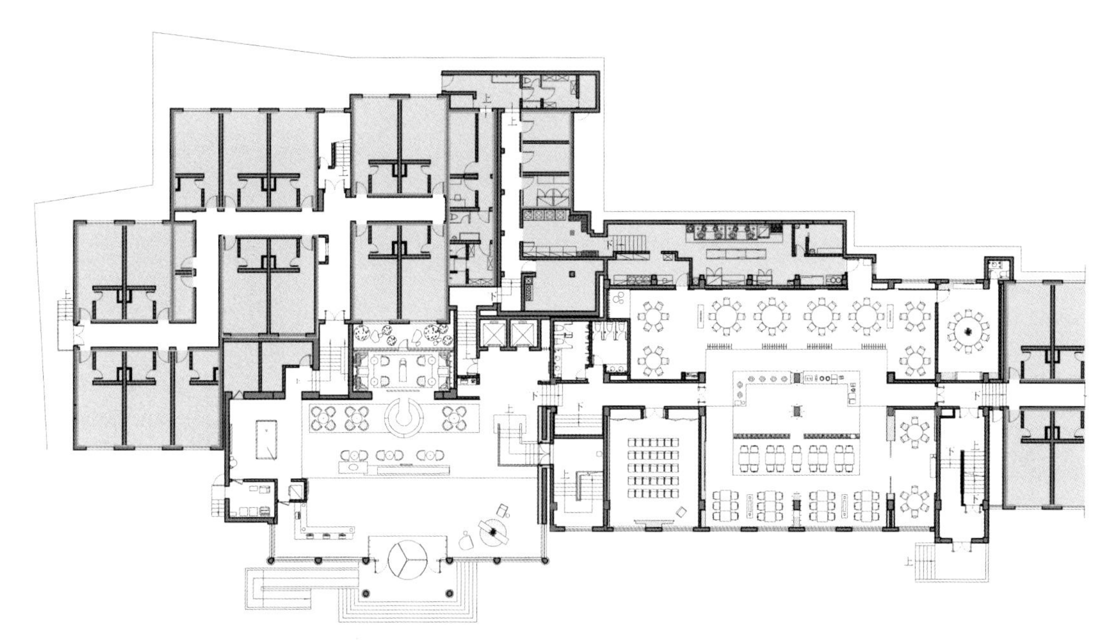

左1、右1：地面彩色条纹状PVC地毯
左2、左3：空间局部

Yinxiang Yinchuan • Home Hotel

印象银川·家酒店

设计单位：河南鼎合建筑装饰设计工程有限公司
设　　计：孙华锋
面　　积：8750 m²
主要材料：爵士白石材、素水泥、海基布、竖纹玻璃、橡木
坐落地点：银川
完工时间：2015年11月

酒店是一个旅行者远处的家，用心给他，印象一定是最美好的，他会期望能够再次踏入这个家门。本案坐落于银川美丽的艾依河畔，建筑改造前是文化城东南角的两处四合院式的建筑。

一望无垠的腾格里沙漠和碧水芦苇燕鸟飞的沙湖，使银川这座西北城市被称为塞上江南。本案从当地极具特色的地理环境中汲取灵感，通过“塞上江南”和“戈壁风情”两个主题来界定两个院落空间。两个院落共设计了96间不同类别的客房，两个建筑之间通过打通地下以相连，可共用餐厅、酒吧、会议等公共空间，避免客人通过连接楼面时打扰到客房休息，同时也可避风遮雨。

整个酒店简洁明快，没有奢华的材料也没有过多的装饰，以白色为主调，配以传统的灰黑和天然的木本色，亲切没有压力。阳光透过顶棚的格栅洒落在竹林、锈板、青砖铺地上，光影斑驳令人心动。推门而入，飞翔的小鸟在蓝天艾依河的背景下栩栩如生让人畅想，温馨的光色突出人的主体，亲切的问候声让每一位宾客流连忘返。躺在舒柔的床上打开蓝牙音响慢慢进入甜美的梦乡，如果喜欢品尝美酒佳肴，地下一层风格迥异的不然酒吧和悦小馆不仅有法式菜品，还有当地风味以及各地美食小吃。

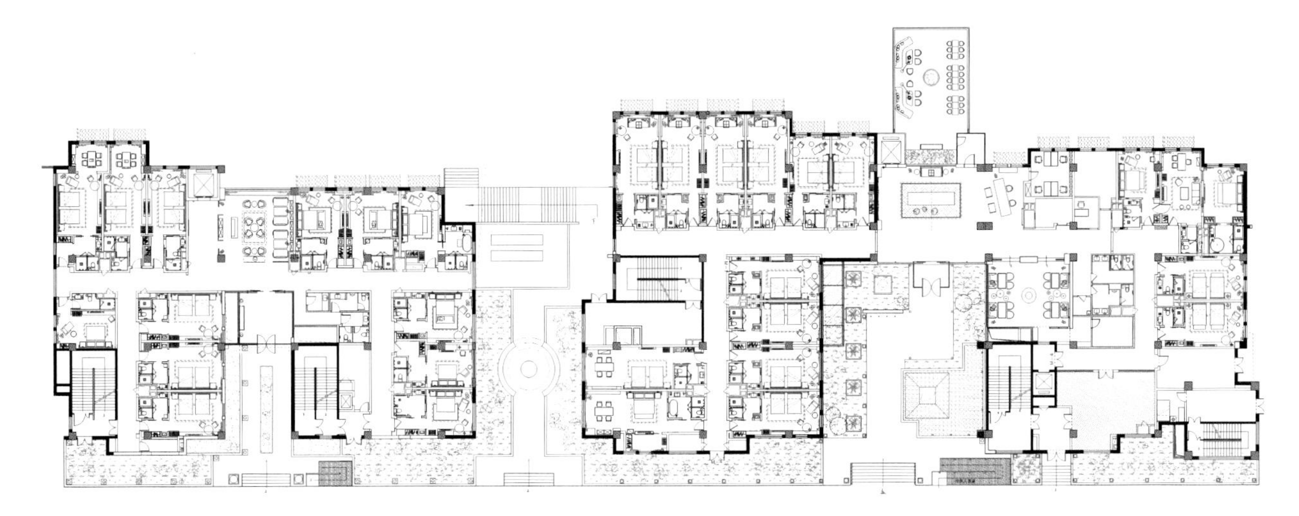

左1：青石拼铺的地面亲切自然

左2：入口处青石白瓦

右：飞翔的小鸟在蓝天背景下栩栩如生

左1：灰黑色家具搭配素色布艺

左2：将室外景色引入室内

右1：餐厅

右2、右3：以白色为主调的客房

Hyatt Regency Chongming

上海崇明金茂凯悦酒店

设计单位：美国JWDA建筑设计事务所

面　　积：48000 m^2

坐落地点：上海

上海崇明金茂凯悦酒店坐落于被誉为“长江门户，东海瀛洲”的崇明岛国家地质公园。该酒店不仅是崇明生态岛上首个五星级酒店，还是上海第一家，也是唯一一家五星级低密度度假酒店。

酒店设计以现代中式风格为整体建筑格调，并融合时尚现代的上海本土元素，将东方园林空间的韵味与分散休闲特征的度假酒店有机融合，意在营造现代新中式的地方性建筑。同时，步移景异的法则也使建筑成为庭院的背景，并与绿化交融，寻求生态环境与舒适人居的平衡发展。由独栋花园式别墅和酒店式公寓组成的6栋主体建筑，通过窗明几净的木制中式连廊相衔接，辅以小桥流水的精巧花园，让宾客既能感受到明快洗练的摩登气息，又能体会充盈着的海派审美元素。

值得一提的是崇明金茂凯悦酒店的“爱犬计划”，酒店为携带爱犬的人士特意开辟了24间可携带宠物狗一同入住的特色客房。宠物客房均在一楼，每间客房都标配了小型的室外花园，并且从房间通往花园带有阶梯设置，这也顺便增加了狗的活动内容。房间里的宠物床也依狗体形的大小有三种选择，同时配备了独立的食盆和饮水盆，当然还有遛狗专用的垃圾袋，其实在遛狗步道所设置的垃圾桶上面也配备有抽取式的垃圾袋。在这些客房里，萌宠们不仅可以享受诸多专业宠物服务，还可以和主人一起在私人花园里嬉戏玩耍，尽享完美假期。

除了得天独厚的自然风光之外，崇明岛也是一个令人向往的美食天堂。主打崇明菜和上海风味的“品悦中餐厅”整体设计采用摩登中式风格，入口处的双月拱门让人如入胜景，高挑的格纹屏风、雕花精致的木制餐椅以及巨大的传统鸟笼式落

左：外景

右1、右2：庭院

地宫灯烘托出怡人温馨的就餐氛围。巨大的落地玻璃映衬着窗外葱茏的竹林以及露天花园就餐区域。餐厅共有六个独立包厢，选用中国古代寓意吉祥的飞鸟来命名，并配以受到这些祥瑞之鸟灵感启迪的精美艺术品。

引入的创意会议服务理念"凯悦校园"亦是酒店的特色之一，将酒店专用会议设施以大学校园怀旧风情打造，这是继曼谷君悦酒店后，亚洲地区第二个引入"凯悦校园"概念的酒店。凯悦校园坐落于酒店一层，占地面积 1440 平方米，拥有一座可容纳 210 名听众的礼堂以及三间面积不等的多功能教室。原生态的砖石墙壁、木制课桌、大学校园常见的座椅以及墙壁上各类熟悉的公式和设计草图，让与会者一下子仿佛回到了那个意气风发的学生时代，整体氛围亲切而又让人感动。

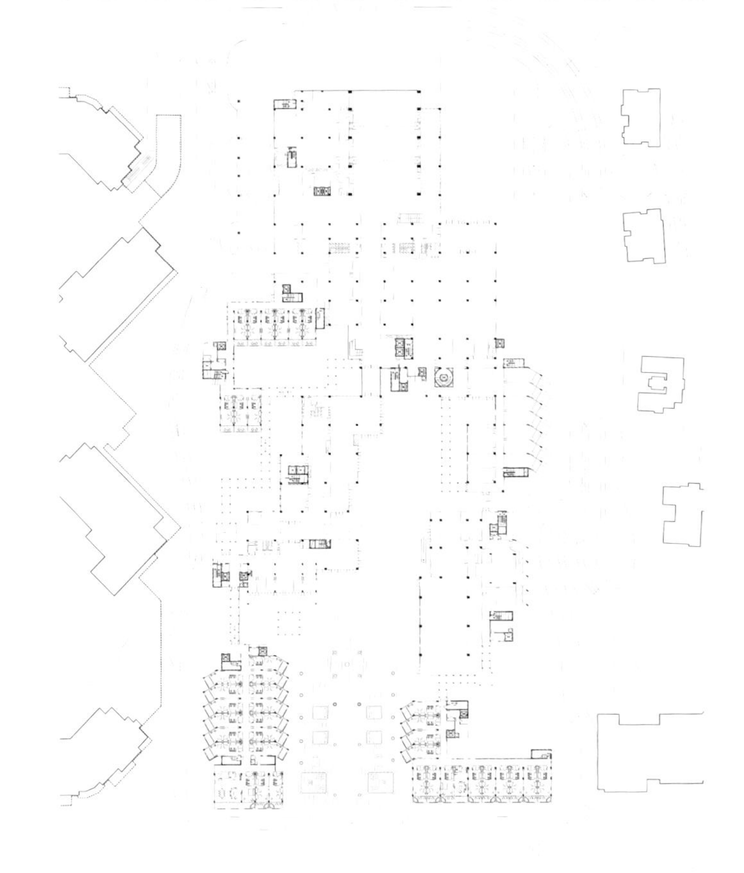

左1：大堂
左2：前台
左3：中餐厅
右1、右2：套房

NUO Hotel Beijing

北京诺金酒店

概念设计：Hirsch Bedner Associates（HBA）

首席设计：Ian Carr

深化设计：金螳螂

坐落地点：北京

作为中国首个高端酒店品牌，诺金酒店由 HBA 进行概念构思，金螳螂进行深化及施工。于诺金酒店而言，“根植于中华五千年历史，深刻反映每个城市的文化渊源”是其最初的诉求，而“中国首家民族品牌的高端酒店”的定位势必是与“中国元素”息息相关，如何把握中国传统与现代设计之间的度则是设计的关键点所在。

从目前呈现的北京诺金酒店来看，设计师并没有将中国传统符号进行胡乱地堆砌，而是在反映中国传统的同时，在装饰材料上引入了现代元素，使中西特色碰撞出独特的平衡感。有别于常见的皇家文化和庶民文化，北京诺金着重展现了明朝盛世的“文人文化”，以 14 至 17 世纪的明朝作为室内设计主题，将明代文人墨客及历史名家留下的诗文墨宝和智慧传奇贯穿始终。明朝是中华文化及艺术的巅峰时期，绘画、陶器、漆器和瓷器皆发展得相当兴盛，HBA 亦从中注入现代化元素以迎合当代的需求。

北京诺金酒店以距今五百多年的明代之设计概念为蓝本，当时中国学术与艺术发展蓬勃，洐生出一套关乎所有处世之道的学术思想，孕育出独特的中华色彩。这时期的简约设计美学既独一无二又纯净真朴，为东方文化谱写了定义。无论是简单的图案应用、布局原则和图像，或是客人与酒店的互动方式等各个设计层面，皆体现出酒店所着重的明代主题风格。这个以“现代明”为设计理念的艺术酒店就仿佛一座文化博物馆，除了独具个性的“明”文化设计风格的客房、茶亭、餐厅酒吧、水疗中心，还布置了一个诺金艺术廊，展出中国当代艺术家的系列作品，将平时难得一见的艺术品融入日常生活之中。

灰色和蓝色是诺金的主色调。大堂整体采用明代的建筑风格，着重使用青花瓷元素，以淡雅的色彩和别致的室内设计展现中国风，而服务员的服装也采用了具有中国元素的旗袍。艺术顾问公司 Canvas 在中央放置一座由中国顶尖艺术家曾梵志打造的大型雕塑“乐山”，与两旁定制的两米高明代风格手绘青花瓷花瓶互相映衬。至于礼宾部后方的多幅大型油画亦是出自曾梵志之手。为了强化整体设计主题，HBA 把明代哲学的概念融入中式茶廊“缘亭”之中，将户外与室内环境结合起来。并没有过分抢眼夸张的设计，而是在内敛与张扬之间取得了平衡，一些明净简约的细节与色调自然的精美器皿反而凸显了四周环境的特色。

酒店客房也全部以明代学者文震亨的哲学思想为设计灵感，参考其“幽人眠云梦月”的理想睡房哲学，营造出低调奢华的风格，在简朴的环境中维持舒适感。客房格局犹如明朝学者的居所一般，缀以明代青蓝色调及定制家具，丝制图案背景墙与实木及大理石地板搭配相得益彰，以现代手法华丽呈现了明式住宅特色。客房内还有曾梵志绘制的印版画作《踏雪寻梅》、《山》和《枯树》等，让宾客在享受现代化舒适场所的同时，融入到宁静致远的意境中。值得一提的是，诺金的客房茶品亦是目前国内酒店中最为专业的，其所提供的茗品均采自云南、安溪和武夷山地区的“诺金茶园”。

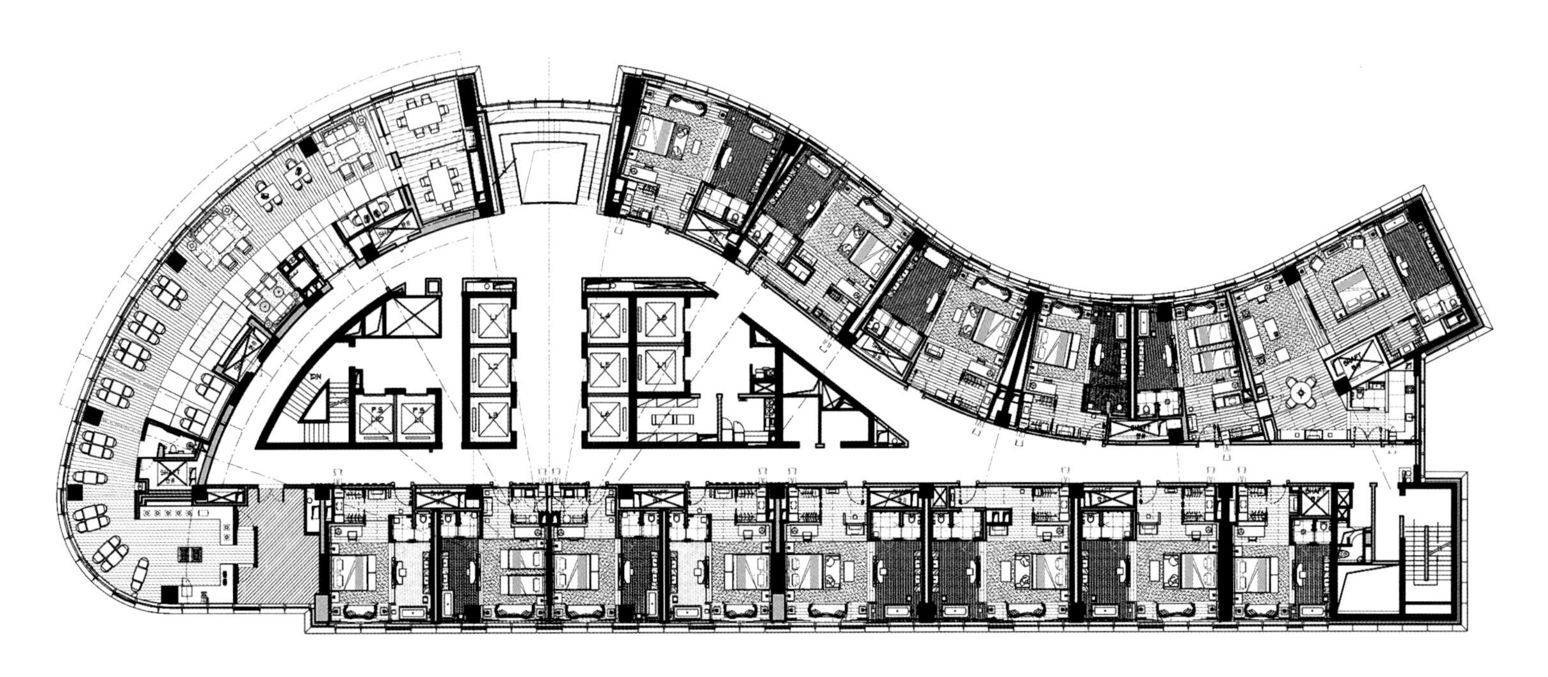

左1：外景

左2：两米高手绘青花瓷花瓶

右1：大堂吧

左：三角形屋顶
右1：茶亭
右2：豪华客房

The Temple House Chengdu

成都博舍酒店

设计单位：Make建筑事务所
坐落地点：成都
完工时间：2015年7月

近年来，高端酒店早已成为中国室内设计的主力方向，各种类型的酒店亦纷至沓来。“正常”的酒店和“过潮”的酒店都是目前的“大多数”，而太古酒店系列则每回都是在“正常”和“玩潮”之间来回翻转，并引起一阵骚动。

该系列是太古集团所有酒店系列中调性最鲜明的，以东西厢房为创作灵感的北京分号名为瑜舍、香港分号得名奕居，依庙而建的成都店则起为博舍，这种简约、达意又接地气的命名法与太古酒店的调性相当契合。

新近开张的博舍位于城中最为热门的商业综合体成都太古里内。系列的前戏总有着异曲同工之处，尽管你明知前方有着天马行空的设计，但内心依然被酒店大门安抚得平静如水。瑜舍的设置是踏上咯咯作响的古老地板，而奕居则被引向“通入云端”的电动扶梯，此次博舍则选择了一个清代的庭院式建筑作为入口和前台，让人们从古院落中穿越时空。这栋清代庭院为笔帖式街老宅院，“笔帖式”是满语的音译汉写，本意为“写字人”，汉语译为“书记人”，其办公的地方叫笔帖式署，所在街道叫笔帖式街，这是成都唯一一条以满语译音为街名的街道。

经博舍翻新过的宅院既保留了老宅院原有的朴素静谧之风貌，但又焕然一新，如今除了作为前台接待外，也是画廊与会议的场所。主楼是全新的建筑，外墙的砖构表皮与历史建筑有着呼应，也与周边的太古里商业广场建筑群有着照应的关系。用彩釉玻璃打造的玻璃幕墙上的竹木纹理形成变幻莫测的光影效果，现代建筑风格与中国传统精髓互相辉映，设计师又一次低调地向历史致敬。两座L形新楼用四合院的模式围起一处前卫的山丘庭院，以此暗喻四川常见的梯田地形，与古庭

左1：外景
左2、右：庭院

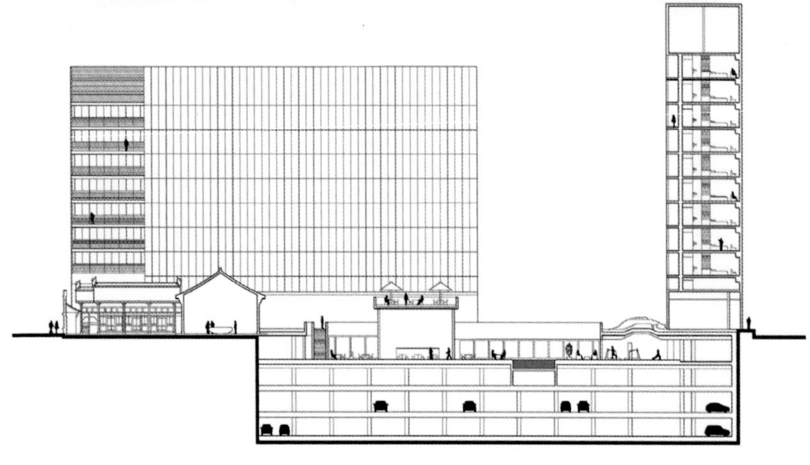

院形成强烈对比。各种或地上、或地下、或前卫、或古典的庭院由步道和阶梯串联，营造出奇妙的行进效果。仔细探究其中，在庭院中的山丘并不只是个纯装置，而是游泳池和健身房的采光顶。

客房数量一般控制在 100 间左右，但房型的面积也力压全城，仅浴室就能超越其他酒店的客房面积。客房是太古惯用的治愈系色调，精致的灰色和米色，带有雾化效果的遮光帘使房间柔和而舒适，多向光源的明暗恰到好处。深色的栅栏墙将起居室与浴室分隔，也完成了愉悦的视觉对比。设计力求简洁，能藏起来的东西绝对不会出墙，而能收纳的东西也都折成了一条平板。客房里的设计家具也不是仅用来“拗造型”的，其实很务实，靠窗的两个休憩榻白天可以喝茶、谈天、观景，入夜拼组起来就完成了加床。

酒店的餐饮区域则充满活力且个性鲜明，三间餐厅及酒吧由来自纽约著名的室内设计公司担纲。设计师将成都“天府之国”的概念引用在咖啡厅，将老式秤具、量具和黄铜砝码等富有文化内涵的装饰去重塑古代的商业情景，以说明成都在古丝绸之路所担当的重要角色。“井酒吧”的设计则以“丝”为灵感向传统致敬，顶棚上的两盏吊灯参照织丝机造型为吧台区提供主要光源；由釉面砖横柱延伸下来的顶灯以铸玻璃和黄铜打造，仿如蚕茧的弧面造型。丝绸之路的设计概念一直延伸到户外用餐区，古代的旅行者途经丝绸之路时会围坐在火边休憩聚会，以此为灵感安排了一处壁炉。夜幕低垂时，以钢和玻璃打造的地灯将户外的碧绿园景照亮。

酒店还有几处依历史改建而来的房子，“谧寻”茶室展现出浓郁的东方美学风格，以中药铺为灵感，多道墙呈现中药百子柜外观，墙面上整齐排列的抽屉刻有各种药材名称，营造出浓厚的养生氛围。水疗中心的前身是大慈寺历朝的桑院，于民国时期改建为民宅，仍保留了川西民国建筑风格，营造出宁静清幽的氛围。

左1：楼梯

左2：餐厅

右1、右2、右3：客房

Six Senses Qingcheng Mountain

青城山六善

建筑设计：Habita Architects(泰国)
室内设计：六善建筑与设计团队
坐落地点：四川都江堰青城山镇

Six Senses 是度假酒店中的翘楚，之前一直被国人俗称为“第六感”。这家酒店集团近日在中国的首家酒店终于开业了，并获封新名“六善”。对酒店行业有所了解的人，对Six Senses 都不会陌生，度假胜地马尔代夫、苏梅岛等都有它的身影，且从来都是选址在自然奇景之地，譬如能 180° 欣赏到大海的海岛一角。但此次，青城山六善依山而建，是该集团的第一家非海滩度假村。这对 Six Senses 来说，也是一次全新的尝试。

青城山历史悠久，这里群峰环绕起伏、林木葱茏幽翠，享有“青城天下幽”的美誉。青城山六善选址在静幽的青城山入口，这与高端度假酒店动辄隐居山林的奇佳位置不同，这样的选址只能勉强算过得去。但六善的设计团队却依然凭借其深厚的设计功力，通过充满创意与艺术灵性的布局，在城市边缘打造了一个既融合当代文化又不失现代雅致的世外桃源。云雾时常从山谷间涌起升腾，缠绕着秀峰、山峦，这幅动态水墨画亦如青城山六善的天然背景。重塑与自然的联系是六善酒店度假哲学的精髓所在，这些理念在此也得到了诠释。

整座酒店藏在一条幽谧的竹林小径尽头，这是设计师埋下的伏笔。按照设计的线路，客人应该在竹林小径的尽头乘上电动车，穿越田间小径、蜿蜒水系，在瀑布的左边到达一座古色古香的古建筑。这个组群容纳了多种功能，包括前台、图书馆和莎拉泰餐厅等。

这里消灭了一切的康庄大道，让你经由小桥和田间小路位移，让喧嚣和压力在悠悠间抹去。同时，设计师也模拟了众多难以捉摸的时空场景，来助你从现实中抽离。整个酒店集群是以革新的古典村落形式呈现，一处处私密院落有致地排布于避世绿洲中。大量巴蜀风韵的装饰与新派中式家具相搭配，让归隐实至名归。

酒店整个建筑形态是浓郁的川西民居院落，每四套住房围在一起，共享一个院落，同时又各自享有一个私密的庭院，让人深信自己就是古村落的一份子。青城山六善共有 113 间独立套房，其中 76 间六善套房为半独立复式别墅。客房设计仍然秉承了六善一贯坚持的简洁有序及贴近自然，浓厚的文化元素亦是本土化氛围的最真切体现。在室内空间架构中，古老的中国传统文化被现代手法重塑，以一种独特的方式继续述说历史。从客房内显眼的横梁，到古色古香的中式家具，再到精心布置的墙板与编藤元素装饰，这一切的存在都在极力营造一种最为中式的奢华住宿体验。

值得一提的是，竹子是此次青城山六善表达中国传统文化的重要表现手段，漫步其中，随处可见竹林。而房间里亦使用了很多有趣的竹制品，如锁扣、插板、信笺筒等，甚至连风扇也是竹制品，这些不起眼的小物件散发出属于它本身的自然味道，也带出许多小温柔。客房内的勿扰提示牌就很有意趣，闭眼的人物图案代表“请勿打扰”，而笑脸的睁眼图案则意味着“清理房间”。月亮吧和水疗中心也是设计师创意运用竹子这种本地元素的集中体现，室内顶棚采用纯竹节编制，这些竹子都是由工人一根一根镶嵌上去。

左1、左2：酒店庭院
右1：夜景如水墨画般
右2：餐厅

左：竹子是重要的表现手段
右1：休闲吧
右2、右5：客房
右3：阳台
右4：水疗吧

The Peninsula Paris

巴黎半岛酒店

建筑设计：RICHARD MARTINET ATELIER建筑工作室
室内设计：梁国辉、恰达思贝德梁有限公司
面　　积：33000 m²
主要材料：岩石、砖瓦、木料
坐落地点：法国巴黎

来法国旅游的人一定会到巴黎来，而到巴黎的人一定会到铁塔和凯旋门看看。正是在连接铁塔和凯旋门的一条著名的克莱贝尔大道上，最近新开了一家半岛酒店。这家半岛酒店的前身是一栋 19 世纪末的古典建筑，于 1908 年建成，当时是一座高档酒店。这座酒店由于地势优越、规模宏大、设施豪华，无数富豪或名人、贵族及大亨，以至艺术、文学及音乐界等风云人物都在这里留下过足迹。2008 年底这座百年古建筑被半岛酒店集团买下，而在法国买下一栋古建筑后，装修是十分费时费力又费钱的工作。当年这座酒店大楼的兴建用了两年时间（1906 年至 1908 年），但巴黎半岛酒店的装修却用了 4 年时间。

为了保留建筑物的历史与原有美学价值，重现昔日的华丽装潢，负责各项专业装修的都是在法国最受尊崇、世代相传的家族式工艺公司。这几个公司曾经负责卢浮宫和凡尔赛宫等皇室宫殿的复修。这些古建筑修复的专家把大理石、马赛克、楼顶及墙砖、木雕、石刻等能够剥离的材料都小心地拿下来、编好号。在工作室里精心修复后，再按照标号重新装配回去。

酒店大堂是每家酒店的灵魂，巴黎半岛酒店有两个大堂，使前来住店和来就餐的客人分别从两个方向进入酒店，互不干扰，非常方便。面向克莱贝尔大道的大堂门外有两个中国风格的石狮，这也是全球每家半岛酒店大门口标志性的石狮，两个石狮驻守在大堂两侧，凝视着路人和隔壁高大雄伟的凯旋门。客人欣赏着高耸的拱形顶棚、华丽帐幔、大理石地台与充满时代感的家具陈设，感叹富丽气派之余，也可在大堂茶座里享受美妙的下午茶。另一大堂位于侧面，是供住店客人进出的，顶棚垂着 800 块 Lasvit 手工制叶片形水晶吊灯，像闪亮的落叶一般从高大的殿堂上散落下来，与酒店外克莱贝尔大道上的树影绿荫遥相呼应。

楼顶的西餐厅最具特色，窗外吊挂着一架古董飞机。这是按照 1927 年首次尝试飞越大西洋的“白鸟”双翼飞机建造的复制品，餐厅也以这架飞机为名，选用法国当地的时令食材，精心制作别具现代风味的传统法国佳肴。就餐客人透过环绕周围的玻璃窗，可以看到不远处的巴黎铁塔的全景，夜晚铁塔上闪烁的灯光，与餐厅里的菜肴交相辉映、色味俱全。

酒店最重要的就是客房，绝大多数豪华酒店都是用玻璃和钢铁造成的现代化建筑，在崭新的客房中摆放古董器件，以显示尊贵和豪华。而巴黎半岛酒店正好相反，在岩石和砖木铸就的古董客房里安装了现代化的客房设备，包括精挑细选的工艺摆设、优雅家具和充满情调的灯光效果。床边及书桌的互动电子控制板是半岛独家研发的客房科技，显示 11 种语言，可以按客人的选择预先设定语言版本，弹指之间即可以按照自己的语言轻松读取餐厅菜单、服务资料、连接电视频道、调控各项客房功能等。客人下榻在有一百多年历史的古董客房中，仿佛时光在流转，感受天上人间。

左、右1：酒店外观
右2：大堂

左1、左2：餐厅
右1、右2、右3：客房

Hotel Indigo Lijiang Ancient Town

丽江古城英迪格酒店

设计单位：P49 Design

坐落地点：云南丽江

在丽江古城，建筑外立面有着非常清晰而统一的标准，各家都不能造次，只能在室内玩转花样。位于丽江大研古城南门的英迪格也算是个特别的存在了，这家酒店用当代艺术玩转了纳西文化，古色撩人，活色生香。酒店选择本身就融汇了多重文化的大香格里拉马帮为设计主题，用天马行空的当代艺术手法表现。来自泰国的 P49 事务所的首席设计师 Chakkraphong Maipanti 的意思很明确："我们并不是要建造一座茶马古道的博物馆，因为本地有 99% 的建筑都可以告诉我们丽江这座古城的历史。而我们的建筑是有创造性的，可以用三个词去解释：融会贯通、出其不意、其乐无穷。"

设计师一直试图用"马"的元素来打造这座酒店，但凡能使用到毛皮和马毛的地方全部不遗余力地来实现。为了让传统元素成为现代生活的一部分，设计师将"马帮"和"茶马古道"的旧元素复活再现。

酒店入口种植着一棵百年古茶树，见证着云南普洱茶的兴盛。周围由低调的石头垒砌成的墙体，如同丽江古城的普通屋舍，但千万别被它的低调外表欺骗了，当走进大堂的一刹那，扑面而来一片紫红色的高原杜鹃装饰，从大堂一直延伸到户外与平静的水面相接，甚至一直延伸到地下会议室。前台的设计十分巧妙，欢迎区的家具设计成马帮路上随身携带的行李箱，休息区的座椅设计成皮质马鞍，处处反映出主人对马的钟爱有加，也体现出马对于马帮的重要意义。

搭乘全玻璃景观电梯进入餐厅，电梯玻璃门上贴覆群山的画面，将电梯隐藏于群山之后。踏出电梯仿佛穿越时空回到茶马古道，各种动物造型将马帮打猎的故事融入其中。地面点缀着蘑菇造型，云南的野生菌众多，味道鲜美，营养丰富，马帮常常将山里采来的蘑菇风干作为食物。在"茶马古道"的设计理念中，"茶"亦是非常重要的，茶驿位于大堂的二楼，既有传统的恬静古朴，又带来极富设计感的惊喜与色彩。墙面上装饰的抽屉令人联想到茶馆老板藏在里面的名贵茶叶和中草药。当年奔走于茶马古道的马帮会选择在山洞中休息，遮风避雨，而地下一层的私享空间"Me Space"的设计理念正是源于此。兔子窝沿墙体一字排开，大小不一，里面有电视、沙发和桌椅，墙上还贴心设计了好几处阅读灯。少则二人世界，多则七八好友，可以躺着聊天看书，甚至来一场电影。

客房是一片以纳西族民宅原型设计的云南庭院，共有 70 多个房间。高级房以玉龙雪山为主题，床的背景墙是连绵的雪山壁画，描述了马帮从普洱出发到思茅并直至高海拔的滇藏线，路途艰险曲折；豪华房以雪山村落为主题，古色古香的木质屏风上层层叠叠勾勒出连绵的雪山画面，门把手、衣架和灯饰的设计理念均来自于马蹄造型。

豪华套房以马铃为主题，山间铃响马帮来，仿佛远远听到马铃回响在山间，马儿一路前行；总统套房就像是主人的房间，收藏着各地朋友带来的礼物，有来自云南的丝绸，西藏的手工地毯，打猎的战利品鹿角也被巧妙设计成吊灯；套房家具的灵感来源于马帮的寨营，按照可拆卸、可移动的原则来设计，家具用木箱拼接形成独立的收藏柜，顶棚形似帐篷，由中间向两边垂下与木质雕花房门相接，宛若马帮休憩的帐篷。

左1、左2、左3：细部

右1、右2：庭院

hotel INDIGO
丽江古城英迪格酒店

左1：大堂入口

左2：阅览角

右1、右2：豪华套房

VANITY FAIR PORTRAITS

Ningbo Fubang Boutique Hotel

宁波富邦精品酒店

设计单位：江苏省海岳酒店设计顾问有限公司
设　　计：姜湘岳
参与设计：王鹏、徐云春、赵相谊
面　　积：32000 m²
主要材料：微晶石、不锈钢、人造石、大花白石材、黑檀木饰面
坐落地点：浙江宁波
完工时间：2015年11月
摄　　影：潘宇峰

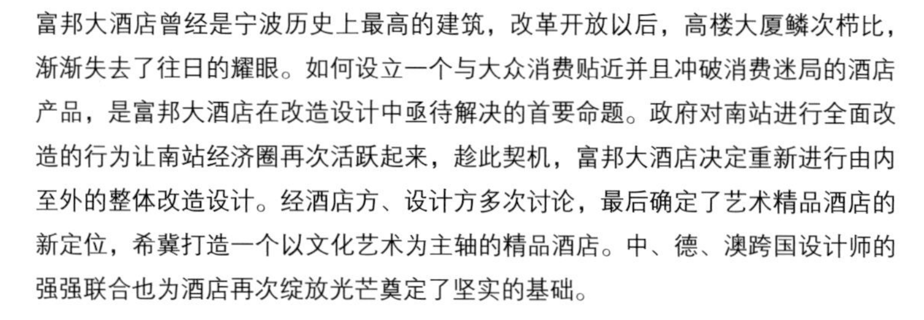

富邦大酒店曾经是宁波历史上最高的建筑，改革开放以后，高楼大厦鳞次栉比，渐渐失去了往日的耀眼。如何设立一个与大众消费贴近并且冲破消费迷局的酒店产品，是富邦大酒店在改造设计中亟待解决的首要命题。政府对南站进行全面改造的行为让南站经济圈再次活跃起来，趁此契机，富邦大酒店决定重新进行由内至外的整体改造设计。经酒店方、设计方多次讨论，最后确定了艺术精品酒店的新定位，希冀打造一个以文化艺术为主轴的精品酒店。中、德、澳跨国设计师的强强联合也为酒店再次绽放光芒奠定了坚实的基础。

“艺术是空间的灵魂”是设计主旨。走出南站北广场，一眼便能看见酒店。一览无遗的玻璃窗内一幅巨幅素描赫然眼前，这是苏联时期列宾学院的画作，亦是设计师大学时代深受影响的艺术作品。单纯安静的眼神不为某个朝代或风格，只为传递弥足珍贵的美丽和宁静。

大堂，一个黑白中的行者，时尚的外表传递东方美学的艺术精神。设计师采用留白和减法的美学原则，更多的语言退让给了空间，建筑表皮力求精练，其间的艺术品才是空间里最美的舞者，展示并诠释设计者的内心，述说一段纯净而富有文艺气息的设计篇章。大堂吧着意打造一间集书房、珍品收藏室、画廊为一体的艺术空间，琳琅的艺术品及书籍装点着空间的高低远近，现代画、木雕、金属摆台、花卉……身处大堂吧，有一种被艺术洗礼的满足感。一段机缘巧合，设计师发现了废墟中的镇水兽，并将其请至大堂吧入口，宁静的眼神体现出远古和现代的时空对话，安详的体态体现出东方的精美。

自助餐厅的设计首先诠释了一个 market（市场）的概念，在市场上，消费者可以零距离感触各类清新的物料和新鲜的食材，这恰恰也是自助餐厅需要传递的状态。在餐厅入口处标牌的做法也借鉴了市场上销售者展示产品的黑板，显得轻松亲切。缤纷马卡龙色的点睛作用将视觉转化为味觉，不断刺激着人的感官，令人大快朵颐。餐饮区，设计师饶有兴趣地探索水墨精神，让黑与白的对话更为精彩，其中不乏点缀些翡翠色、南宋汝瓷的清荷色、蝴蝶兰的粉色和茶叶树的褐绿色。

会议区一开始以构建空间的精美为设计主轴，架构于型为主，装饰为辅，后退内敛，只用少许点缀，突出书房与会议间的对话关系，使得会议区的气氛宁静而悠远。客房区沿用朴素的几何学方式将画面如画卷般展开，最终在局部处突出艺术表现。在客房的艺术氛围构成中，通过中国传统的瓷器点缀出家的感觉，特制的瓷盆、瓷板画和瓷器摆件，在几何学的现代主义架构中体现出中国特色美学。

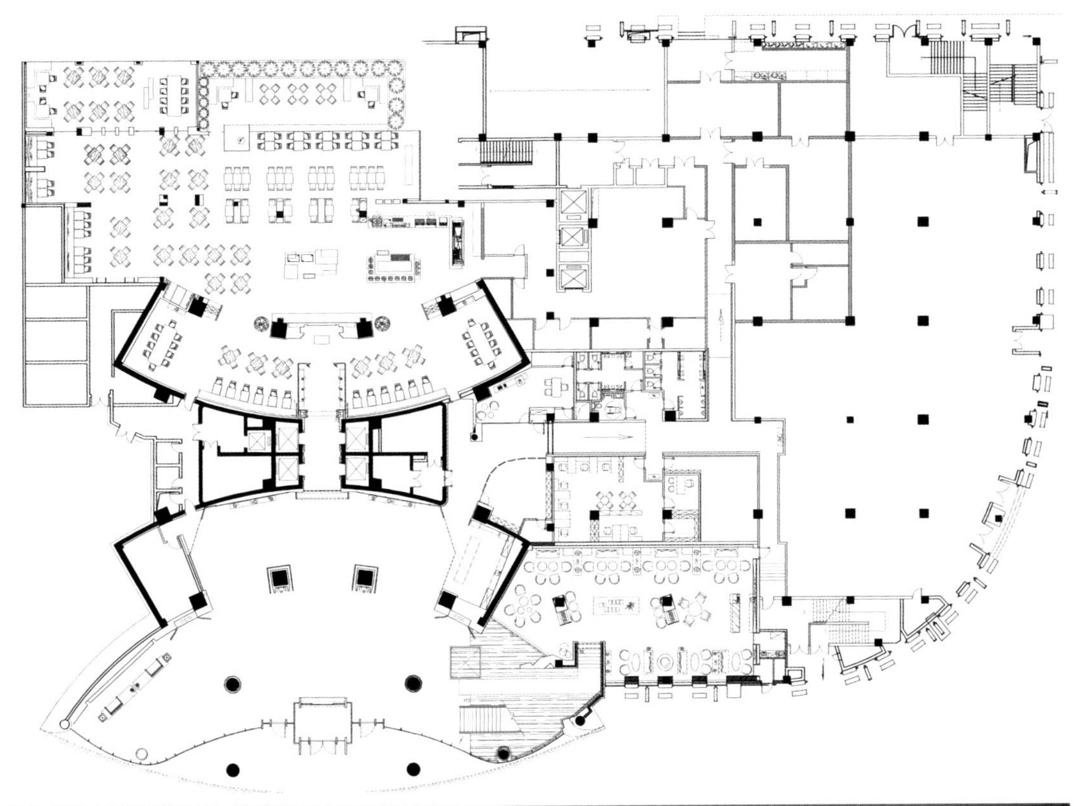

左：大堂

右：一张安静的素描肖像传递出艺术气息

左1：内敛后退的空间把表现舞台让给了那抹绿色

左2：富有东方意境的小桥流水式入口

右1: 画廊式的大堂吧洽谈区

右2：水墨架构的中餐走道

左1：几何风格的包间
左2：餐厅通过色彩来表现
右1：彩色点亮了黑白灰空间
右2：将瓷文化融入客房

Shenzhen Qixing Bay Yacht Club White Sail Club Hotel

深圳七星湾游艇会白帆会馆酒店

设　　计：秦岳明

参与设计：王建彬、何静、段力军、阳雪峰

面　　积：7265 m²

主要材料：白色乳胶漆、竹饰面、灰镜、石材

坐落地点：深圳

"悠"的体验从何而来？ 源于身心的放松、愉悦。 七星湾游艇会白帆会馆酒店，一个在与海抗争、与山竞高、与路赛远之后，可以依山傍海、天蓝水蓝、自由犯懒之处。由此，运动后的闲适与放松成为本案的设计重点。

自然节制，返璞归真。我们希望白帆酒店是一个可以让人在视觉、听觉、嗅觉及触觉都能够体验到舒适与放松的环境。因此，首先把握的是各空间之间的过渡与比例以及整体空间的节奏感。其次，抛弃了繁杂的立面处理，以最简洁的方式还原空间本质，通过放松自然的家具及艺术品来点缀空间。少即是多，让人身处其中，远离城市的喧嚣与嘈杂，回归纯净，寻找真实的自我。

优雅自由，灵动卓逸。以纯净空间为背景，融入自然之情怀，并强调艺术的真实美感，凸显有品质的陈列。以海洋及运动为主题的雕塑、工艺品与挂画，赋予整个空间以生命的灵动与自由，也与酒店的运动休闲风格相呼应。以竹为饰面，配合竹艺灯具、禅意插花，在符合绿色环保的前提下，营造出一抹闲情，一抹雅致。

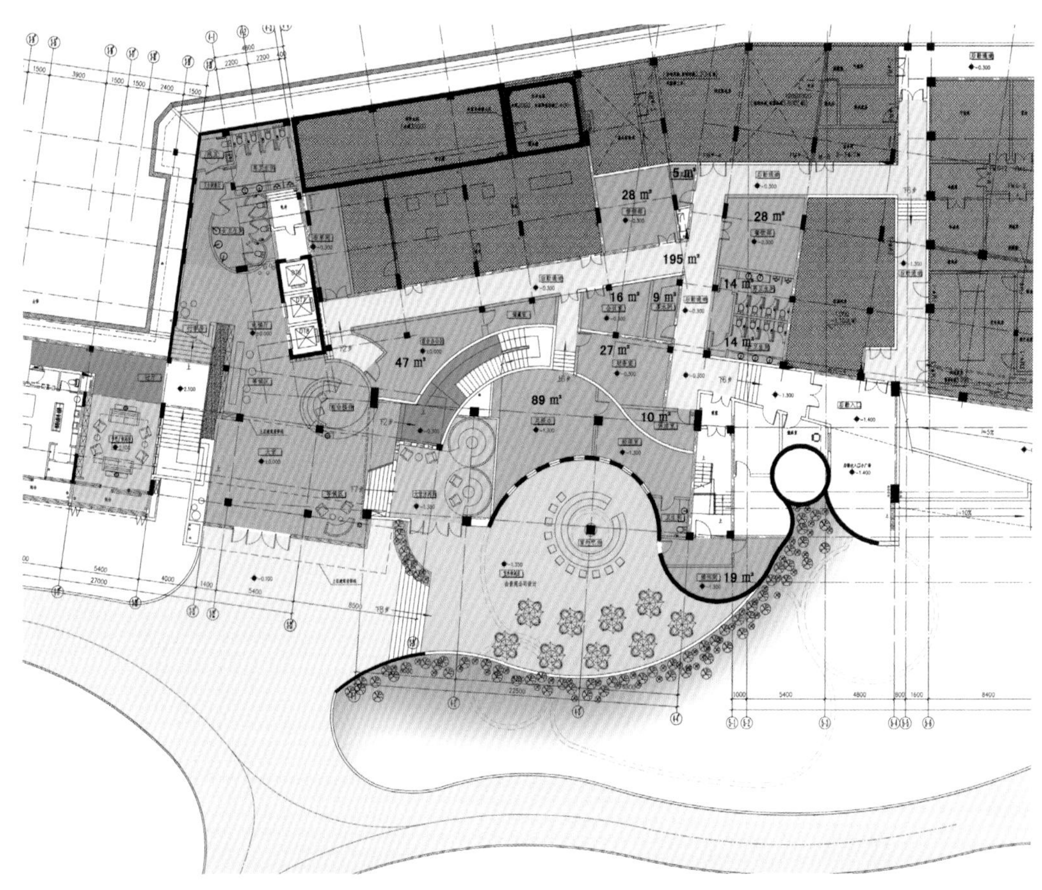

左：外立面
右：大堂

左1：接待台
左2：空间细部
左3：大堂局部
右1：书吧
右2：客房

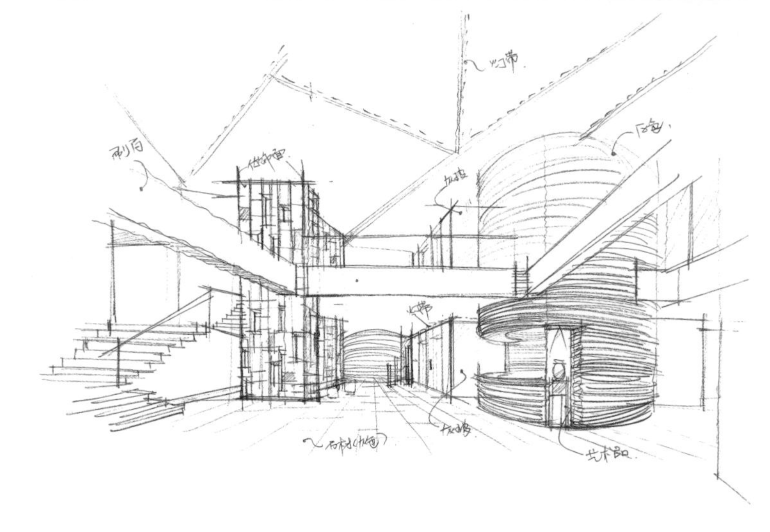

左1、左2、左3、右1、右2：客房

Mome Hotel

陌么酒店

设计单位：上海云隐酒店管理发展有限公司
主持设计：吕邵苍
参与设计：刘飞、贺钱威、姜红梅、肖一、霍承显、
汪大峰、单鸿斌、吴浩、肖可可
面　　积：4800 m^2
主要材料：素水泥、老木地板、红砖墙
坐落地点：无锡
摄　　影：文宗博

很多人问，为什么取名“陌么”？创始人吕邵苍说“陌生的我们在一起能创造什么？”酒店中庭的“约吧”设计，阳光透过玻璃天窗满满地泻下，惊艳了时光，自由流动的人群、舒缓的音乐，投影上回放着浪漫的往事……

在这里发生着关于众创、分享、共享的故事，“书吧、露天派对、下午茶、陌趴”，都是基于场景体验下的空间与社群部落的重构，这是一款为 80、90 后量身定制的关于一座城市故事的生活美学酒店。没有固定的风格，没有相同的设计手法，每个人在空间或停留、或休憩、或行走，因此成为空间的流动主角，倾听自然朴素的力量，留下空间的故事，慢慢在时空中沉淀……这是我们倡导的“无设计”状态。

未来的酒店生活方式是什么？这是我们在设计任何项目之前脑洞大开的问题。我们从国内外优秀的设计案例中寻找答案。既然是为 90 后年轻消费主力设计，“好玩、新潮、体验感、故事性”是需要抓住的关键词，酒店在未来更多意义上是“生活方式的引入口”，听上去很有意思，如何实施这个想法？

我们以“设计”为核心竞争力率先发起项目，由 10 个设计师，每人 5 万，作为项目的启动资金。今天是一个共享的时代，也是云隐的“创意 + 设计 + 运营 + 资本”创新商业时代。所有的相遇都是久别重逢，如此我们一直固守的初心和温度，也是陌么筑间所认为的，做好一个生活美学酒店最不可替代的部分。

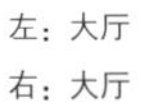

左：大厅
右：大厅

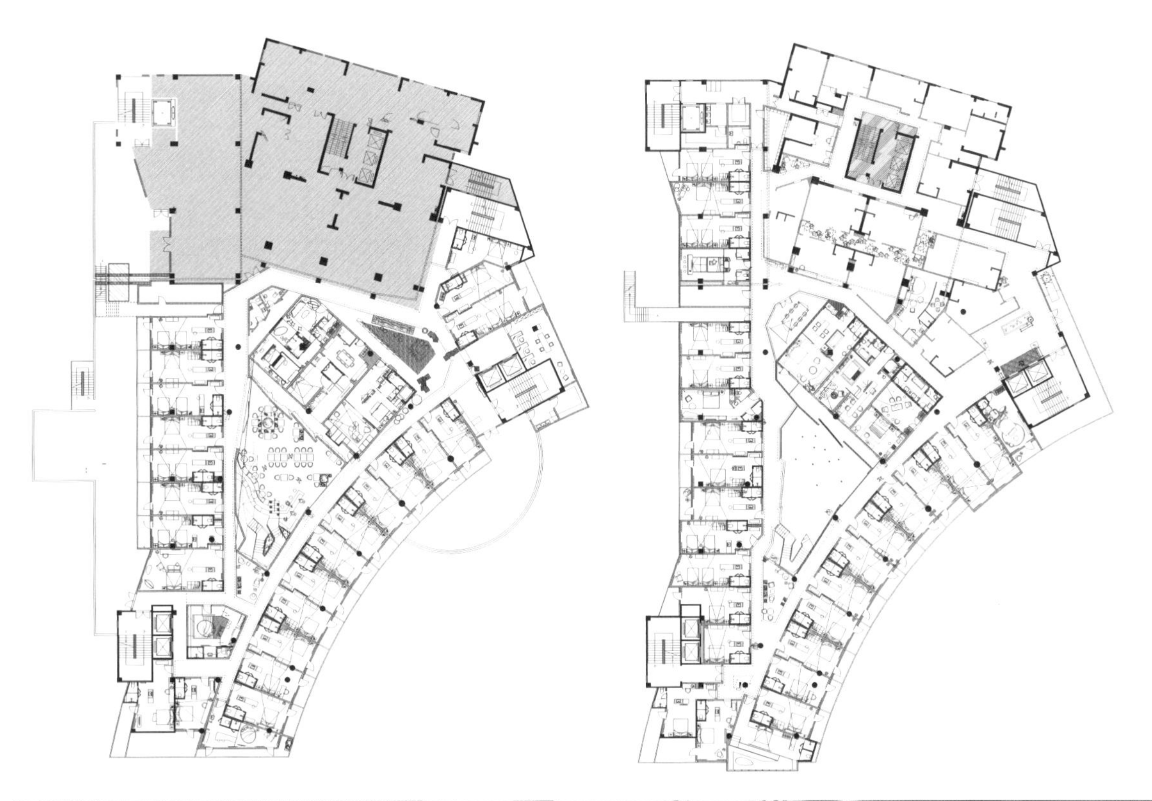

左：灯光营造温馨氛围
右1：阳光透过玻璃天窗满满泻下
右2：柱子上的涂鸦
右3、右4：各种设计风格的房间

MILK

Wenzhou Age Art Gallery

温州年代美术馆

设计单位：温州华鼎装饰有限公司
设　　计：项安新
参与设计：倪伟锋
面　　积：700 m²
主要材料：墙面乳胶漆、一层自流平、二层实木地板
坐落地点：浙江温州
摄　　影：姜霄宇

年代美术馆作为一座新兴的美术馆，致力于“年代书写”的民间立场，以专业、独特的姿态关注当代的艺术现状与公共价值的态势，以多元存在和探索未来发展的潜质为基点，展开多种艺术活动与展览，来呈现当下社会与艺术之发展的多元性。

外立面及室内空间设计围绕着三个重点展开：首先是建筑与环境的结合，其次是空间与形式的处理，第三是为了使用者着想而解决好功能问题。

入口呈矩形内凹式，层层退让，体现出空间包容性。简练的空间及浑然一体的自流平地面又会带来一种现实感。楼梯间大尺度的出挑及墙面的画作所产生的力量感或轻盈感，使整个楼梯间与建筑空间之间取得一种时间与空间的接续关系。“白盒子”式的展览空间以阶梯空间联接，这种并置的张力呈现出一种具有时间性的展览空间。

年代美术馆的开设，能让更多的人接近艺术，感受艺术带来的精神滋养。

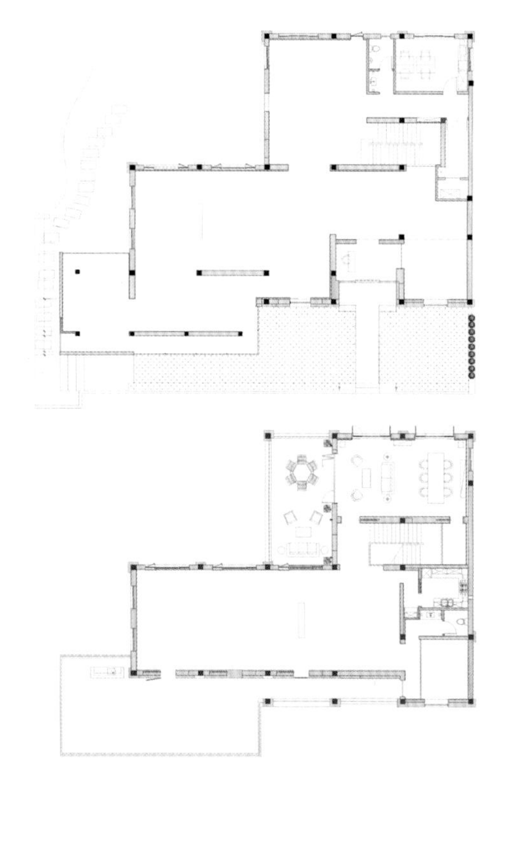

左：“白盒子”式的展览空间
右：建筑外立面

年代美术馆
轻一拂
写生刘庆和
2015.8.8-9.26

左1：展厅
左2：会议室
右1：楼梯间
右2、右3：墙面画作产生轻盈感

Zhejiang Conservatory of Music (Partial space)

浙江音乐学院（部分空间）

设计单位：内建筑设计事务所
面　　积：13000 m²
坐落地点：杭州
摄　　影：陈乙

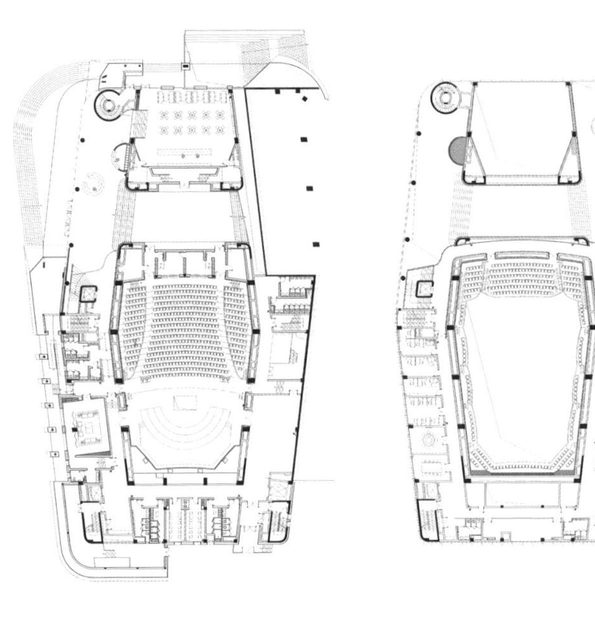

简洁清晰的空间组织体系开启理性的思考与激情的碰撞，舒适的家具、柔和的照明与易识的引导则满足了功能法则的特质需求。

图书馆是另一种意义上的社交场所，如何创造“场”的概念变得真实而重要。建筑空间营造了聚合又发散的多层次语境，为室内设计创造了轻描淡写的机会。不同的白色或高光或亚光，不同的木色或亲切或久远，斜射及慢反射的光影试图营造古希腊雅典学院的意境。从众、独处，讨论、安静、融合、思考等，如同合唱团的演出有序且充满活力，在低中高不同调性的层次间留下淡淡的投影记忆。

公共部分的空间如果处处是亮点则归于平常，设计的节奏与分寸有时与旋律暗合。试想一个故事的开头与结尾也就是大面与细节，节点的匠心可见业主的用心，而略带诙谐可以缓解人在穿行中的麻木。在转角或打破常规阳角转换的亮色，在空间与色彩上重新叠加，试图达到造型与造价共赢的微妙视觉，功能永远是坚持的主题。

音乐、舞蹈和戏剧学院是多种设计类型的交融，共响与节奏，并轨的和谐。一场多幕剧在一个调性里进行总少了些生机，音乐、舞蹈、戏剧不同的三个艺术门类提供给年轻人不重复的追梦空间。或叙事、或律动、或幻境，有关联的设计类型之间交织混合使现实更丰满，思维更敏感。未来的艺术家将是空间实现的参与者与景象制造者，假想音乐学院白色的背景中传来琴声、舞蹈学院的墙壁上投射出德加般芭蕾的浅影、戏剧学院的波纹吊顶中倒射出的十八相送，参与了，空间就鲜活了。

舞蹈学院内明黄与清水混凝土共舞，简素中间的雀跃谱出一份灵动与激情。柔性线条的大尺度楼梯引导与展开空间，将室内转换为动态的空间统一体。

戏剧学院内清简的装饰并未减弱表现张力，反而增加了简约纯净的气息，以理性思维沉淀曲折多变的艺术背后的情节与意蕴。长镜头美学设计语言注重空间的完整性与逻辑性，以景深空间强调结构之美，保持空间通透感与多义性。

音乐学院崇尚简洁精练的意向复古主义。音乐厅或许本就是外来的空间形式，遍寻文化脉络，意向抽离，还建筑空间本源的魅力。挤压式的铜绿材质，无序中的秩序，引入、扭动，音乐之门导致形式的延续及材质的转换。铜质、木质，坚硬的冷酷，暖色的温热，音符在光影下流动，在皱褶上反射，赴一场时空的约会，耳朵是最保真的传达者。

行政楼是严谨治学管理所在，以一段木质主曲演绎含蓄内敛的东方典雅韵律。大面积的木质材料以其亲和本色建立起内在的秩序，同时木质以材料变化之差异营造出丰富的空间层次意趣。

员工餐厅设计以“广场”的概念架构整体空间，中央空透，一侧以格栅定义空间区域边界，自由的线段间隔调节出立面的节奏感。另一侧以大面积玻璃窗引入自然光线，让空间更趋舒适。裸露的水泥顶面与家具的自然木质形成对比，冷硬与温暖相碰撞，使单调的空间产生丰富有趣的变化。学生餐厅以色彩活跃氛围，LED灯带的穿插打破了沉闷刻板的格局，如同点缀其间的变音符号让空间多了抑扬顿挫的转折乐趣。

音乐厅因声学需求构造出肌理的变奏曲，或紧凑或舒缓，或流畅或激情。以不同深度和宽度的沟槽排列形成几何形状的扩散体，随着应用空间的改变，可吸音可装饰，每个变奏基本保持着主题的旋律。顶面的吊灯照明和装饰似在空中划过的流动旋律，又如散落在五线谱中的音符，展现出音乐律动质感，让空间成为具有脱俗性、象征性、隐喻性和唯美主义倾向的音乐活动载体。

左1、左2：体块的组合

右1、右2：斜射或慢反射的光影营造古希腊雅典学院的意境

左1：舞蹈学院内明黄与清水混凝土共舞
左2、左3：清简的装饰
右1：剧场
右2：音乐厅构造出肌理的变奏曲

Curve/Degree & Extension

曲/度 延伸

设计单位：近境制作
设　　计：唐忠汉
面　　积：560 m^2
主要材料：石材、铁件、木皮、烤漆、磁砖
坐落地点：台湾桃园

纵贯三层楼空间，分为两间独立牙医诊所，需各自具备独立入口，但又需保留人员流动之弹性动线，因此于空间动线规划上刻意以流动意象作为动线引导。另外为了区分不同诊疗项目，在主题曲度和延伸的意象中加以变化区隔，形塑出不同层次的空间氛围。量体由繁入简，材质由浅至深，产生不同于以往牙科的空间体验。

曲：由人体意象转化，希望将有机的、富有生命的、流动的意象带入空间之中。

度：亦有层之意，于空间序列、量体形塑中体现自然层次。

延伸：在长形空间中于两侧至功能空间之间压缩走道，使空间量体如水流般向两侧扩展，使空间轴产生具有仪式性的延伸效果。

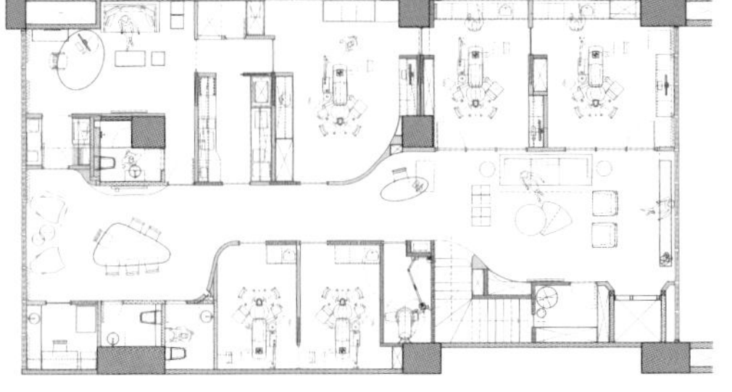

左：纯白空间

右1～右3：在空间动线规划上以流动意象作为动线引导

左1、左2、右1、右2：会客区

Fangsuo Bookstore in Chengdu

成都方所书店

设计单位：朱志康空间规划
设　　计：朱志康
参与设计：贾璐、黎流针、黎合
面　　积：5508 m²
主要材料：铜、黑铁、磨石子、混凝土
坐落地点：成都
摄　　影：朱志康、李国民

中国人早在千年前就为了寻找古老智慧而不辞劳苦，获取经书，大慈寺就是唐代玄奘前往西天取经前修行的地方。经书和书店都是智慧的宝藏，因此有了藏经阁的概念，并且应该如圣殿一般的庄重。

书收纳古今中外的历史和智慧，根植于人类已知的世界，求索未来。所以在整个空间里运用了星球运行图、星座元素来增加浩瀚的宇宙视野。台湾设计师朱志康在空间设计上运用了很多高压后释放的设计手法，让人体会通过神秘隧道进入圣殿的感动。

顺应四川人闲适时喜爱交流的“窝”和“摆”的生活态度，书店中随处都有可以看书的小空间和咖啡交流的场所。

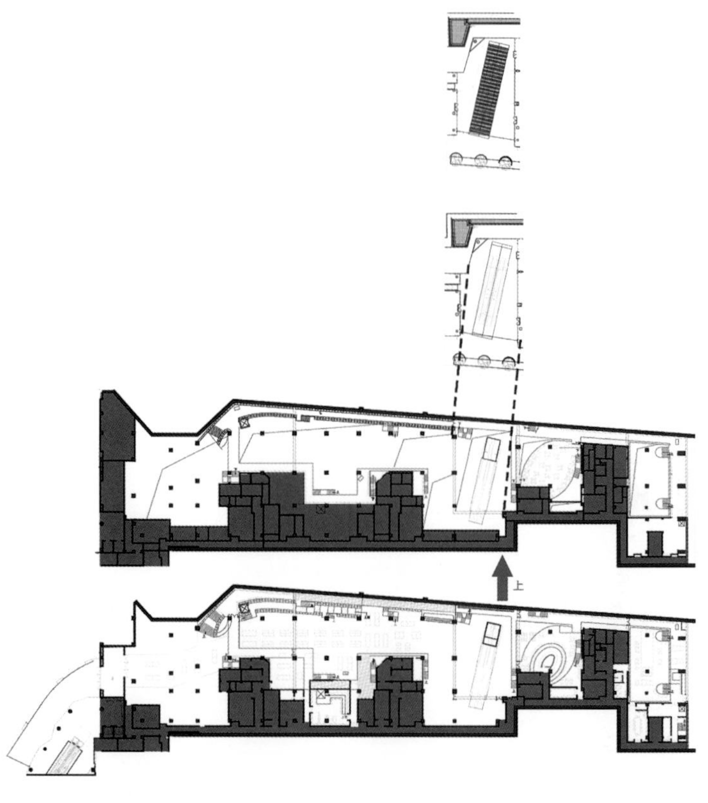

左：书店外立面
右1—右3：神秘隧道通往书的圣殿

左1、左2、右1：书的海洋
右2：裸露的顶面

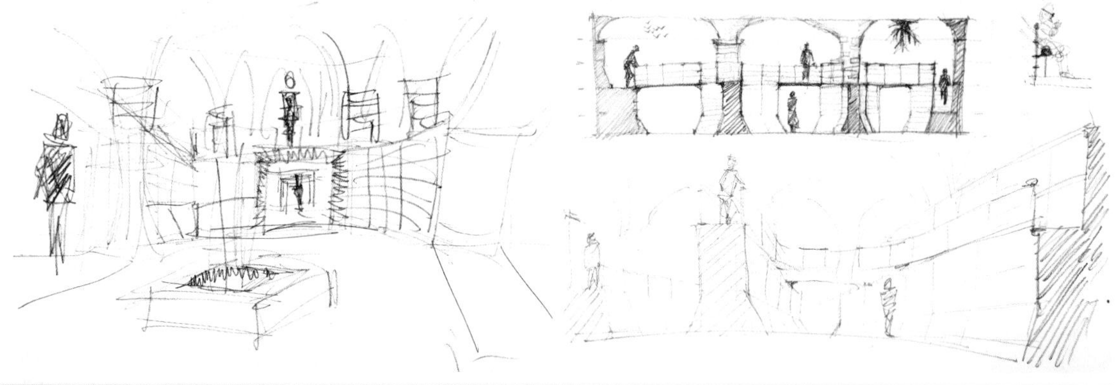

Hangzhou Zhongshu Gallery

杭州钟书阁

设计单位：唯想国际
设　　计：李想
参与设计：刘欢、范晨、张笑、童妮娜
面　　积：1000 m²
主要材料：定制书架、木纹砖、定制塑胶地板
坐落地点：杭州
完工时间：2016年4月
摄　　影：邵峰

历经一年年的成长，从学会走路，到学会生活，从学会勇敢到学会坚毅，杭州钟书阁秉承着初长成时的愿望——为读者打造最美的书店，继续为建造最具有文化艺术性的书店而努力着。

钟书阁杭州店位于滨江区星光大道繁华的商业中心，毗邻钱塘江。从星光大道一期走上二期的林廊，便能看到熟悉的铺满文字的全通透玻璃幕墙，玻璃幕墙后是一个纯白色的树林空间，跳脱出周围环境的束缚。这些白色树林由一支支圆形的书架柱构成，白色立柱承载着书籍，崛地而起直冲天际，在天花镜面的倒影下仿佛是穿越时光的对话。墙面的镜面又在横向维度上把空间扩大了一倍，如此让整个书籍树林空间像真实的自然般无界。置身书籍的森林中，让读者能感受到知识如树木散发出的氧气一般在生活中不可或缺。那一根根顶天立地的“大树”散发着知识光芒，洗礼着每一个人的心灵。天花上镶嵌着一只只的小灯柱，就像守卫森林的精灵欢快地舞动着。地面摆放的书台穿梭在森林中，如小溪般灵动，让人或可坐、或可立读于旁，孜孜不倦地供我们呼吸着文字背后赐予的力量。

走到森林区中轴线上，借由光柱的指引通过一扇门洞，这里是明暗的边界，从轻盈过渡到深沉的正殿，一个幽静的读书长廊迎面而来，整面的书架向着端头无尽地延伸。深浅两种颜色的书架进退有序，犹如横看成岭侧成峰的山岭，又犹如高不可攀的天梯，无声地传达着知识所带来的力量。天花上镜面飘浮着的吊灯像萤火般柔和了整个空间，而灯下的人们或回味于浓香的咖啡，或沉思在书中的世界。

越过长廊便是阶梯阅读区。圆形天光倾泻而下，一道道环抱式书架如漩涡的灯带，

俨然如剧场般，仿佛即将上演一场旷世大剧，而个中角色则由爱书之人出演，或坐于软榻、或立身书架旁。这个阶梯书房既可阅读又可以举办读书会供书友围合而坐。

儿童馆是一个书籍游乐场，用游乐场的设施艺化成书、旋转木马、过山车、热气球和海盗船，让孩子们有种置身在游乐场中快乐的阅读感受。由星系地图绘制而成的地板不仅激发着孩子们的想象力，同时寓教于乐地传授星系知识。

英国著名小说家毛姆说过："养成阅读的习惯等于为你自己筑起一个避难所，几乎可以避免生命中所有的灾难。"杭州店在秉承着钟书阁对书籍、知识一贯的敬重之下，把对书籍的定义融入到空间，通过设计的手法把书籍的神圣感融入到读者的心中。在如今纷杂袭扰的当下，依然可以找到一个让心灵休憩的地方。

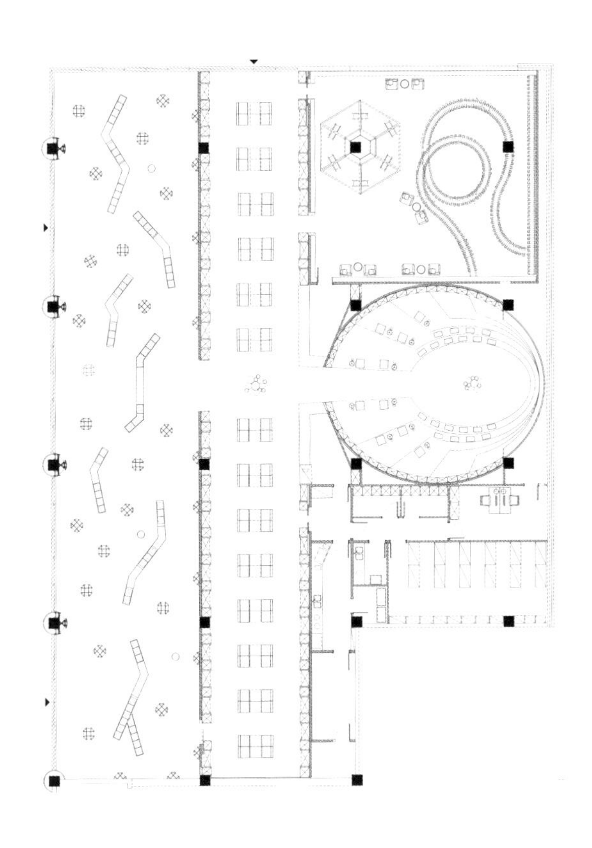

左1、右1：柱林

右2：长廊

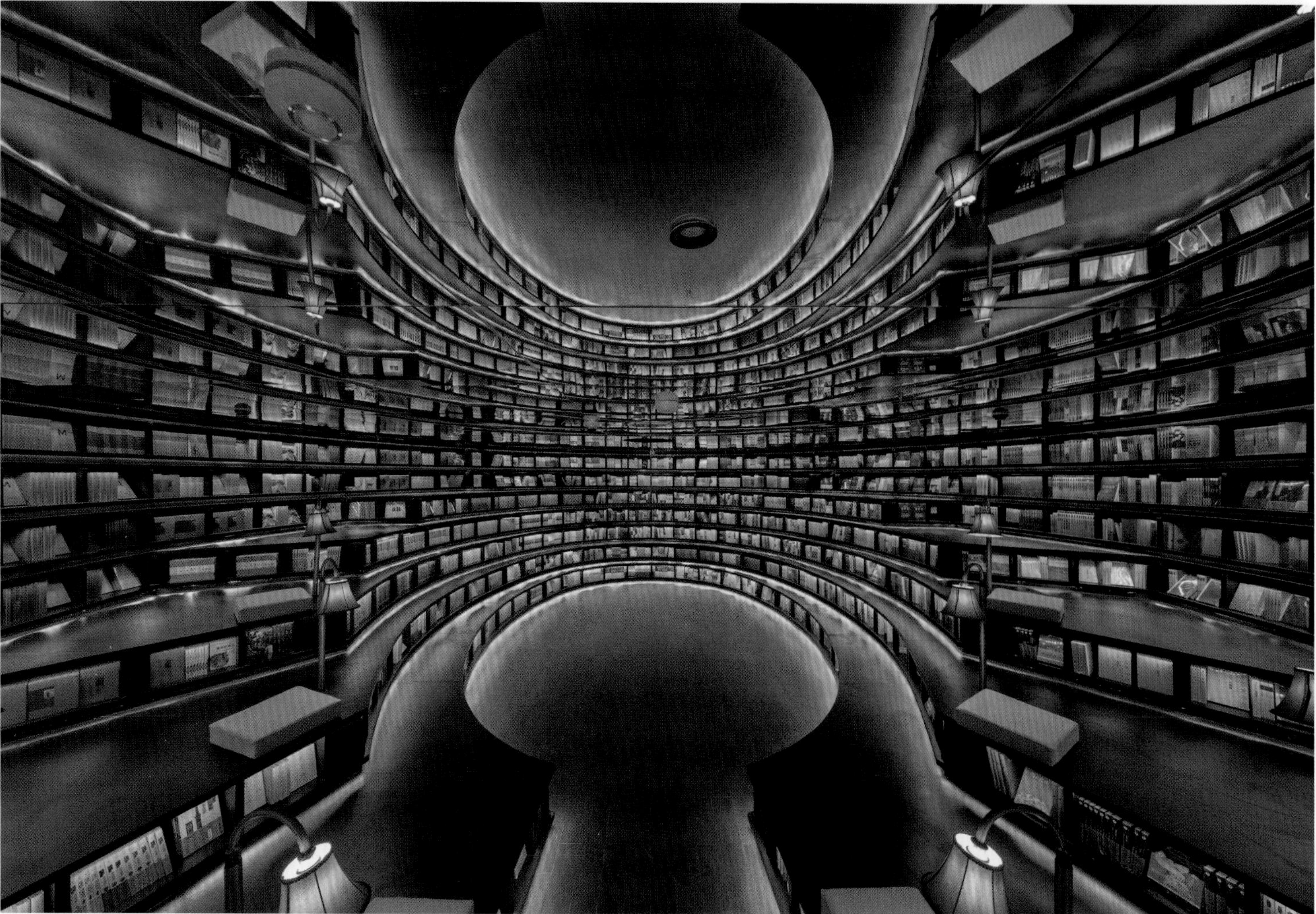

左1：长廊

左2：环抱式书架

右1、右2：端头剧院

右3—右5：儿童馆

Tonglu Eshan She Nationality Township Xianfeng Yunxi Library

桐庐莪山畲族乡先锋云夕图书馆

设计单位：张雷联合建筑事务所
合作单位：南京大学建筑规划设计研究院有限公司
设　　计：张雷
参与设计：刘玮、马海依、陈隽隽、张其琳、邵璇
面　　积：260 m²
坐落地点：浙江桐庐
完工时间：2015年10月
摄　　影：姚力、胡军、张雷联合建筑事务所

位于浙江桐庐县莪山乡戴家山村的先锋云夕图书馆是一个受到"喜爱"的场所，在游客眼中是乡村风光里舒适的驿站，在村民眼中是老人孩童聊天读书的据点，在业主眼中它是最小的也是最远离尘世的"文化先锋"。从一个破败的土坯房，到依然"土气"十足的现代乡村图书馆，新的功能场所重新形成了乡土聚落生活的公共生活中心。

图书馆的主体是村庄主街一侧闲置的一个院落，包括两栋黄泥土坯房屋和一个突出于坡地的平台。建筑设计保持了房屋和院落的建筑结构和空间秩序，将衰败现状修整还原到健康的状态，新与旧的关系强化了时间性。土坯墙、瓦屋顶、老屋架这些时间和记忆的载体成为空间的主导，连同功能再生的公共性，共同营造文脉延续的当代乡土美学。

适应图书馆新的功能注入，最为关键的设计操作是屋顶抬升策略。支撑屋顶的建筑内部梁柱框架整体加高了约60厘米，利用这个高度形成了高窗的构造，光、气流以及优美的竹林景观被自然地引入室内阅读空间。屋架抬升实现主要依赖地方工匠娴熟的传统技艺，用巧妙的榫卯技术加长局部的柱子。与此同步进行的还有小青瓦屋顶的翻新，在望板之上附设的保温构造，大大提高了老屋的热工舒适性。在建筑外部，原封未动的土坯墙和青瓦屋顶由于侧面高窗的存在，显示出封闭而开放、厚重而轻盈的戏剧化效果，在修整的室外景观和照明设计衬托下，形成村落温和的景观焦点。

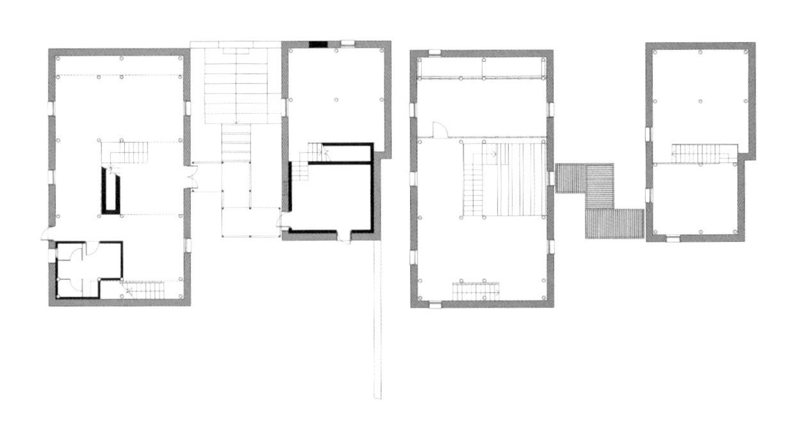

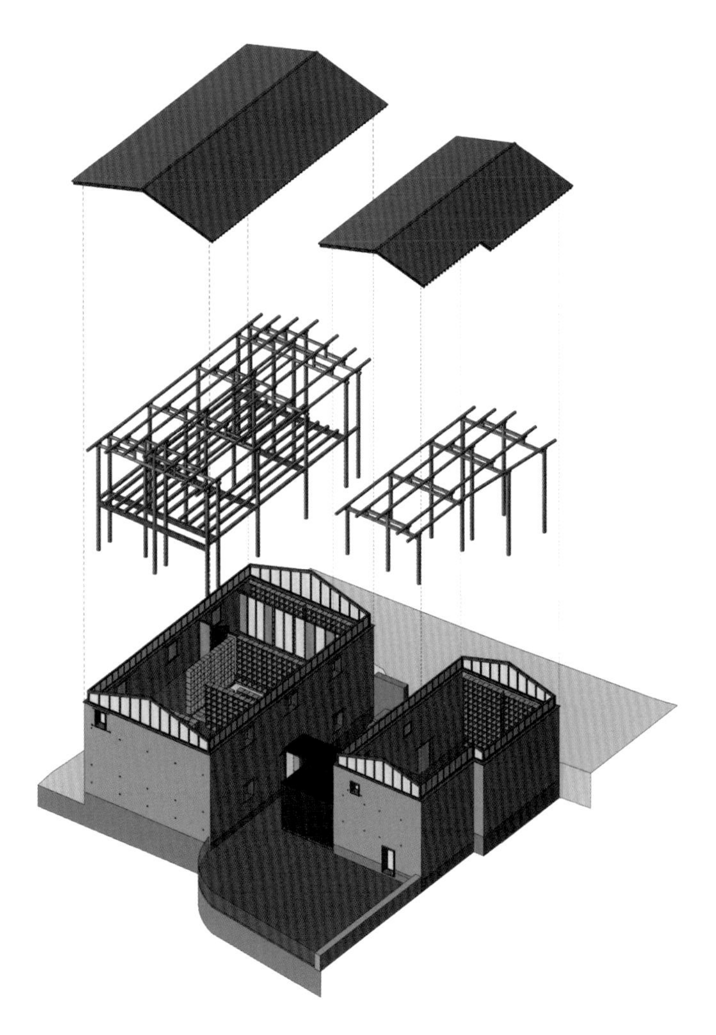

左：全景俯瞰
右1：院子和连廊
右2：入口

LIBRAIRIE
AVANT-GARDE

左1、左3、右1：书馆内景
左2：咖啡馆室内平台
右2：从竹林景观进入书馆
右3：观景平台

Millennium Beauty

千禧丽人

设计单位：叙品设计

面　　积：324 m^2

主要材料：黑色花岗岩、浅色实木复合地板

坐落地点：乌鲁木齐

千禧丽人位于乌鲁木齐核心商业区的时代广场。是一家专业的美容整形机构。这是一个能让人放松身心，放慢节奏，享受美的地方。

进入大厅，竹节似的墙面苍劲有力，竹子四季常青，寓意青春永驻，正如千禧丽人的初衷。悠长的小径通向远方，瞬间使人忘记了城市的喧嚣，静静享受这里的美好。深林人不知，明月来相照，顶部为麻布挽成的绳结灯，如少女的舞袖，轻歌曼舞，素然恬静，不施粉黛却明艳动人。地面的黑色花岗岩，映射千禧丽人字样的灯光，别致典雅。

走进接待区，扑面而来的是一种质朴素净之感，服务台与地面统一为白色大理石，简洁大气。背景火山岩的拼贴，用最简洁的材质来表达设计的主题“本真”。服务台前方为发光八角形窗，“八”寓意为八面玲珑。隔断延续大厅的形式，取自竹节，寓意节节高升，竹节镂空寓意虚怀若谷的心胸。隔断旁为休闲吧台，原木色的桌凳使人放松。背后的白色木格栅柜优雅地伫立，纤细、轻盈。

穿过八角形窗，是一个大休闲区，整体氛围延续前厅，正前方的八角形柜与八边形窗相呼应，又多了一分秀丽。踱步前行，左边为整形美容展示区，镂空的折叠隔断产生若隐若现的朦胧美。另一道风景转角而遇，曲折蜿蜒的竹林使人身心放松，心情愉悦。竹林尽头古筝声起，高山流水，此地虽无崇山峻岭，却有茂林修竹。

VIP 室以江南风景为背景，描绘了一幅江南晚灯图。一位纤瘦的少女提一盏红灯笼走过，点亮了微风，点亮了风景，笑靥如花。给这浮华的世界吹进一缕清风，吹散你的三千丝烦恼，吹走你心底的阴霾。想就这样静静地坐下，静静地呼吸，静静地感受这一切美丽。

左：会客区

右：休憩区

左1、左2：竹节似的墙面苍劲有力

左3：麻布挽成的绳结灯

右1：背景是火山岩的拼贴

右2、右3：白色大理石简洁大气

腾，浪花叠锦的松花江迎头撞上龙潭山，继而折流北上，一泻千里。以木饰面结合声学设计塑形，完美结合声光电，形成层层叠叠气势磅礴的空间形态，带来松花江碧水连天的感受。在绚丽多彩的演出场景氛围烘托下，观众厅也被赋予了“碧水金蟾跃锦鲤，碧云红叶染秋风”的美丽松花江画面。

小剧场——冰清霜洁

小剧场以北国冰霜的美丽自然景观作为设计形态，在“冰”的形态语言上加以提炼。在观众厅的墙顶面设计中，采用几何形体的折叠来寓意冰的姿态，具有层次美感。犹如被晶莹剔透的冰川包围着，同时顶墙面造型兼顾到声学的扩音效果，浅木色和蓝紫色的座椅搭配更富浪漫的艺术氛围。

影院空间——江城四季

提取吉林四季的景观特征，分别应用于四个电影院，将夏季的玫瑰、春季的松花湖、秋季的红叶谷、冬季的北国风光融入设计之中。提取自然界的颜色和形态，加以提炼与变化，设计造型与声学构造完美结合。

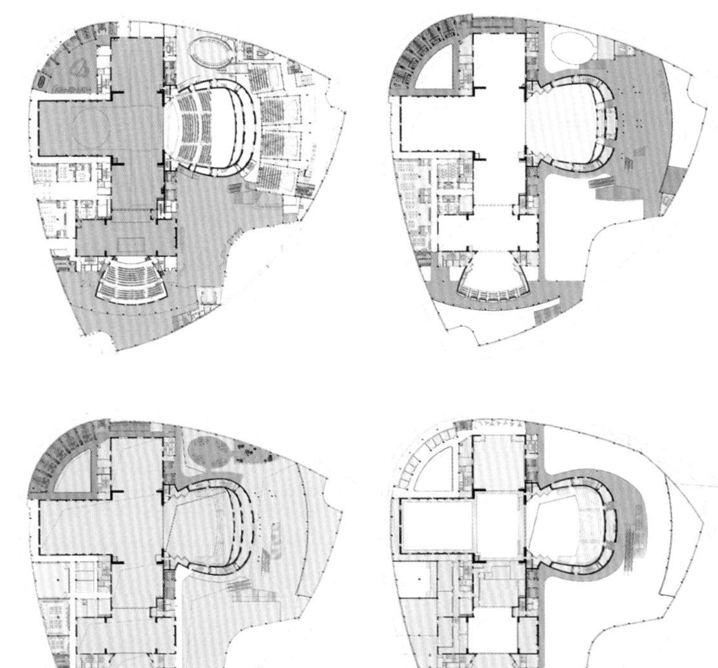

左1、左2、右：公共大厅局部

左1：楼梯
左2、左3：影院
左4、右3：影院局部
右1、右2：小剧院

Han Tianheng Art Gallery

韩天衡美术馆

设计单位：苏州建设集团规划建筑设计院
设　　计：童明、黄燚、黄潇颖
面　　积：11433 m^2
坐落地点：上海

上海飞联纺织厂坐落于嘉定老城区的南入口，已经伴随着这座城市的发展节奏长达 70 多年。改造之后的美术馆以上海著名篆刻艺术家韩天衡先生来命名，美术馆包含临时展厅和辅助设施，提供进行各种文化活动、艺术展览、教学和休闲活动的场所。

飞联纺织厂老厂房采用的建筑形式基本上都是典型的锯齿形厂房，从三跨简易木的结构开始，陆续增建到预制混凝土结构，连绵成片。从空中俯看，层层叠叠的机平瓦呈现出一轮轮红色波浪，构成了一幅纺织厂的经典图景。建筑设计所要做的首先就是依照现场情况，确定需要保留和拆除的部位，然后根据保留建筑的结构和空间特征提出不同的改造意向。并在此基础上结合将来的功能要求，针对保留建筑进行改造，并且填补新的增建部分，为整体结构提供交通联系和辅助功能。

老厂房和筒子车间是纺织厂现状格局中最具有工业建筑特色的一部分，空间相对低平开阔，着重考虑如何在完整保留其屋面及梁架形式的同时，对原有结构进行钢结构加固，植入适宜功能，从而达到充分而有效的再利用。青花厂房及精梳车间结构质量较好，空间也相对高耸集中，可以作为固定展厅和艺术工作室，室内空间按照专业等级的美术馆展厅标准进行改造。

新建厂房由于空间相对规整并且结构牢固，由于设备要求和安全考虑，作为美术馆的固定展区，永久收藏展示韩天衡创作及收藏的各类珍贵书画及篆刻作品。而一些职工宿舍以及附属机房被改造为后勤办公及培训场所。为了使得各个功能空间既独立又连通，需要加入相应的回廊和通道，使今后使用中呈现出功能上的多

左1：红砖烟囱被包裹其内
左2：外立面
右1、右2：天井院落

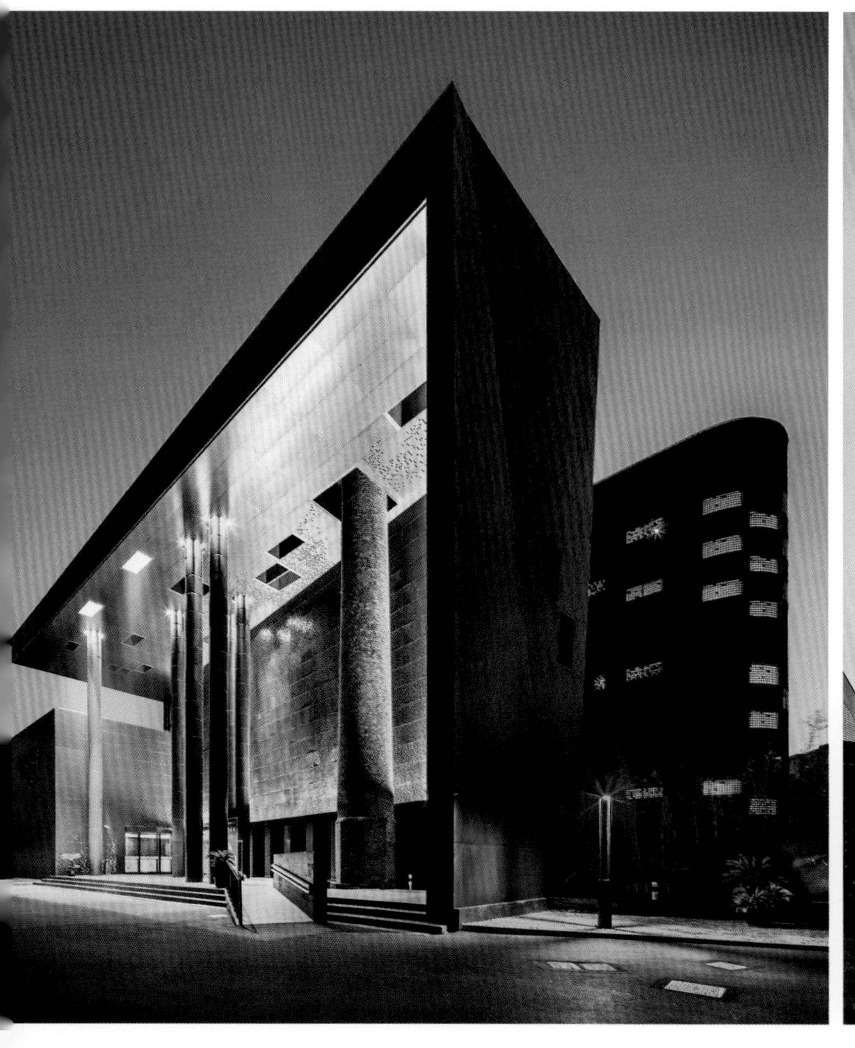

样性和便利性。

初到现场，整个建筑场地几乎完全被各类建筑完全覆盖，无法看到厂房建筑的全貌，面对如此混沌的环境，如何促使这幢未来的美术馆呈现出自身的特征，这就需要一些感性的判断。于是在踏勘现场时，一些初步观点就已经形成，并且在设计过程中逐步实现出来。

首先这座建筑应该是黑色的。最终除了老厂房之外的现代建筑都以黑色进行表达，基本由混凝土或者钢结构所组成，以区别保留下来的锯齿形厂房区域。材料上新增的钢结构使用氟碳喷涂黑色钢板和穿孔板，改造后的混凝土结构则采用纯黑涂料，使南北两侧建筑及东边的连廊形成了一个整体结构，从外围包裹着老厂房，新旧建筑之间形成了明确对比。其次这座建筑应该是开放的。不仅南北两侧的较高建筑设置了从上方观赏的窗口，而从东侧连廊和门厅接合处也设置了一条地面到屋顶的公共坡道，可以一直延伸到老厂房屋顶之上的钢结构平台，为参观者提供不同高度层面上对于锯齿形屋面的体验。最后这座建筑应该是透气的。在老厂房的连片结构中，嵌入一些开敞环境和天井院落，植入错落的绿树竹枝，并强化了厂房轮廓的光影效果，为美术馆增添了些许园林韵味。

除此之外，针对美术馆设计需要着重考虑的就是如何为它提供一个具有兼容性的进入方式，因为未来的美术馆存在多元化的功能组合，不同的使用意图对于开放性具有不同的要求。经过数次调整之后，入口选择在青花厂房与老厂房之间的结合部位，正好将保留的红砖烟囱包裹其内，通过一个 15m 通高的空间转折后，东侧的巨型门廊与其他支撑性钢柱形成了一个具有舞台效果的背景，预示着在这座美术馆中将要上演的剧目。

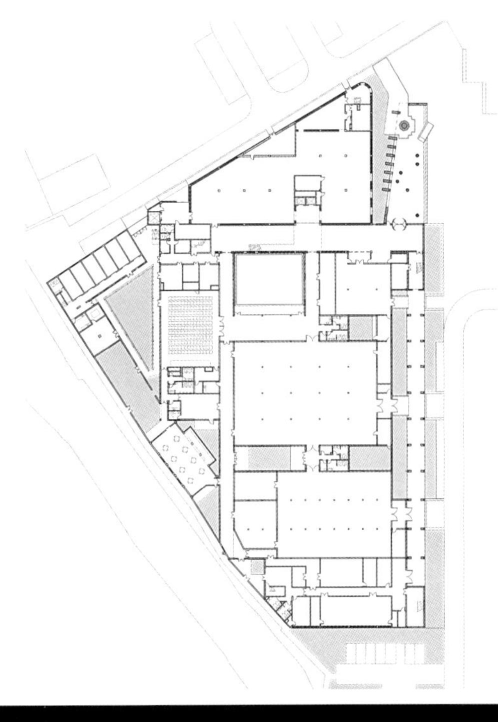

左1：会议厅

左2、左3：新增的钢结构使用氟碳喷涂黑色钢板和穿孔板

右1、右2：美术馆内部

china Pavilion

中国馆

主持建筑师：陆轶辰

项目建筑师：蔡沁文、Kenneth Namkung

总体设计：清华大学美术学院 + Studio Link-Arc（纽约）

执行建筑师：F&M Ingegneria

面　　积：3975 m^2

摄　　影：Sergio Grazia、Hulton+Crow、Roland Halbe

2015 米兰世博会中国馆是中国首次以独立自建馆的形式赴海外参展的世博会场馆，其设计理念来源于对本次米兰世博会主题“滋养地球・生命之源”，以及中国馆主题“希望的田野，生命的源泉”的理解和思考。建筑师在面对场地南侧主入口和北侧景观河的两个主立面分别拓扑了“山水天际线”和“城市天际线”的抽象形态，并以“阁楼”的方式生成了展览空间。最后在南向主立面上，推出 3 个进深不同的“立面”，形成“群山”的效果，以此向中国传统的抬梁式木构架屋顶致敬。

通过将主体建筑从地面景观上抬起的行为，中国馆为游客提供了对“希望的田野”的多重观察角度。中国馆场地是一块南北向纵深的基地，观众由场地南侧的田野景观缓缓拾级而下，“浸”入一望无垠的“麦田”景观，由中国馆东南角不知不觉地进入到建筑内部。伴随着展览内容的深入，观众由大坡道来到位于建筑二层核心部位的平台，回望楼下，映入眼中的将是由 22000 根 LED“麦秆”阵列出的变化的巨幅图像。影音厅位于二层流线的尽头，空间形态体现着平面和剖面布局中的巨大张力。位于影音厅外、漂浮于大坡面上的廊桥使得室外的景、自然光和新鲜空气可以自由进入内部空间。观众随廊桥穿插回室内，高耸的胶合木结构屋架构成的出口区为观众提供了极具纪念性的空间体验。

为了实现轻盈的屋面并满足大跨度内部展览要求，中国馆创造性地采用了以胶合木结构、PVC 防水层和竹编遮阳板组成的三明治式开放性建构体系。作为中国传统建筑文化的一个当代表达，采用胶合木与钢的混合结构来实现大跨度的展览空间。屋面主体结构由近 40 根南北向的结构檩条和 37 根东西向的异型木梁结

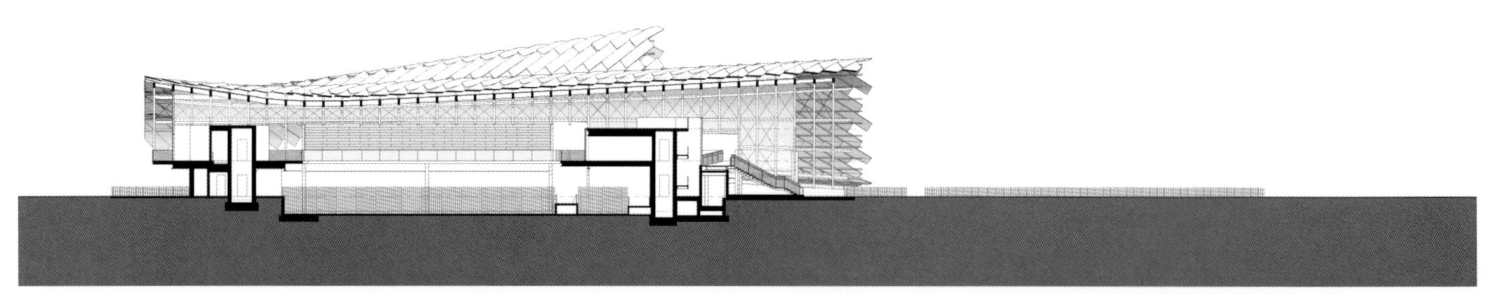

合组成，其形成的 1400 个不同的内嵌式胶合木节点是结构设计与施工工艺的完美结合。

位于屋面最上层的是由竹条拼接的板材所组成的遮阳表皮系统。75% 遮阳率的竹板，为中国馆减少了屋面上的直射光和室内的反射强光，并在夏天为室内提供阴凉。同时，在建筑立面上又尽可能地取消了建筑幕墙，让充沛的自然空气进入室内空间，减少电能的消耗。光线透过竹编表皮漫射进室内空间，在 PVC 表皮上布下了斑驳的投影。建筑师希望通过这个造化自然的“空”来表达属于中国的空间品质。

左：外立面

右1、右2：屋顶的主体结构

左1、左2、左3、左4：高耸的胶合木结构屋架

右1、右2：竹条拼接的板材组成表皮遮阳系统

Pujiang China Welfare Institute Kindergarten

中福会浦江幼儿园

建筑设计：致正建筑工作室
建 筑 师：张斌、周蔚
项目建筑师：袁怡、王佳绮
室内设计：同济大学建筑设计研究院（集团）有限公司
参与设计：李姿娜、李佳、刘昱、丁新宇、肖伟明
面　　积：15329m²
坐落地点：上海
摄　　影：苏圣亮

作为浦江新镇的高标准教育配套项目，江柳路幼儿园由二十个日托班和一个早教及师资培训中心组成，位于大片的低密度居住社区内，基地西侧道路设置人行主入口，北侧道路设置后勤入口，东南两侧与住宅区接壤。场地规整，南北进深较大。中福会是国内知名的幼儿教育领导者，对幼儿园设计有明确的诉求：一是强调室内外空间的整合关系，创造多层次的幼儿户外活动空间；二是鼓励幼儿的自主成长，将公共空间视为幼儿自主活动的空间载体；三是重视日常运行管理中的安全性与便利性。

本项目的设计基于我们的相关经验，对中福会的空间作出充分回应与引导。总体布局上建筑尽量靠北靠东布置，留出南侧和西侧的户外活动场地。建筑整体呈现为基地北半部两栋平行微错布置的条形教学楼和东南角一栋点式学前师资培训中心，由底层两个基座连成整体。基座的两部分相互对应，在教学南楼的底层形成一个多功能架空活动场地，既作为主入口空间，又将北侧由两栋教学楼围合的内庭院与南侧户外活动场地相连通。入口架空空间的东西两侧分别对应访客与办公门厅，以及幼儿晨检与主门厅。东侧基座的北半部为办公和家长接待空间，通过数个小庭院解决采光通风问题，南半部布置多功能厅和室内游泳池，南北两半之间是独立设置的早教和培训入口。西侧基座内布置各种专业活动室，并与可用于幼儿自主活动的富于变化的曲折走廊连成一体。

日托班都在两栋教学楼的二三层南侧，北侧除了交通服务设施之外就是一个带有多处放大空间的走廊系统，每个日托班的活动室外都配有可以延展活动的大走廊空间，并配有数个贯通上下楼层的小型共享空间，让每个楼层密集的班级空间在这些地方得到释放，也加强了楼层间的互动。两栋教学楼在二层的共享空间里都有一座醒目的大楼梯与底层公共空间相联系，让孩子们的上下楼过程更有趣味性和吸引力。

由于规模超越了一般配置，如何控制尺度感成为设计的一大重点。在外在形态上将大小差异悬殊的三栋主体建筑以和内部单元空间相对应、同时又有微差的小体量错落叠置而成，并用双坡顶单元的重复拼接来消解教学楼相对巨大的体量，使主体建筑更接近小房子的抽象聚集。立面上通过不同开窗方式的交错并置所获得的虚实变化加强空间意向。底层基座通过偏转分形的地形化处理，以及错落分布的小庭院来控制外部的尺度认知。西南角的门卫兼钟塔既是园方希望设立的入口标志物，又以垂直向的形态特征平衡了主体的水平性延展。底层的公共空间由于曲折变化的走廊空间和被限定出的多个自主活动空间，其尺度感在连续中得到了不同变化的定义。

建筑的构造、材料与色彩选择也是空间与形态策略的延续。底层基座为灰色真石漆，在架空、门廊、窗洞等开口部位引入明亮的色彩，保持整体性又富于变化的趣味。二三层主体建筑采用正面为灰白涂料、侧面为彩色涂料的逻辑来处理，凸显体量的凹凸错落感，而银灰色的铝镁锰板坡屋顶很好平衡了与其同向的侧墙面的色彩变化。室内部分以白色涂料墙面作底，结合楼梯、中庭、班级卫生间等的明快色彩来凸显认知重点。室内玻璃隔断的浅木色用以平衡色彩的变化，特别是图书室通过完全的浅色木质界面和家具的处理，以及内部自由错落的微地形台阅读空间设置，营造了尺度宜人、温馨自由的交流空间。

左1、右1：外景
右2：南栋教学楼北立面

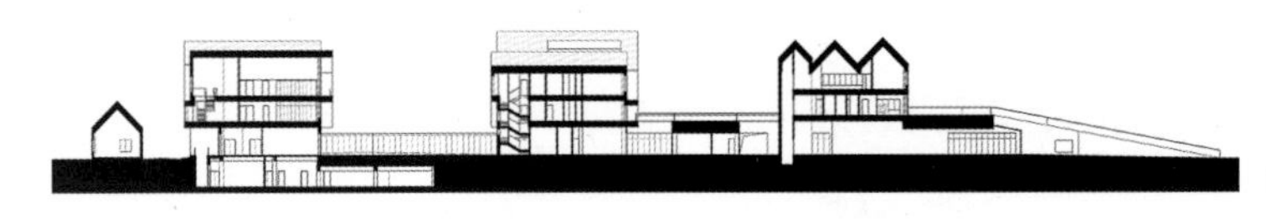

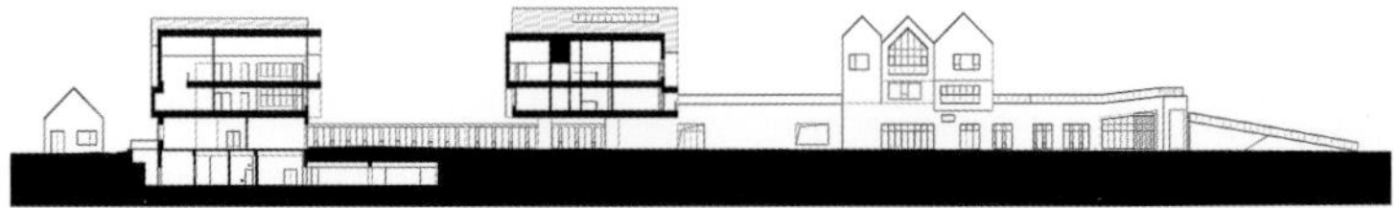

左1—左3：以明快色彩来凸显认知重点

右1：幼儿活动区域

右2：三层教室

Nanjing Hanfujie Plaza Complex

南京圣和文化广场

建筑设计：美国贝氏建筑事务所
室内设计：HBA
坐落地点：南京

南京素有“六朝金粉”之称，南京在这段时期基本与西方的罗马帝国平行，和古罗马并称为“世界古典文明两大中心”。圣和文化广场项目则是个能穿越回六朝时代的所在，这块地皮原本用于建造圣和集团总部大楼，而在 2007 年的一次勘探中发现了六朝建康都城的遗址。原来计划也就调整为现在的圣和府邸豪华精选酒店与六朝博物馆，同根共生，一株二艳。酒店亦成为一座建造在两千多年历史遗址上的酒店，与六朝文明保持着千丝万缕的联系。该案建筑部分由贝聿铭之子贝建中领衔设计，而内部则由 HBA 打造。前者以展示六朝宫城城郭遗址和六朝历史文化展示为魂，后者则以喜达屋旗下豪华精选为特征的顶级酒店文化为魄，带来十足民国官邸风。

圣和文化广场位于长江路总统府东侧，外墙采用米黄色石灰石板贴面，配以玻璃窗户和顶棚，极具现代感。根据各自的功能需求，设计师巧妙运用了各层分区分片双 L 嵌套的设计手法，用斜交的博物馆以及正交的酒店两个几何组成建筑方案，使博物馆和酒店相互安全隔离，又可共享外部的优美景色。酒店大厅及博物馆中庭由一玻璃墙分隔，使两个空间之间透明化。

圣和府邸豪华精选酒店本身就是一座建筑艺术品，处处可以看到明代的审美格调和民国时期的设计细节，意欲打造成一座如孙中山一般的名流要人汇集的宏大私人府邸。大堂展现了 1912 年孙中山就任时总统府礼堂的场景，庄重华贵的设计

尽显尊贵。一楼的行者书屋是亮点所在，设计灵感来自民国时期的历史文化背景以及孙中山先生历阅博采的一生。“读书不忘革命，革命不忘读书”，是孙中山一生的信条。书屋里处处充满迷人复古的魅力，艺术品、屏风、木制家具，敞亮开放的中庭设计充分体现了贝氏建筑中光影的完美结合。四面高耸林立的书柜精选南京历史、民国文化、文学艺术等书籍，另有专门展出海外珍宝的区域，以及供客人修养心性的天地，这里亦是国内五星级酒店中藏书最多的酒店式图书馆。三楼的熙园酒廊更像是私人藏馆，有来自全球各地的茶叶罐与器皿。户外露台除了两只出镜率极高的黑天鹅，还可俯瞰对面总统府的黑色屋顶。

六朝博物馆入口是个挑空的“阳光大厅”，南北墙面上各有一个遥相呼应的“圆窗”，这就是贝氏建筑作品中的经典符号“月亮门”，形成了“人在墙边走，景在眼前移”的独特视效。脚下是镶嵌在地面上的 78 个排列有序的玻璃窗，这个被称作“满天星”的设计是贝氏设计团队为博物馆量身定做的创新一笔。玻璃的透视性让地下一层的遗址空间与地面一层极具现代感的大厅空间相互交融，构建了一个穿越历史时空的奇幻通道。由于建筑限高为 24m，玻璃顶棚无法设计成三角锥体，便打造了一个体量宏大的平顶钢结构玻璃顶棚，为大厅提供了通透明亮的自然采光。地下一层的六朝建康宫城遗址是灵魂所在，长 25m、宽 10m 的夯土墙遗址原封不动地横亘在眼前。遗址区面积近 260m^2，受到护城河等地质因素的影响，要在不移动、不扰动遗址的前提下进行工程建设，是国内罕见的高难度地下作业。整个遗址区被 100 根直径 80cm 的钢筋混凝土保护桩严实地包裹起来，这圈“防护罩”将遗址区与外部施工环境完全隔离开来，在避免遗址本身土层流失的同时，也排除了外部施工对遗址的扰动。博物馆设置有“六朝帝都”、“千古风流”、“六朝风采”和“六朝人杰”四个展览，本身便是一个典雅静谧的园林作品。

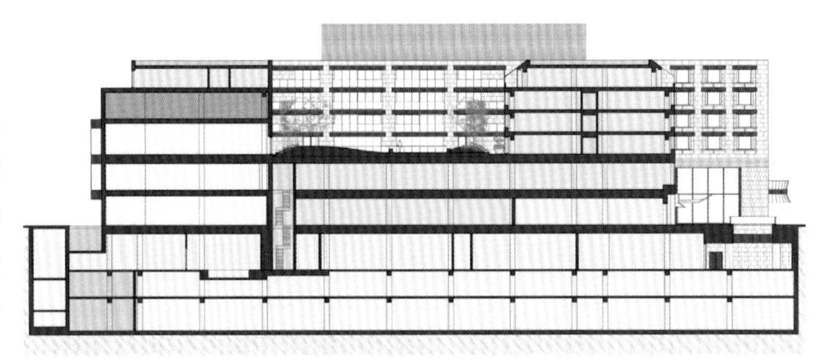

左：外立面
右1：餐厅
右2：酒廊

左1：大厅
左2、左3：博物馆
左4：泳池
右1：露台
右2：院落

Deshan Hall Ruijing Outpatient Department

德善堂瑞景门诊部

设计单位：厦门喜玛拉雅设计装修有限公司
设　　计：胡若愚
参与设计：黄浩、许舒洋
面　　积：472.4 m^2
主要材料：烤漆玻璃、银貂大理石、穿孔烤漆铝板、穿孔扭曲铝板、超纤皮硬包
坐落地点：厦门
完工时间：2016年3月
摄　　影：申强

因靠近厦航宿舍，拟打造社区门诊的头等舱，扭转传统诊所纷乱嘈杂的体验记忆，营造舒适宁静的就医环境。空间布局上，遵循业主的日常运营规律，做到流畅有序，路线清晰。型体塑造上，不做哗众取宠的体块变化，以人为本，聚焦于细节的贴心推敲。

墙面的阴阳转角、天花上凹灯盒的边角、悬吊黑色灯盒的收口、前台的两端以及天花横梁的修饰，都采用圆弧造型，避免病人的磕碰，不仅能导引人流和软化视觉，同时呼应头等舱的主题。值得一提的还有楼梯的设计，以坚实的大理石栏板为依托，轻盈的扶手游走于一二层空间，黑铁骨架上的皮质软包，给予病人温暖的手感。

材料运用上，墙面大面积采用杏色烤漆钢化玻璃，便于清洁维护，同时玻璃的弱反射进一步拓展了空间的维度。墙面上的黑铁线条收口，清晰明确了块面的交接，干净利落。局部横向线条延伸成面，成为护理台和收银导诊台。暖灰色皮质软包的应用，让理性硬朗的空间添了一丝温度和舒适。照明设计上采用柔和的漫射灯光，既满足诊所的照度要求，又尽量避免直射光对病人的视觉刺激，营造宁静平和的氛围。

外立面上部分采用白色透光穿孔扭曲铝板，在满足遮阳、防盗功能的同时，也为陈旧过气的原建筑穿上一层时尚的外衣，内部灯光透出，平添一份朦胧的美感。与上部轻盈相对照的是下部坚实大理石和黑铁框套的组合。利用原有柱深形成三个云纹透光图案的黑铁门套，形成诊所鲜明的标识。

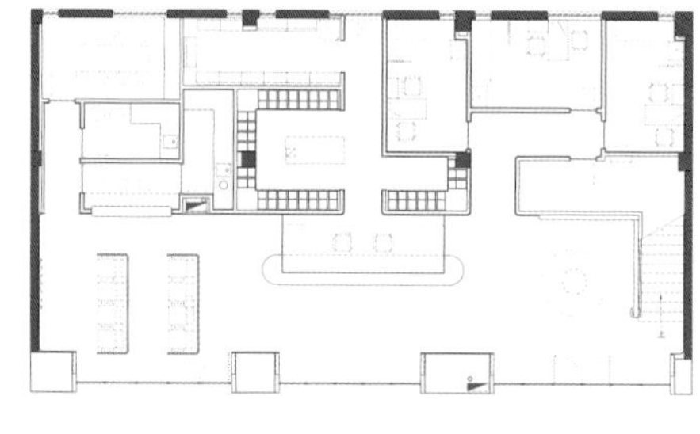

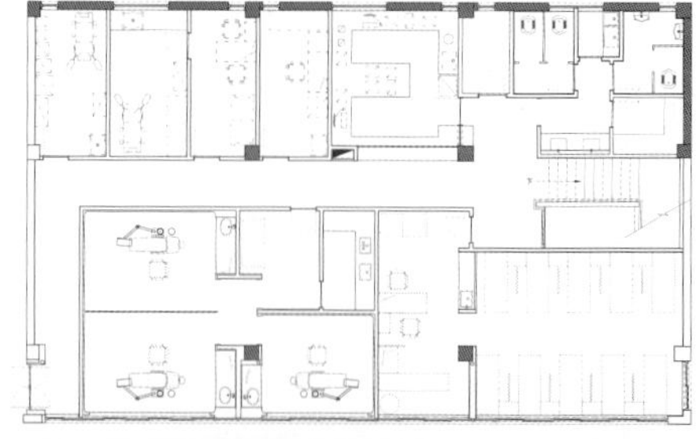

左：外立面上部采用白色透光穿孔扭曲铝板
右1：接待台
右2：外立面下部为坚实的大理石和黑铁框套的组合
右3：墙面大面积采用烤漆钢化玻璃

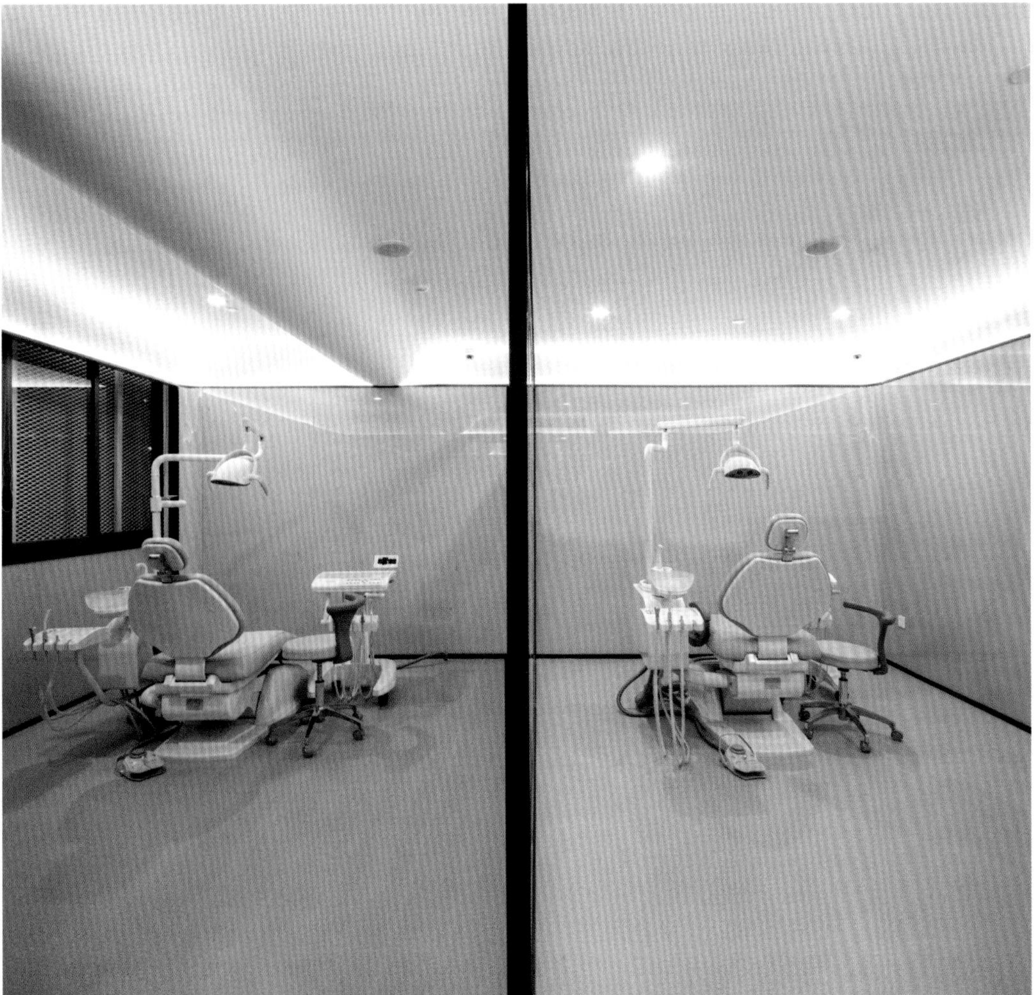

左1、左2：楼梯以坚实的大理石栏板为依托
左3、左4：走廊
右1：诊室外等候区
右2：天花是延续的弧形曲面以舒缓病人的紧张感

Montessori Children's Home Northwest Operation Center

蒙特梭利儿童之家西北运营中心

设计单位：迪卡幼儿园设计中心
设　　计：王俊宝
参与设计：欧吉勇
面　　积：1000 m²
主要材料：塑胶地板、实木地板、造型灯饰、防腐木、隔音面板
坐落地点：西安
完工时间：2015年10月
摄　　影：张晓明

本案为蒙特梭利儿童之家西北运营中心。设计师综合孩子的特点，从理性的角度设计出发，以孩子的成长为中心，最大可能地去创造一个属于小朋友的国度。整体色彩运用灵活多变，环境明亮、轻松、愉悦。优美的弧线条和块状颜色的融合，干净而不失童趣。

根据蒙氏教育的特性，从教育的理性角度审视并了解儿童的心态，塑造一个能发掘孩童潜能的学习空间。在设计选材上以柔软的自然素材为主，如绒布、地塑等。这些耐用、容易修复、安全的材料营造出舒适的儿童之家，也令家长没有安全上的担忧。

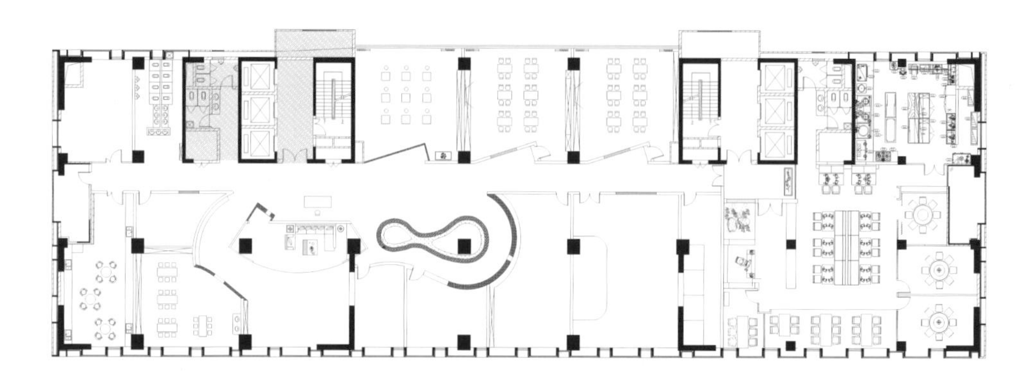

左：科学发现室
右1：活动室
右2：国学馆

WELCOME
ABOARD

左1、左2：小厨房
左3、左4：活动室
右1：陶艺室
右2：钢琴室
右3：舞蹈室

The Imperial Palace Cultural and Creative Museum Zijin College

故宫文创馆紫禁书院

设计单位：北京集美组
设　　计：梁建国
参与设计：蔡文齐、吴逸群、宋军晔、聂春凯、刘庭宇
面　　积：450 m^2
主要材料：胡桃木饰面、白铜、白漆板
坐落地点：北京
完成时间：2015年9月
摄　　影：佘文涛

紫禁书院的设计选择了一种对故宫最恭谦的情怀。为展示浓缩了历史的书籍，也为极尽可能地保护古建，手法当代又与原建筑有机地结合成一体。在伟大的历史和建筑，还有经典的文化书籍面前，特有的阅读环境让所有来到这里的人都会放下骄躁，谦卑平和。

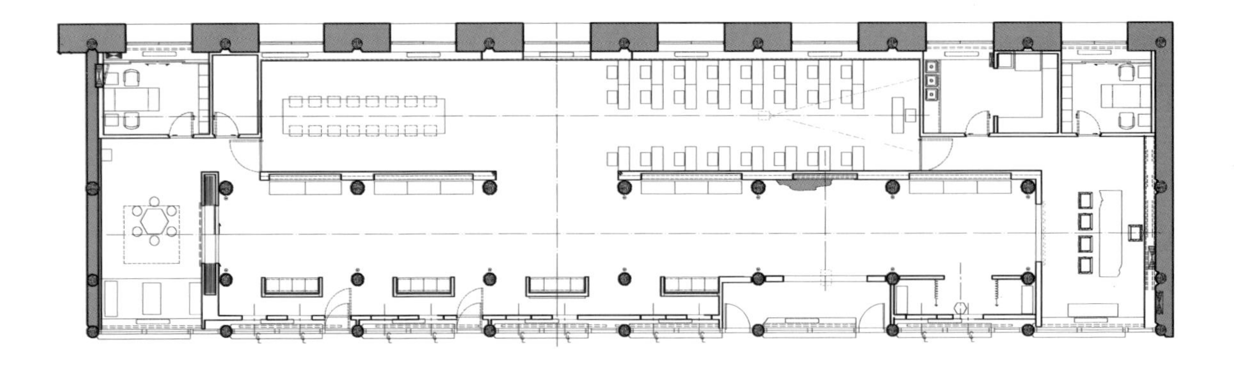

左、右1、右2：画中人栩栩如生

三希
懷抱觀古今
深心託豪素

左1、左2：历史底蕴深厚的字画
右1、右2、右3：墙上的园洞造型

Yinchuan Hanmeilin Art Gallery

银川韩美林艺术馆

设计单位：杭州典尚建筑装饰设计有限公司
设　　计：陈耀光
参与设计：胡昕、刘伟、朱玉萍、项国超
面　　积：6694 m^2
主要材料：磊石、钢板、原木、玻璃、灰色地砖、白色乳胶
坐落地点：银川
完成时间：2015年11月

继2004年陈耀光和典尚设计团队与艺术家韩美林首次合作的杭州韩美林艺术馆，2008年与2013年的北京馆一期、二期项目后，2015年竣工的银川韩美林艺术馆是一次升华版的设计与艺术的共鸣。位于银川贺兰山岩画遗址公园文化艺术展示区的韩美林艺术馆占地面积约为1.6万平方米，以“五厅二室一廊一谷”划分出展厅、互动区、创作区以及游客服务区，集中展示了韩美林先生以岩画为题材的绘画、书法、雕塑、陶瓷、染织等各个门类的艺术精品。

选择将艺术馆放在贺兰山中，源自韩美林先生几经贺兰山时被古老神秘岩画的艺术与精神所打动，这段经历令他说出了：“在我的每一幅画里，都渗透出中国古文化对我的影响。看到岩画，总有一种创作的激情，让我对现代艺术的思考更为深沉。现代艺术的创作与古老的传统相结合，才能走出一条全新的路。”贺兰山岩画因此被韩美林视为自己艺术创作的一个重要转折。面对艺术家的思考以及贺兰山岩画遗址公园的自然现场，典尚设计团队将面临一次超级考验，无论从题材到时空、远古与当代、都市和山地，在特有前提下如何体现空间环境与艺术家作品的核心关系。

贺兰山下，在空旷天地之间有一座与大山长在一起的艺术馆，在10千米外就能看见却还要行驶20分钟的车程才能慢慢地清晰靠近，可以设想人们从四面八方来到此地的期待感，这个山体所在地旁就是距今几千年古老而神奇的贺兰山岩画群。“如何将艺术通过远古与现代的时空对话得以继承与延续，如何将人们对艺术作品的解读方式与我们在室内空间设计的表达上产生共鸣，是设计定位的关键。”设计师陈耀光如是说，“让韩美林艺术作品的灵魂从空间沉淀中渗出来。”

左、右1：美术馆外景
右2、右3：整体建筑与贺兰山脉融为一体

银川韩美林艺术馆的室内设计理念由五个关键词延展而成：敬畏自然，聆听远古，尊重建筑，表达作品，内外相融。在整体建筑与贺兰山脉融为一体的嵌入式设计中，以取自当地的天然材料作为第一选择。让艺术馆与山脉的自然轮廓产生对话，包括与贺兰山岩画景区出没的岩羊及一望无际的戈壁山石静静相守。这个建筑目前也是银川市最高的外装毛石砌筑建筑，室内以黑白灰作为主色调，辅以石、混凝土与木作的自然材质，来呈现艺术作品的自然原力。

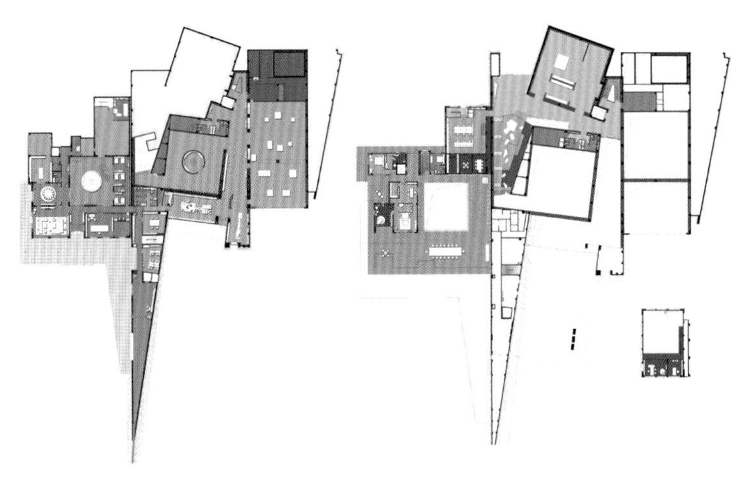

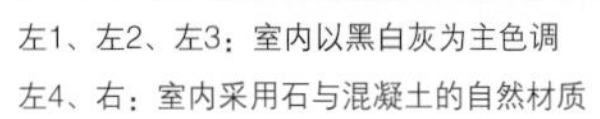

左1、左2、左3：室内以黑白灰为主色调

左4、右：室内采用石与混凝土的自然材质

左1、左2、右1、右2：美术馆局部

右3：艺术馆与山脉的对话

Dabao'en Temple Site Museum

大报恩寺遗址博物馆

设计单位：江苏爱涛文化产业有限公司
设　　计：陆健
参与设计：任睿、陈鹏、李涛
面　　积：6000 m^2
主要材料：沙岩石材、GRG定制、金砖、灰色水泥板
坐落地点：南京
完工时间：2015年12月
摄　　影：文宗博

大报恩寺遗址博物馆位于南京城南中华门外古长干里，遗址得名于明代皇家寺院大报恩寺。该寺为明清时期中国佛教中心，为中世纪“世界七大奇迹”，被当时西方人视为代表中国的标志性建筑。三国孙吴时期此地建有佛教精舍和阿育王塔，是继洛阳白马寺之后中国的第二座寺庙、中国南方首座佛教寺院建初寺所在地，为江南佛教发祥地。遗址长干塔地宫先后发现并清理出明代大报恩寺大殿、观音殿、法堂，以及始建于北宋大中祥符四年的长干寺真身塔地宫等重要遗迹，出土了以“佛顶真骨”舍利、七宝阿育王塔、铁函为代表的大批佛教圣物和珍贵文物，获得了极为重要的考古收获。

大报恩寺遗址博物馆南片区的展示陈列空间，涵括南画廊、大藏经展厅、临展厅三大展区。展陈设计面临空间体量庞大，文物缺乏的现状。设计跳出了传统文物导向型博物馆的思路，立足于打造历史性与当代性协调，故事性与创意性结合，知识性与趣味性统一，艺术性与宗教性融合，动态性与静态性呼应的艺术空间。空间调性重视空灵意境、时代氛围和宏大沧桑，以求契合最理想的艺术效果。

南画廊展区展示陈列采用了复原展示的手法，重现大报恩寺画廊“壮丽甲天下”的盛况，并在古长廊中增加临时展示功能，以现代展示语言诠释传统展品，从材质、色彩、元素等多方面创新设计，注重对展品内涵的提炼和解读。

临展厅展示陈列以“微笑的对话——中印佛像艺术展”为展示主题，通过红、蓝两种空间色调展示犍陀罗佛像艺术展与青州佛像艺术展。展区秉持文保理念，通过专业手段解决了部分局部残缺佛像的直立展示问题；摒弃繁复的形式设计，引

入模块集成化组合的理念，大量运用多种可变动的展览设备；展厅区域可变化、可伸缩、可创新、可包容，全面应对各类展览主题和内容。

汉文大藏经展区为南区重点区域，展陈设计采取主题演绎表现手法，深入简出，大胆实践“见光不见灯”的设计构想。空间循序呈现藏经、集经、取经、译经、刻经、印经、传经等内容，集中展示浩瀚博大的佛教经藏文化。

空间设计有几大展示亮点：以藏经文化盛世开篇打造气势宏大的藏经阁艺术装置，与顶部藻井壁画互为呼应，震撼瞩目；设计制作的精品艺术沙岩浮雕展示历史内容，环环相扣；巧妙设计的“一线天”寓意从梵文到汉字的转变，传达“译经”展示内容；提炼刻经板作为空间元素，打造浩瀚经架，高抵穹顶，展示经板5500多块，气度恢宏。

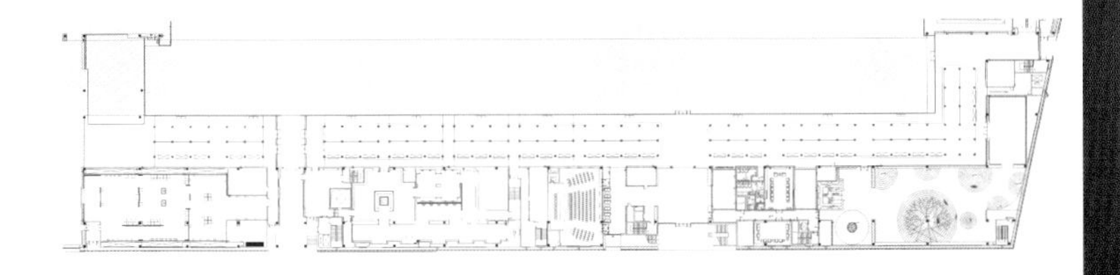

左：红蓝色调的对比
右1、右2：气势恢宏的展示空间

左1、左2、右1、右2：浩瀚博大的佛教文化

Jimo Ancient City Exhibition Hall

即墨古城展示馆

设计单位：年代元禾艺术设计有限公司
设　　计：夏洋、牟海涛
参与设计：刘露、李畅、杨明弼
面　　积：1500 m^2
主要材料：胡桃木、亚麻硬包、雅蓝石材
坐落地点：青岛即墨
摄　　影：EM图摄空间

青岛即墨是一座拥有 2000 余年历史的文化古城，在战国时期已经名扬天下，但是随着时间的流逝以及新城建设，原有古城已经慢慢消失，不复昔日辉煌。当地政府希望通过对这座历史古城的维护与重建，提升当地旅游文化产业，同时改善城市居民居住生活条件，形成新的景点与商业街区，促使当地经济的转型发展，而一个全新的古城展示馆正是其中建设的核心区域之一。

面积约 1500 平方米的展示馆坐落于整个古城的中心区域，使用多种科技手段向游客展示即墨地区的出土文物、非物质文化遗产、古城历史以及未来建设规划。同时还具备雅集活动、VIP 接待等多种功能。

设计师花大量时间搜集整理相关历史资料，对当地民居建筑以及非物质文化遗产进行调研，希望通过对文脉的梳理能够重现千年古城的辉煌，除了旅游展示功能外，同时能够成为当地市民生活的组成部分。考虑到整体古城的建筑规划是以明代万历年间的即墨古城为蓝本，以及整体建筑结构采用纯木结构，以传统工法进行构造。因此在设计上考量的重心是功能的多元化与传统中国建筑语言的融合，以及不同使用需求在空间上的多变性。

在手法上，面对一个传统工法的古典中式建筑，设计师希望用简约的手法对装饰语言进行提炼。中国宋明时期的文化与美学，本就是东方式简约的巅峰状态，设计主要用材为胡桃木实木、亚麻布以及灰色石材，以东方的灰调与建筑相辉映。在大厅空间凸显东方文化的气势恢宏，而在小的独立空间强调意趣的营造；过渡空间中希削弱装饰的痕迹，注重与景观光影的互动，通过不同的侧重点，塑造出

左、右1：大厅
右2：门厅

空间的独特意境。在室内空间的陈设及家具的使用上，也以明代风貌为源泉，家具以胡桃木为主用料，取明式家具之形，呈现古朴内敛氛围，既具有展示馆的厚重庄严，又处处显示出中国士大夫文化的东方情趣。

通过设计希望形成这样的场所空间：在这里，游客能与一个城市的历史对话；而市民，也能在这里感受到古老传统的回响。

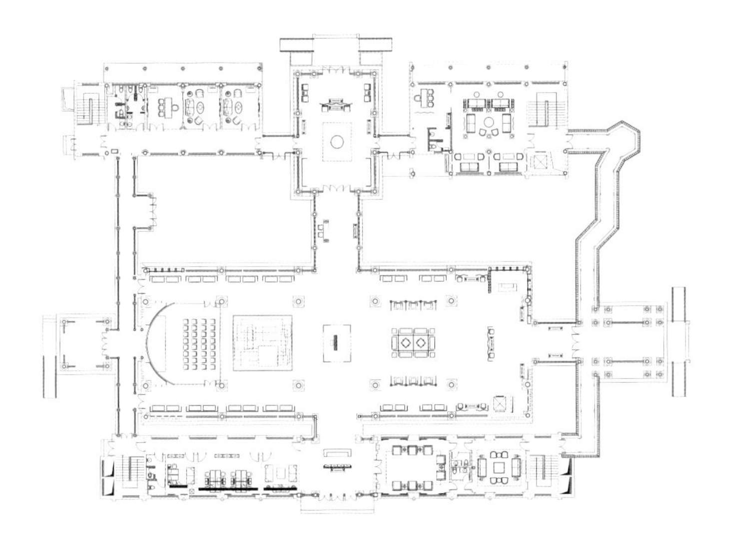

左1、左4、右1：VIP室
左2：门厅
左3、右2：会见厅

Anji Lingfeng Lecture Hall

安吉灵峰讲堂

设计单位：上海善祥建筑设计有限公司
设　　计：王善祥
参与设计：管鹏
面　　积：360 m^2
主要材料：竹编、竹竿、石子、铝合金线角
坐落地点：浙江安吉
摄　　影：胡文杰、王善祥

浙江安吉县北天目山灵峰讲寺始建于五代梁开平元年（公元 907 年），名灵峰院。宋治平二年（公元 1065 年）改称百福院，清乾隆四十九年（公元 1784 年），又更名为灵峰讲寺，是安吉最大的寺院。著名的佛教集大成者，明代四大高僧之一藕益大师曾住持于此。灵峰讲堂是灵峰讲寺设立的以普及佛教、道教、儒学、美学、茶道、花艺、音乐、书画、中医等传统文化的公益性机构，由灵峰学社的法师作为学术主持，并由安吉著名的第一滴水茶馆进行日常运营管理。之所以把讲堂设立在安吉县城，一是为了方便信众前来学习，同时也想吸引年轻人能多接触佛法等传统文化，从而为社会提供正能量。设计师对空间的设计构思也从这一点发起。

讲堂位于浙江安吉县城，坐落于一个叫做经典一九五八的仿民国风格的商业街区内，为一栋独立的两层小楼，钢筋混凝土框架结构。小楼的一层有一个半层高的夹层空间，使建筑显得似乎有三层。

经过规划，对现有空间进行了合理的分布。室内设计尊重原有建筑格局，但是又在原有基础上进行了空间细化与品质提升。一层主要是入口门厅、茶水柜、卫生间，当然最主要的是设立了一个佛堂，使进入的人先礼拜佛像，生起恭敬心。夹层空间为阅读区，大量书籍布置在这一区域，中间是宽大的书桌，除了读书还能进行茶艺、书画等活动。二层是一个独立的空间，为讲堂的主要教学空间。整体空间韵律与节奏使人在楼上楼下的行走中能明显感受到。由主入口进入门厅，空间并不宽敞，甚至有些逼仄。转弯看到佛堂，是一个箱型空间，有 4 米多至顶的高度，单纯的竹编材质为金黄色调，显出庄严神圣。为控制造价，楼梯保留了原有的扶手钢管并以竹编装饰，省去了再做内部结构的工作。原有石材踏步继续保留，室

内地坪标高与其保持了一致。上到夹层阅读空间，这里比门厅、佛堂宽敞，但是较为低矮，适合以平视为主的视角，坐下来读书、写字、思考，最为安静。上到二层进入到讲堂大厅，空间豁然开朗，是建筑内部空间的高潮部分。建筑屋顶为双坡面，其中一面山墙被作为讲堂的讲台背景。由于四边窗户很大，光线非常充足，但有时需要投影或禅坐活动时则不需要太多光线，于是四边安装了浅灰色窗帘，在遮蔽光线的同时也弱化了声音反射，避免了大空间的回声。外墙四面均有阳台，最大的一个能进行户外活动，小的则设计了景观小品，作为室内空间的延伸。

佛法为社会提供的首先是一种温暖的力量，而非仅仅是高高在上的佛像和神秘感。空间作为一种语言，除了美观实用，也要善巧方便，不但要让人喜闻乐见，还要给人一些感悟。为此设计师决定采用暖色调，像家一样的温馨。暖色调的材质很多，为体现出安吉作为竹乡的地方特色，选择了竹子为主要材料，挖掘竹子作为天然材质的特性。竹编饰面、竹竿、竹家具、竹地板等常见材料的组合运用既熟悉、亲切又陌生、新颖。竹子色调金黄，但感觉质朴，恰好象征了佛法真谛的伟大与朴素。

过分的温暖会使人昏沉，于是在一些柱子、墙角、顶角线等部位安装了一些黑色金属护角线，如同绘画中的线条勾勒，在视觉上有精神一振的作用，同时对这些墙角、柱角也起到保护作用。在一些重点部位搭配了精美自然的花艺等配饰，与空间相得益彰，在单纯的空间概念中营造了丰富的变化，起到了画龙点睛的重要作用。最终，通过对眼、耳、鼻、舌、身、意的艺术性控制，表达出了既传统又现代的设计理念，体现了佛法与寺庙积极入世的一面，从而更好地弘扬佛法融于世间和超于世间的博大精深的真理。

一个人来讲堂学习，那是一个人在修行。许多人来讲堂学习，那是社会在修行。

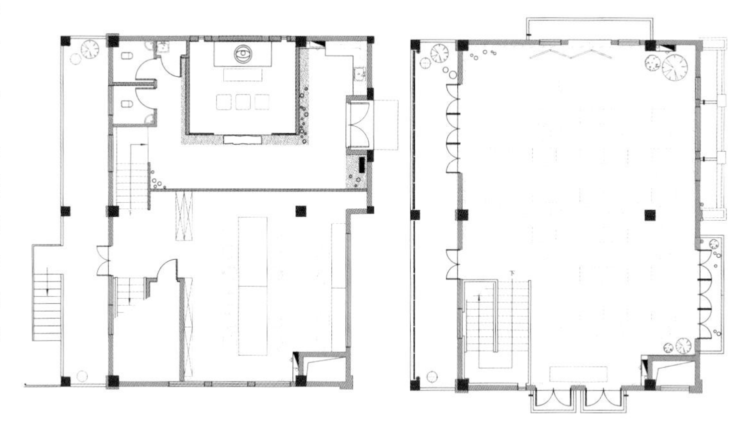

左：阳台上的石子富有野趣
右：阅览区

左1：庄严与亲和同在的佛像

左2：进门厅处的小空间

左3、右1：楼梯踏步保留了土建的原状

左4：转角的佛堂

右2：讲堂大厅

右3：竹子元素无处不在

Shanshuihui Leisure Club

善水荟休闲会所

设计单位：沈阳大展装饰设计顾问有限公司

设　　计：孙志刚

面　　积：7000 m^2

主要材料：灰砖、热转韧木纹

坐落地点：沈阳

完工时间：2015年12月

摄　　影：董文凯

沈阳善水荟洗浴休闲会所位于沈阳市和平区，项目面积7000平方米。设计思路为在北欧风格的大框架下，做更符合东方人感受的空间形式和视觉效果，做一个都市人的后花园。

低调、舒适、放松、惬意是这次设计的主旨。低调代表着豁达。比尔盖茨曾经说过："没有豁达就没有宽松。无论你取得多少的成功，无论你爬过多高的山，无论你有多少闲暇，无论你有多少美好的目标，没有宽容的心，你仍然会遭受内心的痛苦。" 在喧嚣的都市中，人们往往忘记了生命最原始的本能需求，汽车代替了行走，电视代替了观察，网络代替了交流，能寻到一处安宁，仿佛步入传说中的桃花源，让人找回原始的生命本能，那就是这个项目最大的成功。

左：低调的空间

右1：洗浴区

右2：木质隔断

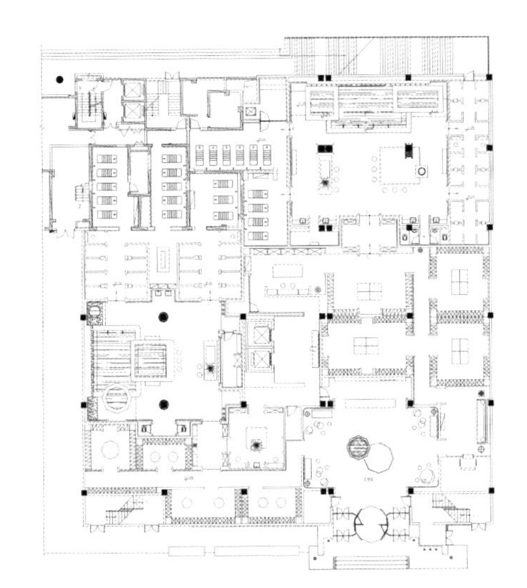

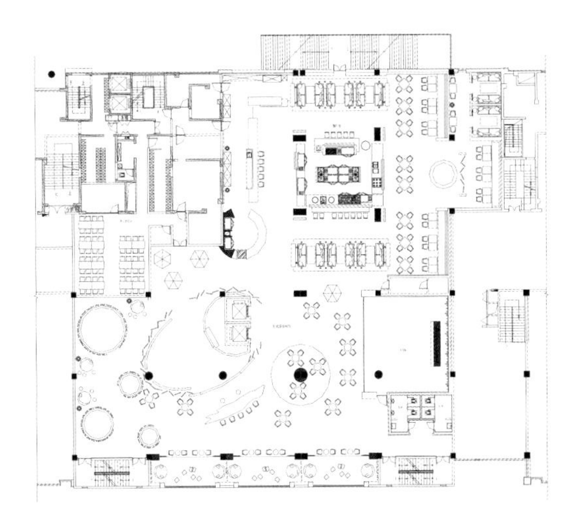

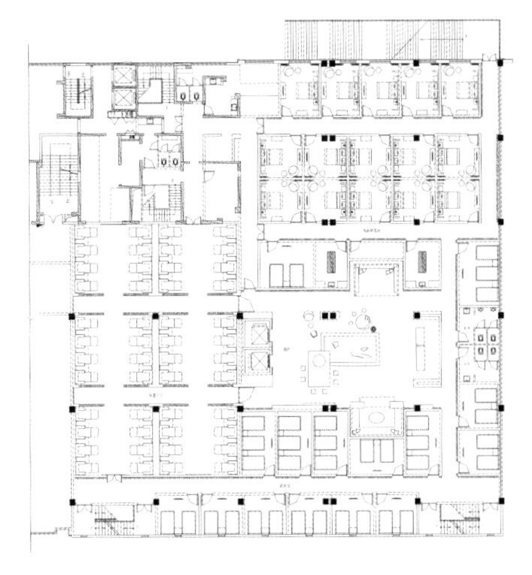

左1～左4：灯光营造温馨的氛围
右1：木质和砖混的搭配
右2：轻柔的帷幔

Imagination within Inches

方寸间的皱褶

设计单位：竹工凡木设计研究室
设　　计：邵唯晏
面　　积：1300 m²
主要材料：木角材、橡木木皮板、FRP、黑色烤漆铁件
坐落地点：台湾桃园
完工时间：2015年7月
摄　　影：庄博钦

本案位于台湾中坜，业主是布料界的成功经营者，这是一个属于他的私人会所，一个招待朋友与偶尔自住的私人天地，一个标志个人风格的奇景异境，整体设计理念承载了业主对于美学的独到喜好和企业识别。布料是一种演艺性很高，充满生命力的材质，透过不同的外力会产生出皱褶，进而生成有机的肌理形变，方寸间演绎出无限的可能。

归纳我们对于布料的观察、体悟和想象，形式上从布料的皱褶出发，时间和空间随着物质本身的折叠、展开与扭曲，形成一种本质上没有内外之分的空间美学，凝聚了一个动态运动中的片刻。透过有机、非线性、抽象的写意风格，创造了具有动感韵律、似地景、似装置、似墙体、似软装陈设的空间对象群，进而转译编织成一种超现实的诗意空间。

在空间中的许多角落都置入了这样展演性高的“空间对象”，打破空间的主从关系，即使在最不重要的楼梯角落间，一样会觅寻到惊喜，生活的趣味就应该透过单点对象的置放，串连后让空间充斥叙事性的风格。透过“隐门”的手法弱化了房间的自明性，从一楼一直到顶楼都在强调公共领域的空间，翻转了公私空间的定义，进入一个充满无限想象的艺术地景中，有如贤人雅士将奇山异水的景致收纳在皱褶的肌理中，柳暗花明又一村的空间安排，也将交织起属于这会所特属的叙事网络。

经过大量的讨论，业主为了艺术同意牺牲楼地板的面积，我们打开了二楼的楼板，创造出一个挑高八米的开放公共空间。在空间中置入了一个大尺度的空间对象，夕阳的余光透过云隙洒落在这块“布料”上，和皱褶肌理上演一场光影秀，映射感染了整个空间。位于一楼的会客室座椅也是量身定做，是一座充满动感有力度的曲面皱褶，在蜿蜒细碎的皱褶中找寻东方书法的柔情姿态，在沉静中恣意展现姿态。同时也加入了书法抛筋露骨、柔中带刚的线条，在具备了西方抽象艺术的现代表现基础上，也充满东方书法线条的动态语汇，期望使用者在空间中凝神静思之时，品尝这交替运行所形成具有律动美的造型艺术。

会所的住宿空间在材料上大量运用温润的木料，以最简单朴实的语汇和美学勾勒开放式的空间格局，自然低调的美学，无需刻意装饰及华丽材料，创造一个轻松自在、舒适且令人沉淀的诗意氛围。

左、右1：墙面褶皱肌理上的光影秀
右2：开放式厨房

左1、左4：楼梯
左2：体块的组合
左3：大尺度的橙色沙发
右1：量身定做的会客室座椅
右2：卧房

Jinghuang Tea Club

菁皇茗茶会所

设计单位：道和设计
设　　计：高雄
面　　积：200 m²
主要材料：乳化玻璃、水曲柳木饰面板、仿古砖、大理石

赶走寒冷的冬日，迎接绿意盎然的春日。又是一年品茶时，越冬后茶树第一次萌发的芽叶采制而成新鲜的春茶，滋味鲜爽，香气强烈。这个茶会所也如春日一般，洋溢着清新自然的气息。素雅的色彩，简洁的线条，木料与石材的融合，塑造了这个雅致的茶空间。

空间内大量运用中式元素，古典的中式陈列柜以及各式栅格门、窗。设计师还富有巧思地将白墙为纸，将山水画于其上，配上栅格窗仿若透过窗格可欣赏远处的优美景致。深色的木质茶品展示柜摆放着各式精致的茶品，大理石面板的茶桌配上中式椅子，吊灯是富有创意与时尚感的蜡烛造型。深灰色的仿古砖地面与淡绿色的磨砂玻璃形成对比，加上从磨砂玻璃中透出的朦胧灯光，一切如虚幻一般，不知误入何处仙境。

二楼设有独立的包厢，可为客人提供更为私密的品茶空间。空间内采用黄色木料铺设地面，墙壁也采用暖灰色调，和家具的色彩相融合，使空间看起来温暖安逸。中式家具硬朗的线条配上舒软的软垫，软与硬的对比，古典元素与现代元素的巧妙碰撞，都在射灯弥散的光线下沉淀。新鲜的茶叶，配上优质的茶具，斗柜上的精美艺术品，在这样一个纯净的空间里品茶、聊天，可以让纷扰的心得到片刻的安宁。

左：外景
右：空间内大量运用中式元素

左1～左3：中式家具硬朗的线条配上舒适的软垫
右1、右2：墙壁采用暖灰色调和家具的色彩相融合

Shuiwan 1979 Yunduan Club

水湾1979云端会所

设计单位：于强室内设计师事务所
参与设计：毛桦
面　　积：1050 m²
主要材料：香槟金拉丝不锈钢凹槽、铁板刷氟碳漆、渐变漆旧木板
坐落地点：深圳
摄　　影：彦铭、刘祥

“我们都是时间旅行者，为了寻找生命中的光，终其一生，行走在漫长的旅途上。”多少人向往“一次说走就走的旅行”，却不是每个人都有足够的勇气去实现梦想。立于云端，让梦想如阳光照进现实，“You are what you live”，自我，是生活的反照。

作为水湾 1979 的战略级合作伙伴，于强室内设计师事务所在接到会所的设计需求后，确定了基于空间本身得天独厚的景观资源，以“云端的旅行”为出发点，以打造一个真正的“云端会所”为设计目标。

当 24 层的电梯门开启，清爽的视觉美感、独特的人文气质，是这个中空层高达 8.2 米的挑高空间给人的第一印象。一组白色复古旅行箱组合成了接待台，具有艺术气息的家具装点空间的同时给人极致享受，年轻人钟爱的波普艺术让空间灵动起来。“渐变”即是一种材质上的表现手法，同时也是设计内涵上的诚意表达。

从会所俯瞰，如同漫步云端，极目远眺之处海天一色，滨海城市的旖旎风景带来无限的视觉体验。当阳光透过整面的玻璃窗随着时间的变化折射出不同光影，你能感受到一旁高大的绿色植物在光合作用下生机盎然，与友人对坐喝一杯咖啡，这一场云端的旅行，心情明亮澄澈。夜幕降临，洒落的轻柔光晕赋予了空间更多的气质内涵与视觉层次。漫步云端，灵动静谧的空间里流淌着浓浓的文化馨香与艺术氛围，静坐于舒适的沙发上，寻找一个能让内心平静的驿站，静观云端世界，告别尘世喧嚣，获得内心的宁静。

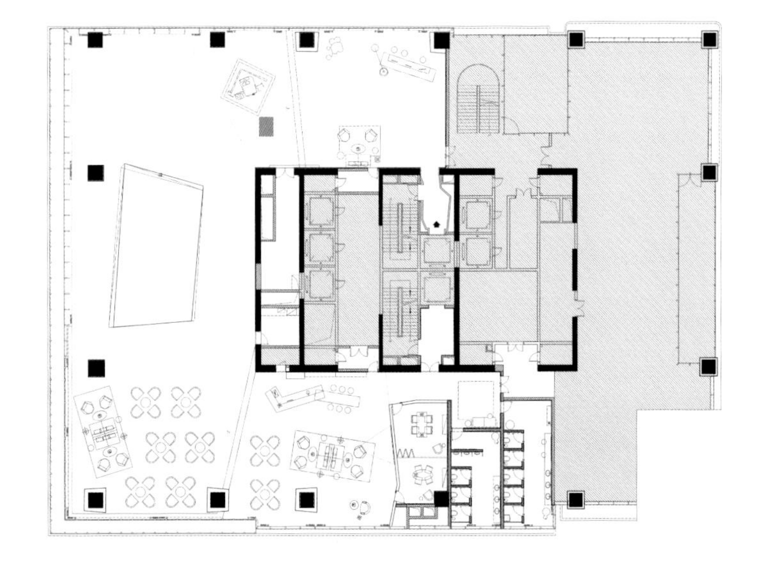

左、右1：造型独特的条纹沙发
右2：波普艺术让空间灵动起来
右3：清爽的视觉空间

LOGO OF THE WORLD 2007
CATEDRAL
INNOVATIVE APARTMENT BUILDINGS
URBAN SPACES SQUARES & PLAZAS
URBAN SPACES SQUARES & PLAZAS
URBAN SPACES SQUARES & PLAZAS

左1：一组白色复古旅行箱组合成接待台

左2、左3：造型独特的灯具

右1：窗外的美景

右2：素雅的空间

Wanlian + Club

万联+俱乐部

设计单位：宁波市汉文装饰设计工作室
设　　计：万宏伟
参与设计：胡达维、贺凯凯
面　　积：600 m²
主要材料：水磨石、金属漆、多层实木地板
坐落地点：浙江宁波
摄　　影：刘鹰

本案位于和丰创意广场意庭楼二楼，有开阔的临江风景和大露台，定位为物流行业的众筹联盟创业孵化基地。我们希望做到在传统行业的商业会所中植入创意和活力，提倡“低成本设计”的原则，呈现集移动办公、咖啡、茶文化及各种主题活动分享等生活美学为一体的创新空间。

通过对平面功能动线的定位，对空间的功能性和复合叠加性进行分配与规划，对原有建筑空间的结构、层高、室内外视野及结构特征进行梳理优化，强化优势及特性。精简材质的运用，结合定制家具、灯饰及软装，体现轻松多元，包容开放的空间气氛。

我们想通过这个项目的设计，将这种创新空间运用到各种传统模式的商业领域中，做一个新的尝试。在近半年的运行使用中，办公及商业表现都反映良好，使我们的商业设计价值得到更进一步的体现。

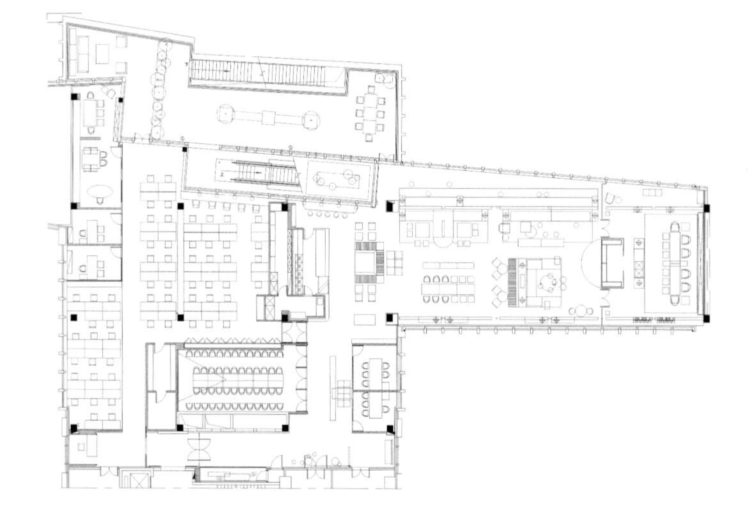

左、右2：局部地面铺设缤纷色彩组合的地砖
右1：阅读区

万联9月·感恩五重礼
——百万现金大回馈!
减
奖
送
免
值
万联9月

左1、左4：多元化的空间
左2、左3：定制的椅子
右1：会议室
右2：夜景

Shenzhen China Cup Sailing Club

深圳中国杯帆船会所

设计单位：水平线室内设计有限公司
设　　计：琚宾
参与设计：潘琴超
面　　积：1000 m²
坐落地点：深圳
摄　　影：井旭峰

我一直很少写项目介绍或设计说明，因为向来记不住或没刻意记住以往的设计，满心都是未开始或进行中，已完成了的总只留个大致的印象。生活总是要过得有趣些的，写项目介绍这一行为本身好像与这初夏的浓绿深红鸟鸣蛙叫的并不相符。幸好这帆船会所倒也算得上是个养心的“保合大和”处，在这盛夏的开端分享给大家。

外部无标示，具体地址百度不到，但说起前身芝加哥酒吧估计老深圳也就都知道了。“藏”在体育馆首层六区，以 1000 平方米的大小座拥着可享受体育场内 170° 的视角和观赛 VIP 的体验。主入口处有一清爽的迎宾装置，是在原建筑天花上覆以轻质钢材，再铺以半透光膜材料。那许多幅见证了不同时刻的旧船帆，则通过形体变化、衔接、阵列，构建成新的形式，朦胧着、半透着铺开在廊道上方，往外散布开去。日子还很长，两旁素色大陶罐里的三角梅会慢慢地爬满整面墙。接待大堂里的音效设置，每当进入时便会有海浪声音自动播放，一旁的人体与影像交互系统则会捕捉运动过程中的方向并以同步速度将图像展示出来。人在廊中，影映水景上，自然原石静静立在一旁。

事实上多媒体系统在帆船会所里出现了多次。展示区域里的 3D 互动、AR 增强技术，绿幕抠像互动拍照、体感游戏、外带操控船舵的仿真驾驶……虚拟和真实的场景结合在一起，技术与艺术的双向创新是种必然趋势，由于会所的缘故，稍微提前了一些。与互动系统、音像系统共同营造层次细致的空间，从电脑、电视、个人信息终端的互联，到灯光、窗帘等电器的模式处理，因着提倡节能和环保的生活宗旨，想来也会落伍得慢上一些。

书房和茶室部分是我个人最喜欢的自在空间。茶室里的灯和植物的装置都是特别打造，书和饰物的收藏也不错。整个书房里有种将人拥抱在里面的温暖，心沉静，想一直停留。这两个区域虽不大，但却有着足够的界定，容易控制和拥有，容易相熟和记忆。咖啡休闲区中的灯花了些心思，两侧的置更是当初一笔笔画出的模样。后面的大阶梯保留了原芝加哥的海报，当然是以另外的一种模式呈现。归属感与认同感都强调着脉络和与藏在时光缝隙间的隐喻。知来处去处，也能得过去未来，算是承接，也是种对过往岁月的致敬。

会所中很多细节表明其定位和倡导，比如由回收的塑胶水瓶组成的装饰画，倒挂着的枯木根逆向再生长，老木板拼装的咖啡馆天花条……平静中的力量比较容易感人，合适的物件并不在乎贵奢。会所属性决定了其独特业态的空间和专属感，在内各得其所，有一种有别于其他会所的舒适感。好的空间要宜“居”，并让“居”者产生空间认同感。那是能够被不同人共同体验到的实质环境，很“主观”，但实际上各种不同的主观感受却是由实际的“客观”的环境所影响、所暗示了的。空间被赋予了预设的情感色彩，参与者被调动起类似的认同感，由此靠近路易斯康“愿意呆的地方”的那个方向。

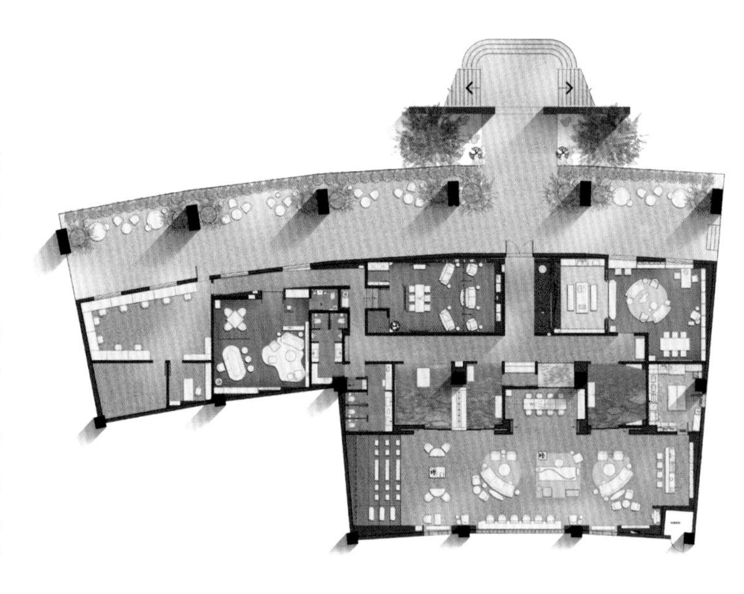

左：走道
右1：影视厅
右2：洽谈区

左1：书吧
左2、左3、右1、右2：洽谈区
左4、右3：VIP区

Mysterious House • Family Feast

深宅 · 家宴

设计单位：香港无界设计企画咨询有限公司、HBS红宝石装饰设计有限公司
设　　计：张向东
参与设计：李佳怡
面　　积：1600 m²
主要材料：金砖、青砖、木饰面、木地板
坐落地点：浙江宁波

2015 年中秋，在慈溪市区一条闹中取静的河边，一座院落式建筑悄然落成，遁世恬淡、静绝尘氛。做为这个项目的主笔设计师，也是第一次将建筑、园林、室内、陈设进行一体化设计的项目，回顾两年来的辛勤点滴，到了收获的季节，也想写一些关于这个建筑营造过程的一些心得。

2013 年 10 月，台风菲特过后，宁波大水，经朋友介绍，狼狈出城至慈溪与项目业主见面，初识李总，心宽体胖、热情好客，提出要做一个中式餐饮的构想。站在河边现场一片杂草丛生的空地上，面对一座孤零零工业厂房，头脑一片空白，毫无头绪，秋日的阳光灿烂依旧，暖风微醉。头脑中不断闪现出一系列的问号："我是谁？从哪里来？到哪里去？"其实我们人类都是这个世界的过客，善待自然，与自然和谐共处才是人类未来的出路，台风菲特带给我们的不仅仅是教训，更是一种思考，"阳光、风、水、树"才是这个世界的主宰。中国人古老的基因中强调人与自然的和谐关系，自然要无限放大，人再缩小一下。

接下来的设计方案中在那一片空地上划了三个方块，分别取名为"园林"，"树井"，"水景"，四周用高大的围墙围合起来，形成一个私密的院落。就中国文化而言，院落是安顿生命、安顿家属和安顿精神的场所，一道墙把一个家庭围起来以后，里面是个独立的世界，院落是他们的天地。深宅家宴的构想油然而生，接下来的工作一切都顺理成章了，内敛、低调与含蓄是整个会所的主题。

一层入户经过荷花池长廊步入室内，隔绝了尘世的喧哗，停泊在水中的一艘木船讲述着江南水乡的故事，同时水在炎热的夏天对室内起到降温的作用。长廊的尽

头越窑古青瓷述说着千年历史的记忆，大堂吧和茶室通过折叠门与户外庭院相连接，感受着四季的变化。室内空间尽可能采用空气对流与日间采光，打开窗户，让阳光照进，让空气流通，自然才是建筑的主人。大厅设置农产品展示区，地面老石板与顶上《清明上河图》的古代市井生活遥相呼应，体现“原生态、绿色、健康、美味”的产品特点。二层包厢除了“青瓷”包厢外，分别以“荷花”“麋鹿”“蝴蝶”为主题进行表现，诠释杭州湾湿地文化，楼梯顶部吊装的一艘老木船，如同停泊在静静的港湾。三层“公馆”包厢将传统中式和红酒吧相融合，体现中西文化的结合。整个空间以不同的视角表现慈溪的地域特色，营造出寂寂静谧里，浑然忘归的轻松愉悦的氛围。

左、右1、右2：入口处

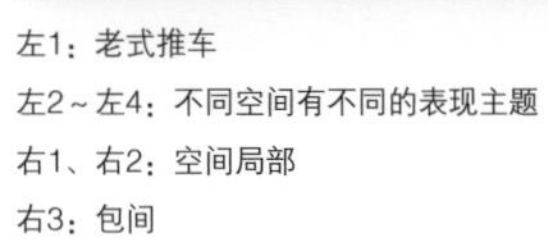

左1：老式推车

左2～左4：不同空间有不同的表现主题

右1、右2：空间局部

右3：包间

Siming Scented Room

四明香堂

设计单位：潘宇设计工作室
设　　计：潘宇
面　　积：3000 m^2
主要材料：青石板、金砖、生漆、石灰
坐落地点：浙江宁波
摄　　影：张静

四明香堂所展开的设计工作自始至终都是基于一种为我们所共有的关于“记忆”的特殊情结。四明香堂的前身是一座始建于清代的三进式院落，有着极高的历史价值和极深的文化底蕴。在设计过程当中，如何在保有建筑原体的前提之下，表达和传承其内在精神，同时结合以能够为现代人所用的空间功能及生活方式，这无疑是最为核心的命题。所谓“记忆”，它是一种将人们同过去相互连结的事物，没有记忆，一切创造性的活动也就无从谈起。在成长过程当中曾居住过的房子是什么样子，我们大概一辈子都无法忘记，因此这样的记忆左右着设计，使得设计实质上就是一种对于记忆的还原。因此，针对四明香堂这个项目，我们必然需要在尊重记忆和历史的基础之上，通过“无我”和“忘我”的设计方式，使建筑本体能够最大程度地得以保留，使其间所包含的情怀与故事能够得到传承。

同时，设计作为一种服务，“对号入座”来满足业主的需求是一种基本的层次，而在满足业主需求的同时，能够给予空间以附加值，这就是另外一个层次了。业主的需求很纯粹，仅仅是打算做一个私人会所，而我们需要在充分把握古建筑背景和特征的情况下，去思索如何在满足会所基本功能的同时，尽可能多地带来一些附加值。

具体来说，古建筑本身不具备空调、地暖等现代化的设施，同时通风、采光、消防等方面也都存在着问题，因此要设法嫁接现代人的空间需求，使其重新焕发出能够为现代人所服务的空间功能和规范。同时，对于宁波这样一座经济发达的沿海港口城市来说，私人会所往往让人联想到时尚而前沿的奢侈品牌。因此在不破坏原本结构和功能的基础之上，在中堂这样一个原本仅仅用以接待的场所当中设置走秀的专业设备，赋予空间具有现代意味的附加值，使之成为于闹市之中、月湖之畔的一个难能可贵的高端场所。

左、右1、右2：这是一座始建于清代的三进式院落

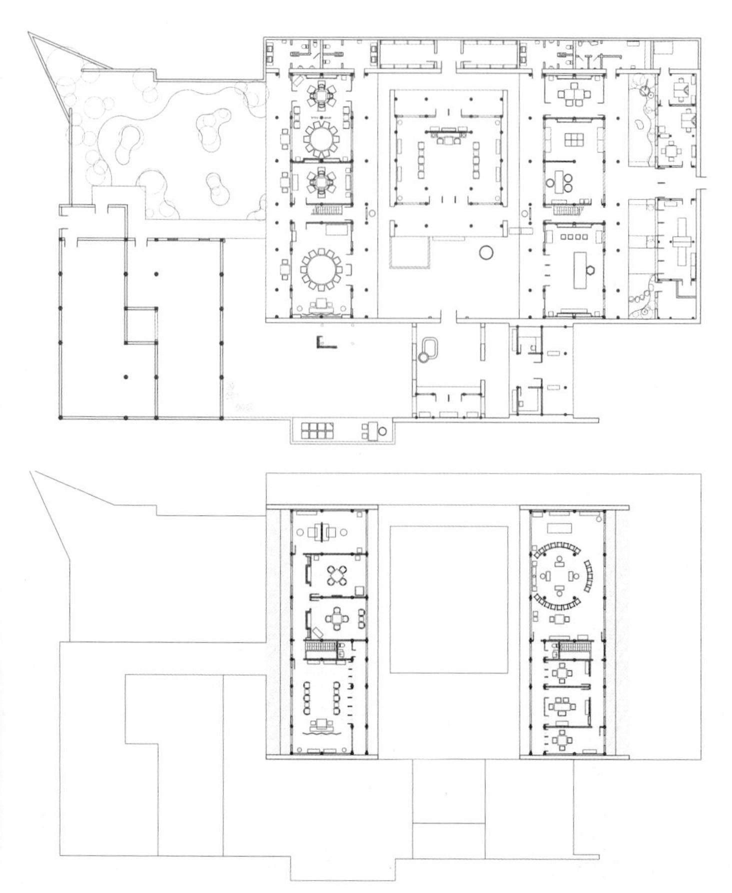

明德至善

左1：大红灯笼高高挂
左2：厅堂
左3：药柜
右：建筑本体得到最大程度的保留

Very Space International

世外之境

设计单位：咏义设计股份有限公司
设　　计：刘荣禄
参与设计：黄沂腾、王思萍、徐咏伦、周筱婕、周亭萱、钟廷煜、郭书宇、谢宜臻、张瑜芯、黄麟絜
面　　积：120 m²
主要材料：人造石、板模砖、石材、烤漆、仿清水模漆
坐落地点：台北
摄　　影：黄钰崴

时间流动至此场域，空间有着强烈的美学意象，利用折线的黄金比例切割划分，均衡并且增添超现实的复数景致。走进空间，即可感受材质之间的丰富对话，在理性中渗透着设计的血液。不忘历史轨迹的人文情怀，将过往的设计感受与美感淋漓尽致地反映于现代，取得前卫与复古之间的精炼与平衡，并结合深度的生活底蕴，开启具有人文精神的灵性空间。

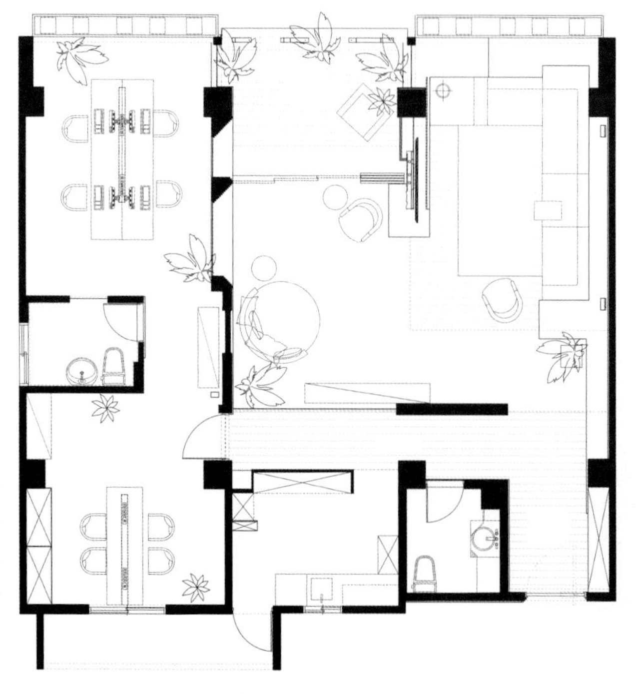

左1：玄关
右1、右2：空间有着强烈的美学意象

左1：空间细部

左2：充满绿意的阳台

右1、右2：材质之间的丰富对话

WEKO Business Club

威控商务会所

设计单位：维思平建筑设计
设　　计：吴钢、陈凌
参与设计：白云祥、邓昱、王雪晶、朱颖
面　　积：950 m²
坐落地点：河北保定
摄　　影：瑞景摄影

项目定位为高端商务会所，要求集洽谈会议于一体，既能有商务氛围，又能提供舒适轻松的洽谈空间。设计采用重组空间的建筑营造手法，通过四个功能体块的植入把空间分隔成公共、半封闭和封闭三种状态，以便于不同使用状态和功能的契合。设计风格要求简约沉稳，符合接待国外客户的品味需求。设计中选用直线作为主要构成线条，简单的几何图案体现出现代商务美感，主色调为深灰色和木色以体现极致的简约。

威控商务会所项目位于保定电谷锦绣街，所在建筑是一个六层的厂房，进深 30 米，虽然三面有窗，但是采光条件还是不够理想。室内设计概念为“四个盒子完成的空间重组”，为了打造合院的空间气场，设计师定义了四个功能体块，围合成一个公共庭院空间和四个半私密的洽谈空间，空间与空间之间是流动的。考虑到采光的问题，四个盒子平行于外立面的墙是玻璃墙，而垂直于外立面的墙是实墙，让自然光穿越玻璃墙洒到中间的公共庭院。四个功能盒子分别是入口前厅、大会议室、小会议室、商务服务中心。访客通常是从楼梯或电梯来到入口前厅，随后进入到公共庭院空间，然后分流到其他功能盒子和四个半私密的洽谈空间。

整个设计都按照特定模数进行设计与建造，包括四个盒子的实体墙也是按照 600mm 的模数设计，并把储物柜、陈列龛、电视屏幕、视屏设备、空调、消火栓等集成在这些 600mm 的厚墙里，使空间表达得更加纯净和一体化。模数化的设计和建造增加了工厂定制，减少现场工作量，提高建造效率和精准度的同时也减少了对现场环境的破坏。由于空调的安装都在四个盒子中解决，中心庭院和其

他空间的吊顶就相对解放，中心庭院区吊顶利用现场的梁窝，有效提升了空间的净高度。

主体色调是木色和深灰色，由于合理的规划使自然光能够充分利用，整体空间白天相对明亮，因此有条件选择沉稳的色调来营造商务气氛。灯光的设计以2700K暖光为主，强调用漫反射方式来营造背景环境光，非常柔和的光线使人在空间中感觉眼睛舒适。通过活动灯具营造局部区域的洽谈氛围，同时使空间的层次关系更清晰。

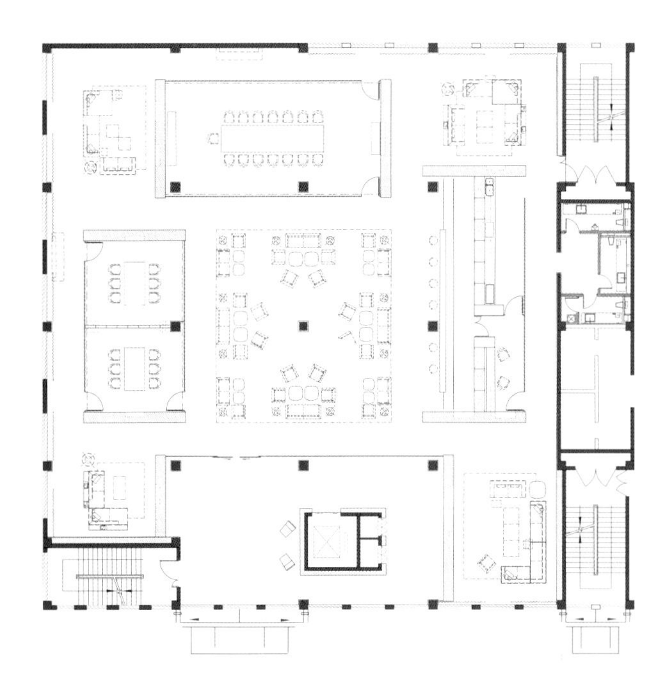

左1：简约木色
左2、右：洽谈区

左1、左2、左3、右1：柔和的光线使人眼睛舒适

右2：明亮的室内空间

Kingsport Fitness Club

金仕堡健身会所

设计单位：合肥许建国建筑室内装饰设计有限公司

设　　计：许建国

参与设计：陈涛、刘丹

面　　积：2711 m^2

主要材料：水泥、钢板

坐落地点：合肥

完工时间：2015年11月

摄　　影：金啸文

该健身房是改造性空间，原来是学校的体育馆，但其设计较为粗糙。我们在设计时定位于还原它的前身并增加空间的力量感。

一楼门厅入口的改造要满足其多方面的需求，主要分为等候休息区和服务区两个部分。大面积的混凝土和镂空钢板造型，在冷峻简明的同时又富有变化，同时光线的引入也给服务台增加了温馨的感觉，健身区入口增加的刷卡功能更显现代化。在器械区至游泳池的线路设计上直白地运用地面材质，来区分醒目的折线和喇叭口的设计。

在健身房主要的器械区，首先把原来吊平的顶拆除，因为楼上正是原来体育馆的看台，这里的顶就应该是阶梯形的。建筑裸露，混泥土冷硬的属性与长直线的造型具有很强的冲击力和力量感。空间布局重新做了调整，把器械区做了归整，同时增加了工业风的吊架和柱子上的红绿灯指示等；跑步机区域把原来封闭的落地窗打通做成钢板框架的折叠推拉窗。私教室和跳操室之间若隐若现，风格上提现轻柔和力量的区别；瑜伽室风格简洁明净，表现瑜伽干净柔韧的感觉；动感单车房保留原来的顶部结构，做了二次照明设计；洽谈区简洁商务。

外观改造上结合内部的主题力量感，运用金属材质来表现。入口右侧几个醒目的大字用钢板制作，另一侧是一条比例放大数倍的铁链，像随时可能被拉起一样，也是力量感的体现。

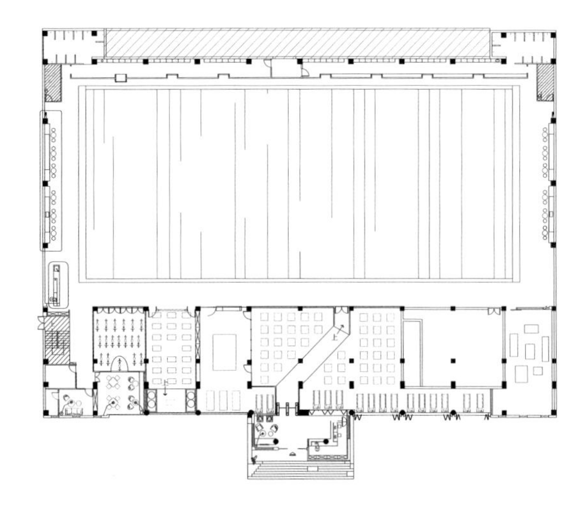

左：门厅

右1：等候区

右2：跑步机

右3：器械区

右4：门

LONDON

DIQUA帝度

KINGSPORT
GYM

KINGSPORT
USA KING SPORT GYM
健身

左1：服务台

左2：泳池入口

左3：动感单车

右1：洽谈区

右2：休息室

右3：“山”景的设计

Shenzhen Zhongtong Banshanbanhai Reception Club

深圳中通半山半海接待会所

设计单位：深圳市朗联设计顾问有限公司
设　　计：秦岳明
参与设计：陈宝骏、李慧慧、赵卫姣、段力军、肖丹
面　　积：1768 m^2
主要材料：皮革、木饰面、石材、茶镜
坐落地点：深圳

本案位于梧桐半山之上，坐拥深圳唯一国际级森林公园，远眺大鹏湾，尊享稀缺山海资源，服务于对生活有极致追求的精英圈层，旨在营造一处蕴含文化品质的、高品位的顶级尊崇场所。

白居易在《大巧若拙赋》中，以“随物成器，巧在其中”为韵，将器物的制造分为两步：审忖物象；匠意匹配。就物之直象循其自然，因物不改，借其自然巧工之意，带入器物制作的匠造之中，这也是中国文人循理而为之法。

我们也期望遵循此法，对本案的内部空间进行一场有所意欲的匠心改造。故而在设计之初便对建筑及周边环境进行了细致分析，以期通过空间梳理来对具体空间功能进行度身定制，并着重凸显“于山海之间高品质的细节享受”这一生活态度。

以此为径，重新规划后的内部空间形成了错落而又开合有致的层次。入口门厅与二层主客厅的序厅间的相互交流，两层通高主客厅以大面积玻璃借入户外山景及远处海面，室内泳池与楼上休闲空间的互动，丰富的剖面关系带入了“水岸山居”的概念。

在平面处理上，以对景、虚实、疏密、藏露、繁简等手法串联各功能空间，一如山静水动、山阴水阳、山仁水智的阴阳婧和的复合理念，呈现出一派舒适休闲又兼具品质的山海生活景象。山是精神，亦是境界。在立面上用写意画的笔触，辅以深色勾线、浅色带面，赋予“山”的硬朗。同时在终饰物料及艺术品中亦融入山水肌理和意向，以“水”之阴柔与其和谐相生。山水的抽象意念，对比中体现出对细节的推敲和尺度的精准把控，既和室外的风景遥相呼应，又为客人带来舒适尊贵之体验。

我们通过循空间之自然、理功能之关系、合传统之元素，最终呈现出一个立体丰富而又蕴含中国传统文人士大夫气质的山水之所。

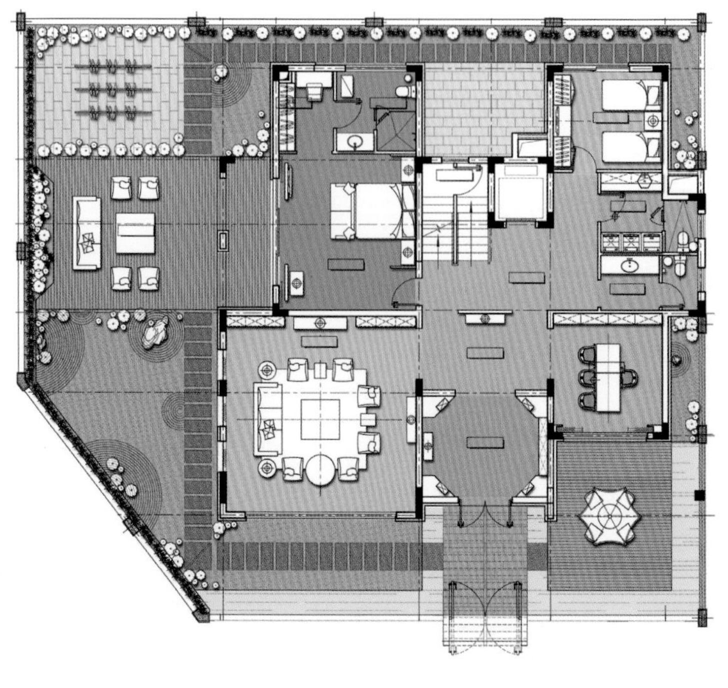

左：门厅
右1：接待厅
右2：空间局部
右3：客厅

左1：休闲厅
左2：红酒雪茄吧
左3：室内泳池
右1：书房
右2：卧室

Chongqing Cloud Club

重庆云会所

设计单位：北京集美组
设　　计：梁建国
参与设计：蔡文齐、吴逸群、宋军晔、聂春凯、刘庭宇
面　　积：1500 m^2
坐落地点：重庆龙兴古镇
摄　　影：佘文涛

"云来山更佳，云去山如画。山因云晦明，云与山共高。"百年府邸，重塑新生，是对传统文化的保护与尊重，也是此次案例的介质与载体，亦是我们一直研究的方向与课题。

蜀国多仙山奇云，一木一石都是灵秀。云会所云缕作灯、山石入画。效法自然，回归本真，是为本案之精髓。我们不希望传统的堆砌，更不希望是形式表象的炫耀。一木一石若盏茶，袅袅檀香琴悠扬，一襟闲云看野鹤，佛面颔首笑尘世。我们想将这种士大夫情怀还原为当下的空间形式呈现在世人面前。

巴蜀之地仙山奇云，聚则万象，是为云会。

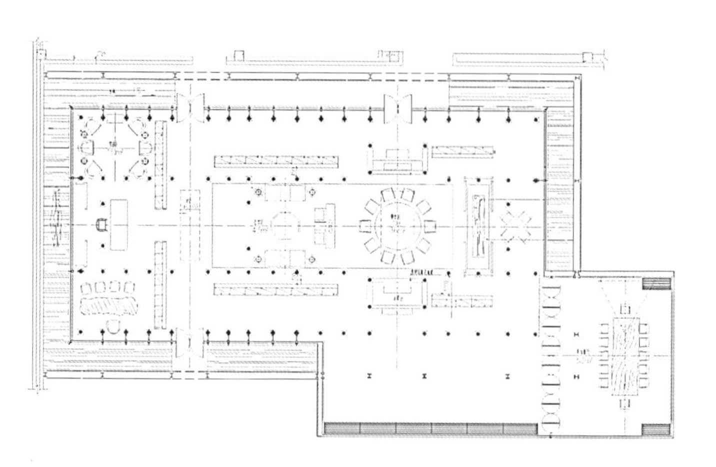

左：外景
右1、右2：云缕作灯，山石入画
右3：景中有景
右4：一木一石若盏茶

雲會

左1、左2、右1、右2：古色古香的空间

Century Heroes Fitness Club

世纪英豪健身会所

设计单位：洛阳凡本•空间设计事务所
设　　计：李成保
面　　积：1950 m²
主要材料：雅士白石材、断桥铝玻璃、人造石
坐落地点：洛阳
完成时间：2015年10月

本空间设计是一个健身会所，设计师用“点”“线”“面”在空间中形成不同的折面，使空间呈现不同的交错变化。同时又运用内建筑的设计手法，在整个大空间中形成各个独立的小空间，而每个小空间之间又形成对峙。运用纯白色的色调，使整个空间宛如一个纸做的白色折面空间。

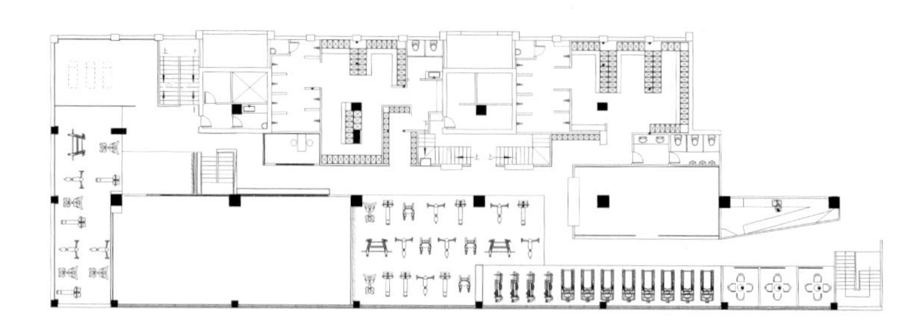

左：纯白色调的空间
右1、右3：当弧线遇到折面
右2、右4：楼梯

左1：白色吧台后是原木色的背景
左2：不同做法的窗户
右：灰色和原木色的搭配

More sports
More health
Health is not everyting
but without health
there is no everyting

Xihuang Shengdi Meijing Suxin Garden

羲皇圣地美景素心园

设计单位：北京集美组
主持设计：梁建国
参与设计：蔡文齐、吴逸群、宋军晔、聂春凯、刘庭宇
面　　积：3000 m^2
主要材料：云砚石材、仿旧黄铜、丝布、胡桃木
坐落地点：河南郑州
完工时间：2015年12月
摄　　影：佘文涛

这个位于中原伏羲山，饱含伏羲文化的领域，山顶依山傍崖的素心园，是梁建国先生用了五年时间来研究的课题。诚如梁先生所述："能从历史文化源泉里，找到天、地、人、文之间的磁场关系；能在这里的每一块青石上、飞檐间静泊自己；能大而归一，让素心园纯粹到极致……不论付出多少心血都是充满喜悦。"素心园的确是这样的所在。

伏羲山，位于距离河南郑州最近的4A景区，驾车50分钟的距离是遍数中国任一城市都难寻得的地方。在那里蕴含着伏羲文化，传说人文始祖伏羲，于此种桑麻，耕猎之余创制今日预知福祸的八卦文化……

这一文化脉络构成了素心园的文化溯源，而梁建国设计的素心园每处都浸透着中国式哲思。原村落居民的手工匠作，用原土地的青石营造宫殿，铜制屋檐内敛华丽营造的千年穿越，中国最早混凝土夯制的筑坯墙上的历史时间感、伏羲文化艺术化表现的现代手法……

在梁建国看来，将素心园土地上的"千年窑居文化、伏羲文化"，用当代审美进行载地性国际化演绎，打造"山顶水边宫殿、温泉观山露台"的山间隐谧宫殿，洞悉国人的审美情趣，用胸中丘壑勾勒独特的中国美学，是素心园在世界的设计

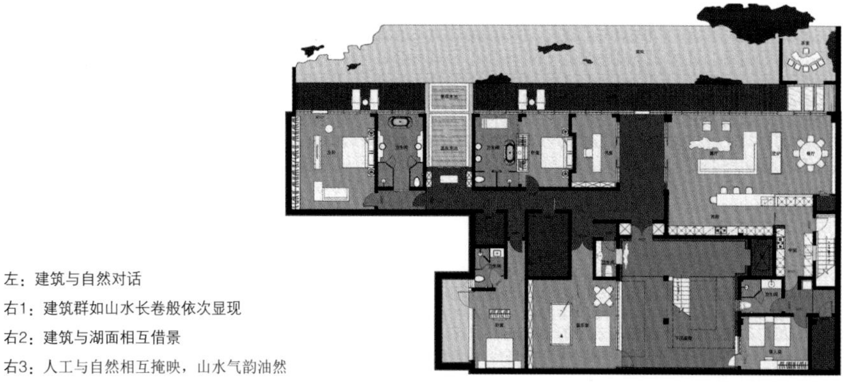

左：建筑与自然对话
右1：建筑群如山水长卷般依次显现
右2：建筑与湖面相互借景
右3：人工与自然相互掩映，山水气韵油然

美学里书写的东方篇章。

它就是“山水建筑”，不是“生态建筑”，或者“田园建筑”，也不是把建筑直接设计建成山的样子，它代表的是东方哲学中，人们寄托在自然中的情怀和对自然本身的追寻。这个概念，早在二十五年前，钱学森就提出过构想，这是一场穿越二十五年的相遇。真正的山水建筑，不应该是意识流。山水之间充满诗意，人与自然需要情感对话，回应心中的“山水”。这是一种“自然而然”的相处方式，建筑仿佛消失在这种自然的渗透之中，一个有山有水，有“空儿”的相互匹配的建筑集群。

建筑群如山水长卷般依次显现，与湖面相互借景，与山峦围合出一块绿洲。整个建筑群疏密相间、高低错落，从环境中生长出来。人工与自然相互掩映，山水气韵油然而生。

借景是造园的手法，一是把周围的景色融合进来，二是自己也要成为景观的一部分。你中有我，我中有你，自然而然。融入其中的建筑充满生机，这种生机使人们在这个环境中和谐呼吸。

左1：走廊

左2：室内局部

右：室内设计浸透着中国式哲思

Aiye • Yipin Hongqiao High-speed Rail Station Store

艾叶 · 艺品虹桥高铁站店

设计单位：上海壹尼装饰设计工程有限公司
设　　计：黄一、常成
参与设计：周建发、吴少侠、赵雅雪、吴海忠
面　　积：100 m^2
坐落地点：上海

2015 年末，国内自创文化品牌“艾叶 · 艺品”委托我为他们设计连锁的专卖店，其产品中有很多来自中国名画的元素、图像与色彩，其中不乏有唐宋的大师，也有清末齐白石创作的再生衍生产品。其中，一件颜色偏男性的丝巾吸引了我的目光，仔细一看原来是宋徽宗赵佶的“瑞鹤图”，从其产品的精致度与文化传承的用心，我非常感兴趣地开始着手构思这个项目。当晚便泡了一壶珍藏 30 年的台湾东方美人茶（白毫乌龙），心想着，产品大都是女性用品，如丝巾、丝绸披肩、晚宴包等，应该和美人有绝对的关系。没想到当夜朦朦胧胧的梦境里，我竟来到汴梁宣德门的屋檐上，看着漫天的十八只仙鹤飞舞，那时宋徽宗还没被俘，其实他内心也想着去翱翔，才不想干这没劲的皇帝吧。梦中这画面只短暂停留了一下，便让我决定了专卖店的整体风格方向。

一个月后，这个概念便呈现在上海虹桥枢纽的高铁站店面里了，原本过往熙熙攘攘的人群忙碌奔波，但进了“艾叶 · 艺品”的店里，却展现出一种静谧的景象，可以细细品尝有着浓浓文艺范的产品，也许，这就是我想表达孤独的一种方式吧。店里穿透整体空间的主轴是一座连体的“概念鸟笼”，寓意鸟笼里关的是赵佶，他被囚在皇宫里，看着飞舞的鹤羡慕着。借着鸟笼的延伸，空间中用鸟笼贯穿，除了可以当成展示和穿衣间，也形成了不同于一般专卖店展示的层板与货架，而让狭小的空间显得更通透，更具灵活性与多样性。宋徽宗“瑞鹤图”沉稳大气的色彩以大图输出的方式作为主要的背景，也衬托出艾叶产品的丰富多彩。

设计创意来自一场有关宋徽宗的梦，大量的文化元素与造型上的创意，包括柜台上的灯与展示架上的悬挂，都来自于宋朝官帽上的形象，优雅细长的比例与微翘的尾端也是一种趣味。这一次的执行现场道具、施做、组装与控场，整体都配合的非常到位，完整实现了这个缘起于一个模糊梦境的设计概念。

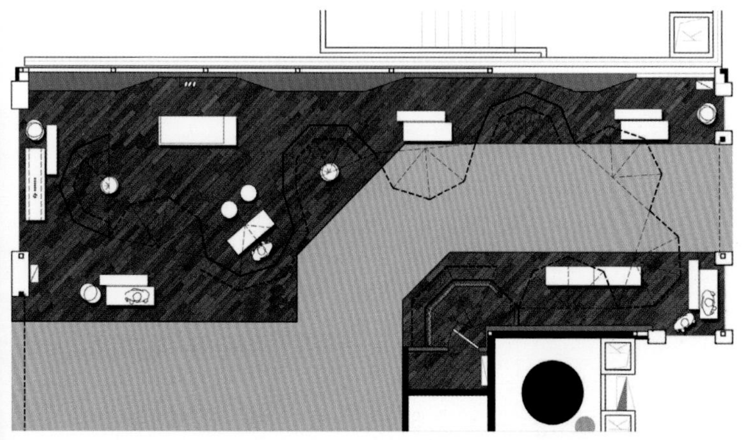

左：步入静谧空间浓浓文艺范跃入眼帘
右1：移步即是景
右2：展厅穿透整体空间的主轴是一座连体的“概念鸟笼”

艾莱·艺品

艾莱·艺品

左：细节展示
右1：展厅局部
右2：展厅一角

Dialogue between Time and Space

时间与空间的对话

设计单位：CSD设计事务所
设　　计：张灿
参与设计：李文婷
面　　积：400 m^2
主要材料：地板、乳胶漆
坐落地点：成都
摄　　影：杨剑波

破坏的墙体，整合着空间，在设计中它是展厅，又是破坏的设计。从一个方向盒子延伸到整个展厅空间，语言的对话和墙体的破坏，这是宏观到微观的设计。视觉的观点，心理的被解读，这些过程都希望被逆转。木质和墙面一起构成的边框，亦形成虚与实。

空间之间，用戏剧性的观察方式，它既是悬挂又是生长。木质的朴质，老墙的结合，在质疑着普通的逻辑，并产生新的形式。看与被看，或看不到，都是在刺激某种想象力的欲望。

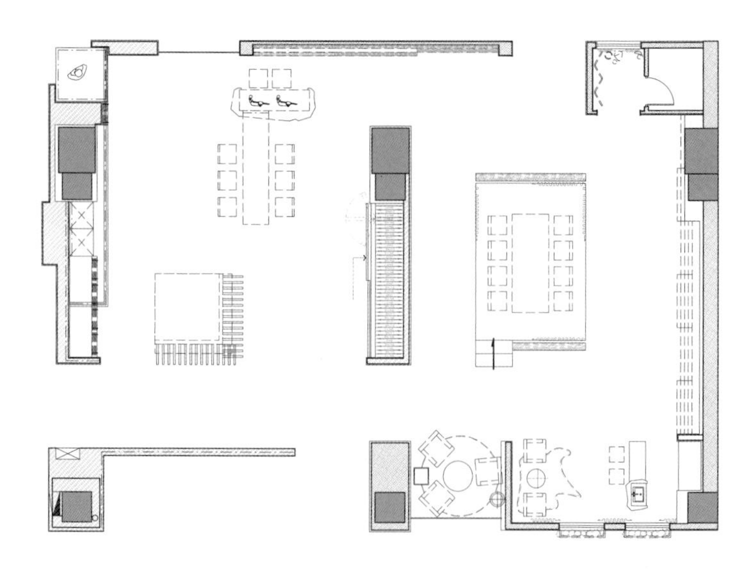

左1：入口
左2：过道一角
右1：木质和墙面一起构成的边框，形成虚与实
右2：接待区

左1：时间与空间的对话
左2：老墙体与新材料的碰撞
左3：深沉安静的过道
左4：墙体的悬挂带来视觉的错位
右1：签名墙
右2：吧台及洽谈区

Hengshan • Heji

衡山 · 和集

设计单位：内建筑设计事务所
面　　积：1500 m^2
坐落地点：上海
完工时间：2015年12月
摄　　影：陈乙

"衡山 · 和集 The Mix Place"，古意为"和集"，英译"MIX"为混合，因此，这里是中国当代生活方式的混合实验室，是包涵人文时尚慢生活的文化商业社区，是上海人的精神后花园。

衡山 · 和集由四栋独立建筑构成，分别是 The Red Couture、Dr. White、Mr. Blue 和 My Black Attitude，约 1500 平方米的设计空间，从设计到完工整整花了一年时间，这对于高效率的内建筑来说是极少见的。用内建筑合伙人孙云的话说，是怀着对文化人的尊敬用匠人之心打造空间，用手艺人的态度运用了大量的独创和定制手法，很多都是手工打磨，每一栋楼每一个细节都体现出了专注、技艺、独特，以及对完美的追求。

在设计中，有几个关键词始终贯穿其中——社区、聚落、偶然、可持续。四栋独立建筑组成类似一个小型社区，需要有关联的统一标示，又要突出每一栋的不同个性。在空间结构以及材料运用中，突然的灵感显现，偶然性的创意增加了整个设计的趣味性与独特性。而可持续性是内建筑一贯追求的，将大量的老物件设计其中，体现在书架、地板以及各种装饰中。

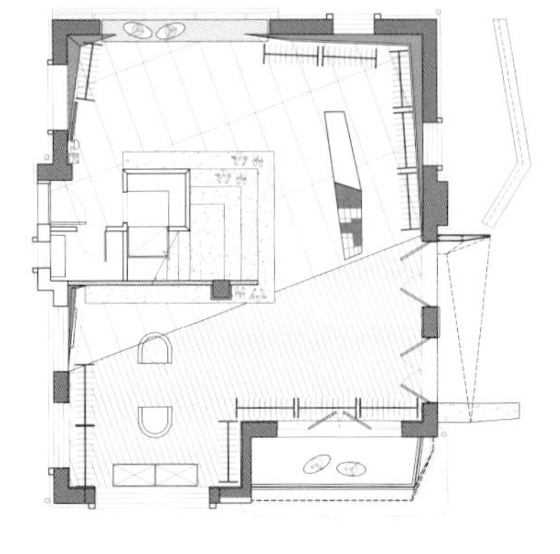

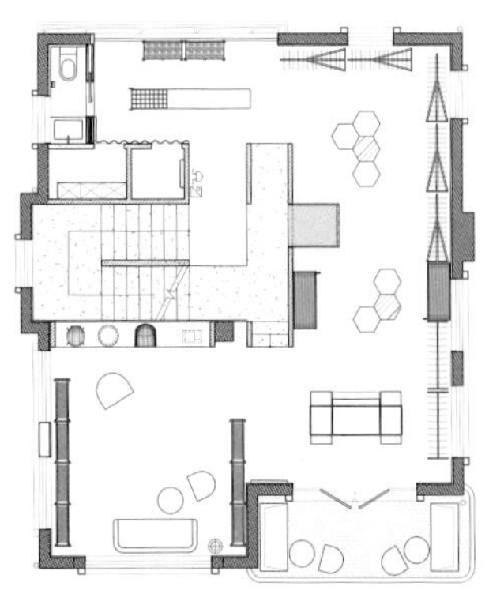

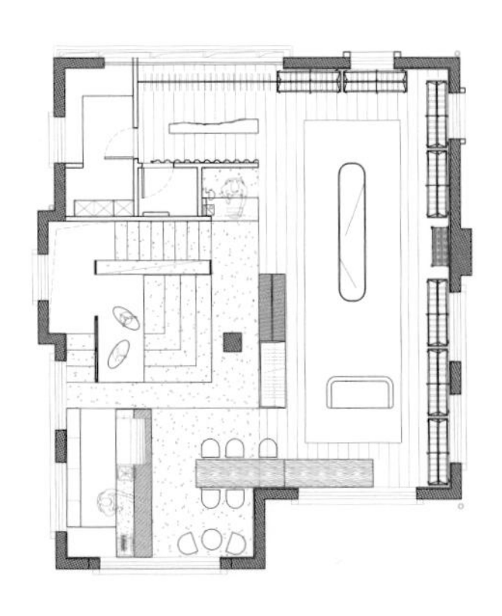

左：入口处
右1：细节
右2：空间透视
右3：转弯即是景
右4：展厅局部

左1：主展区

左2：另一角度看展区

左3：楼梯口

右1：入口

右2：展区

THE MIX-PLACE
衡山·和集

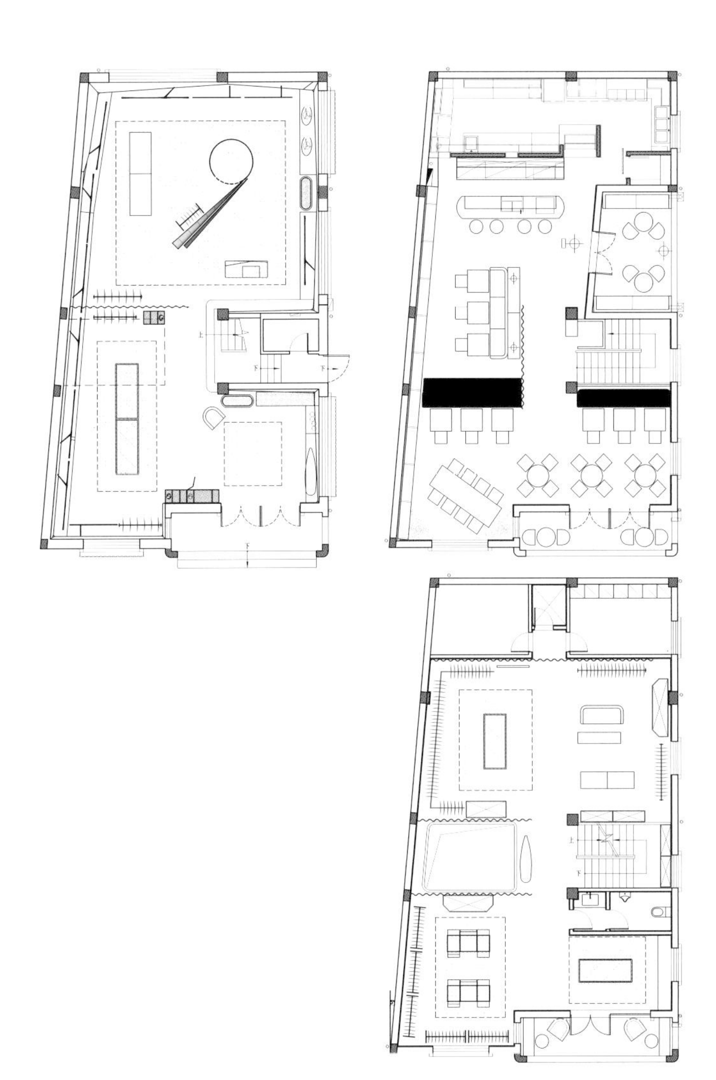

EXCEPTION

左1：细节

左2：展示局部

左3：展区

右1：从楼梯看图书区

右2：休息区

ISSI Designer Fashion Brand Collection Store

ISSI设计师时装品牌集合店

设计单位：杭州古晨无界设计师事务所
设　　计：胡武豪
参与设计：黄淼、胡华冰、陈浩
面　　积：1800 m²
坐落地点：上海
完工时间：2015年2月
摄　　影：金选民

ISSI 的品牌定位是打造中国最大的设计师时装集合地，上海作为中国的时尚潮流窗口，ISSI 选址在这安静的北外滩，更多了一份高傲。上海是中国的魔都，ISSI 的空间同样更有魔力。

入口的石材大门套与复古做旧的木质屏风，体现了老上海悠久的历史文化，更不失 style 的腔调。进入大门，霸气的弧形旋转楼梯使整体空间一楼到三楼融为一体，没有过多的装饰，白色喷漆的钢结构基础和玻璃木质的栏杆扶手精致时尚。一楼的男装区色彩纯粹，白色和铁本色，实木地板和复古吊灯，这些组合仿佛是一个集所有优点于一身的完美男人。上到二楼，正面灰色混凝土形象墙上的白色 LOGO 如此醒目，大厅左边区域是产品陈列区，右边是时装秀场区，露台是时尚 BAR。在产品陈列区围绕中间试衣区，设计了以玻璃为隔断的循环动线，若影若现，空间层次清晰，产品琳琅满目；秀场区泥墙拱门的隔断和对面白色超高钢架外立面隔空对话，仿佛在探讨时尚的话题；时尚 BAR 区，利用露台护墙做了全上海最长的吧台，一个个定制台灯坐落在台面，绝对是北外滩一道亮丽的风景线。整体空间是回型循环动线的结构，从入口开始，每一位宾客可以自然的欣赏完空间中的任何商品。

设计师综合分析了品牌文化特性和地域文化背景，在空间中以灰色的建筑混凝土原结构为基础，利用铁本色的材质做货架陈列，泥墙和白色挑高钢结构建筑体的完美对撞，玻璃隔断与木本色家具的冷暖呼应，使整体空间浑然一体，简洁而不失细节。ISSI 已经在圈内成为知名潮流胜地，特别是秀场空间，各大知名品牌已经陆续在此开产品发布会，对效果赞不绝口。

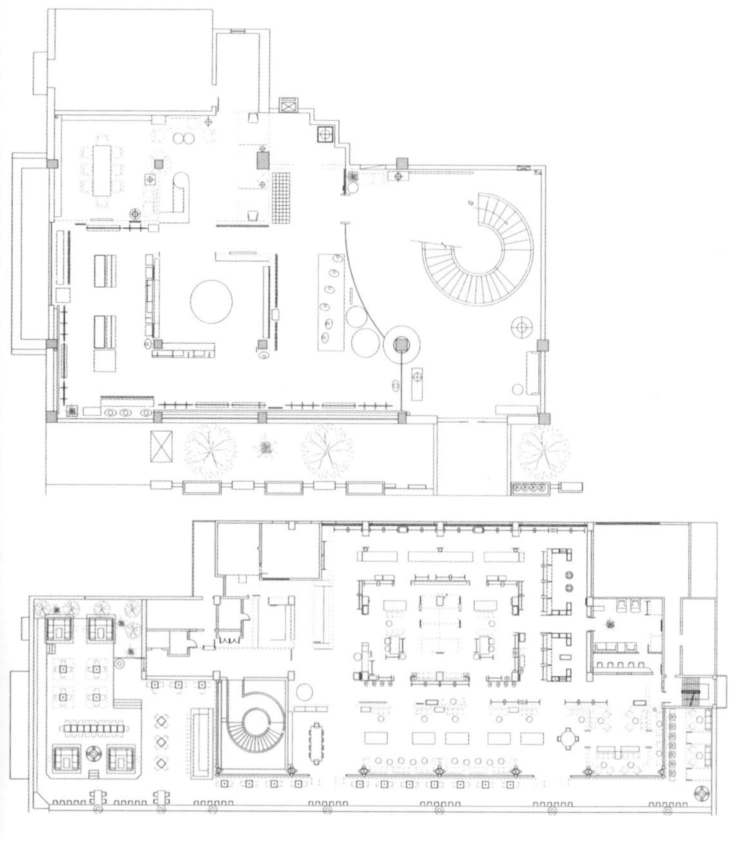

左：入口
右1～右3：展示区

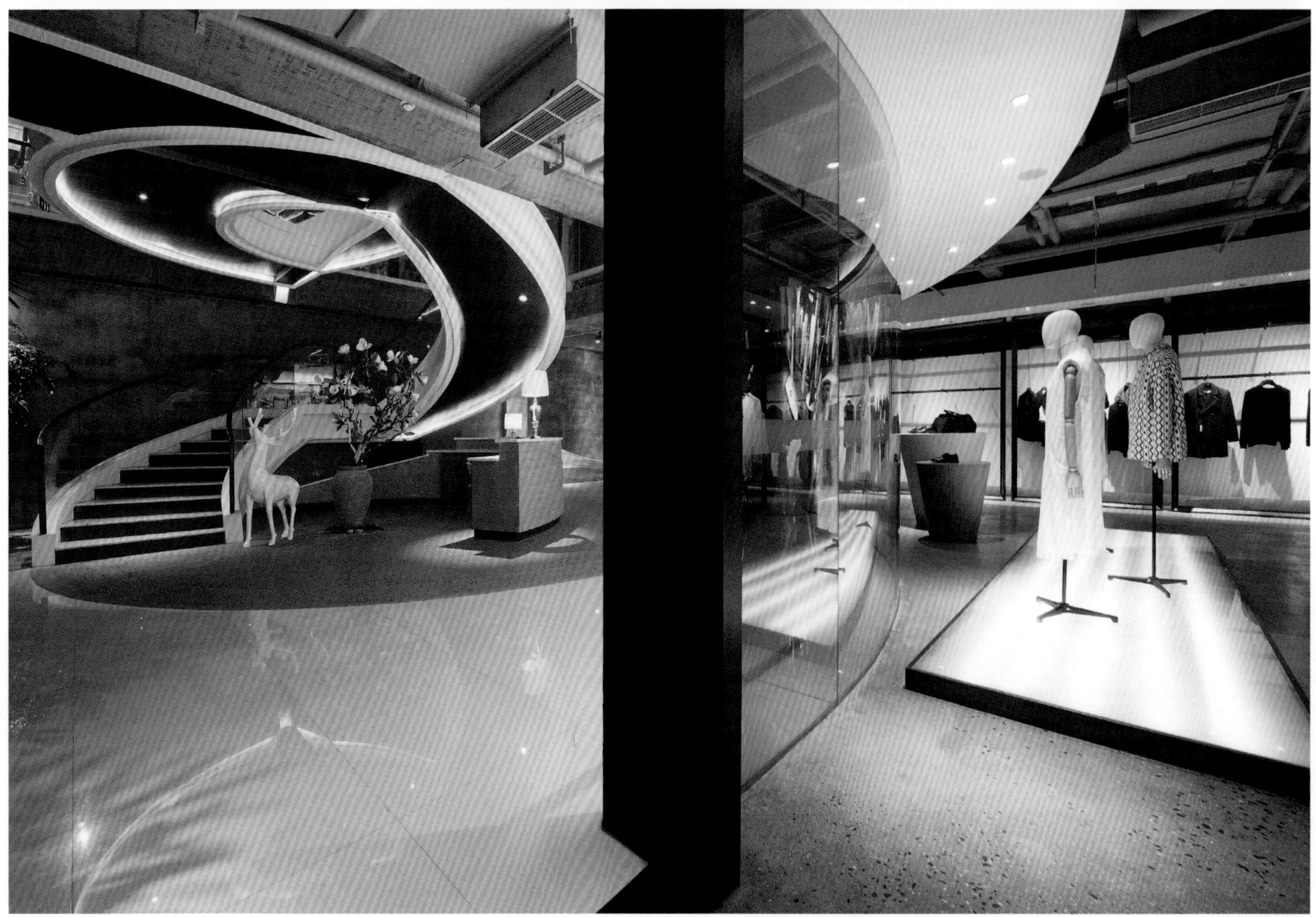

左1、左2：展示区

左3：楼梯与接待区完美融合

右1：接待台

右2、右3：展厅内外浑然一体

Larry Jewelry

俊文宝石店

设计单位：Joseph Sy & Associates
设　　计：Joseph Sy
面　　积：100 m²
坐落地点：香港

俊文宝石店迎合有鉴赏力的、眼光敏锐的客户，宝石及首饰都经过精细手工制作。商店设计精简，颜色以暗灰和浅灰色为主色调，照明方面使用冷色调和暖白光，凸显陈列中的珠宝。设计师善于利用商店不规则的平面图，整体空间划分成四个区让客人购物，从而增加隐私度。

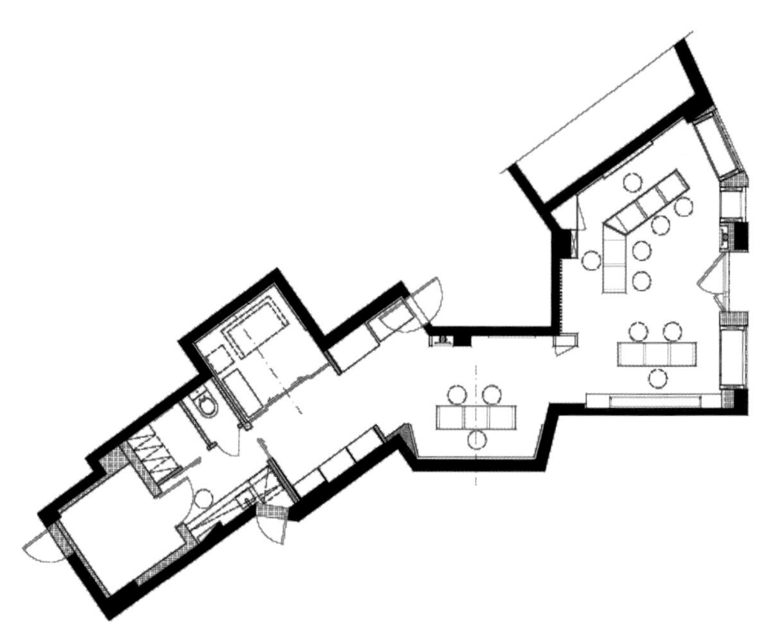

左：外立面
右1：空间以暗灰和浅灰色为主色调
右2：照明使用冷色调和暖白光
右3：不同角度效果

LARRY
JEWELRY

LARRY
JEWELRY

Dyed Order

染序

设计单位：黄译室内建筑设计所
设　　计：黄译
面　　积：120 m^2
主要材料：铁件、三层实木板、水泥砖、银镜
坐落地点：南京
完工时间：2015年9月
摄　　影：郑雷

阿恒是一位手艺人，时至今日他还是如初见一般，一把 MIZUTANI 的剪刀和造型师一起利落地修剪，工作内外丝毫不见老板模样。一家保留着传统作风的理发店，目前在南京有四家连锁，12 年的执着历程。阿恒和他的团队深知店铺设计不可或缺的重要性，他想在这片看似中庸的土地上，为其品牌注入全新的能量。这是我们为其升级打造的第二家店面，要把美发店的空间和服务转化为顾客安心和舒适的依托，室内、家具、灯光、平面，我们逐一去提炼客户需要的品质。

减法、自然，形体的简洁与纯粹，机能的有序节奏，就像发型师最精细的修剪，方寸之间传达大大的能量。把这个美发屋用最理性的角度构建功能的合理位置，建筑先天的绿色景观被充分利用，并加以强烈的感官呈现。

黄金区域的店面空间虽小，却要最大化设立操作镜台。于原始的建筑平面中划分出“离合”两个空间，把休闲和作业场域划分，等候区轻松时尚，工作区干练平和。中心场域的镜台皆是可移动的，在确定电源、吹风机、置物架均在一个独立便捷的体系下，规划出镜台多变的造型，操作镜台和置物架或规矩、或重叠，质地硬朗的道具在疏密中焕发着亲和灵动，同时，灯光、座椅和独立镜台的契合成了绝佳的私人领域。

空间、物件与人的对话，是场景的情绪所在，完整保留的通透玻璃模糊了室内外的界限，白天室外的油绿树木在作业过程中被充分享受，黑色的铁件、深木色地板两种材质在空间中转折，犹如蒙德利安般的秩序与和谐。依窗而设的一字吧台

不再是单纯的染发桌，入座轻松宁静，亦成为等候的绝妙区域。夜晚，街景的霓虹靓影在环绕的百叶中忽隐忽现，黑色隐匿的神秘在空间中渐渐染开……

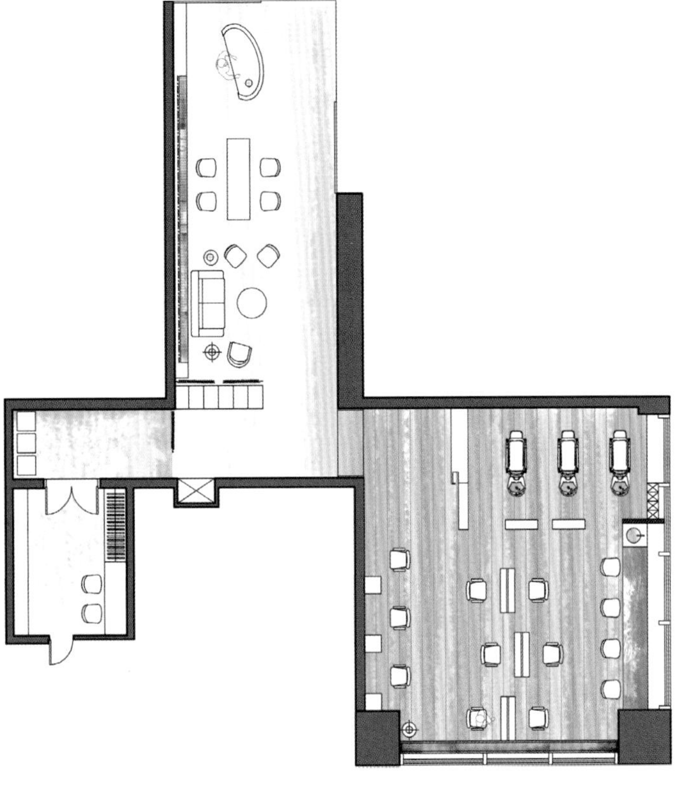

左：空间、物件与人的对话，是场景的情绪所在

右：空间简洁纯粹

左1：工作区
左2：局部
左3：静谧一角
左4：休闲区
右1、右2：工作区

Close Technologic Gifts Living Hall

近距离科技礼品生活馆

设计单位：郑州弘文建筑装饰设计有限公司
设　　计：王政强
参与设计：任红涛、焦雯珊、孟奕臣
面　　积：314 m²
坐落地点：郑州
完工时间：2016年1月
摄　　影：耿旭姗

近几年，市场的繁荣，科技的进步，节奏之快让人始料不及，大开眼界，不知所措，科技产品正在成为时尚的礼品点缀着我们的生活。科技的双刃剑在对传统进行冲击，在理性与感性的思绪中，空间想法一挥而就，一闪而过，那就用感性失重来表达不知所措的理性释放吧。

没有时间沉淀下来时代就变了，像一个速度巨快的跑步机，在上面连站稳的时间都没有。空间平面布局以一条不规则的路连接了店面内外两个进出口，是整个空间的核心。一路走来，路上路下都是风景，两边方盒中的礼品满目琳琅。平时这条路还是表演的秀台和智慧自行车体验的车道，加强了人与空间的互动性，非常有趣。

空间设计依然延续了白色的解构手法，简约明快，颠覆视觉，错落有致，在不平衡中得到释放。地面的红绿色也展现了科技的魅力，衬托出礼品的个性十足。白色的亲和，绿色的健康，红色的活力是这个空间的追求，传递给来访客人更多的情感和想象力，从简单纯粹中感受到科技的友善，从近距离体验中发现身边的美好。

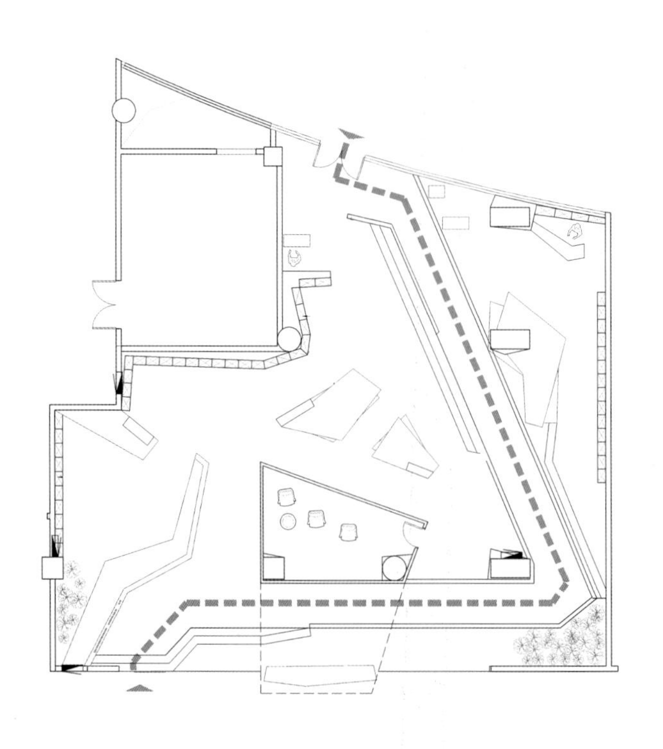

左：展示一角
右1、右2：空间设计运用白绿两色解构手法，简约明快，颠覆视觉，错落有致

Strategic
Partners
SONY
JBL
B&W
Parrot
近距离
Intelligent life
Operator

店铺
智能
To send a
It's time
是时候送个不一样的礼物了！
Special gift

左1：空间视觉延伸

左2：楼梯口

左3：地面的红色展现了科技的魅力

右1、右2：这条路也是表演的秀台和智慧自行车体验的车道

爱创
I TRY I CAN
5tha.com
近距离
0 DIANJIN
科技礼品店
连锁运营

"Yard" Exhibition Hall

"院" 展馆

设计单位：华地组设计机构
设　　计：曾秋荣
参与设计：曾冬荣、吴富全
面　　积：130 m^2
坐落地点：广州
摄　　影：黎泽健

本案以中国传统合院建筑为原型，借由庭院这一凝聚了中国哲学智慧的空间元素，通过围合式手法，将自然融入建筑和生活，营造一个简朴、自省，充满内聚能量的新中式空间。

设计上摒弃一切不必要的装饰，在"空"故纳万境的简约中凸显丰富的想象之"有"。空间布局追求动静结合，内外相融，外部封闭而内部开敞，映射出聚合"向心"的潜在文化意识。透过茶室、空窗、游廊与庭院景观之间的交感融合，塑造"中国式"含蓄蕴藉、冲淡清远的空间意趣。

设计的本质是对生活方式的设计。我们通过展示诗意栖居下的庭院美学，弘扬一种"建筑、人、自然"和合共生的生活方式，并希冀以此推动中国建筑空间文化的新发展。

左：展馆外立面
右1：序厅
右2：序厅

左1：庭院
左2：人与建筑
右1：自然与建筑
右2：茶室

Wuxi Fashion Styling

无锡时尚造型

设计单位：上瑞元筑设计顾问有限公司
设　　计：孙黎明、耿顺峰
面　　积：410 m^2
主要材料：六角黑白马赛克、不锈钢造型板、喷塑铁板
坐落地点：无锡

依托项目独立品牌的个性定位及独特的中心商业区位，设计师以巧取掀起话题招揽目光，定位以LOFT朋克风潮牌的演绎，在美容美发商业空间描绘着特有的情景故事，精心铺展的场景带来目不暇接的视觉体验，让宾客在享用中感受真实与想象。

专业定制的梳妆镜，配合运用金属、皮革及LED照明等具有工艺感的吸睛要素，通过镜面反射使空间更加梦幻迷离，光影魔幻。精选的朋克文化大幅海报，辅以透光装饰的艺术墙面，通过影像处理烘托空间氛围。“建构”语汇贯穿整个公共空间，金属构件穿梭游离于美发区域，各场域紧密地串联合一，使整体风格统一而洗练。在简单利落的空间格局中，仅以不同地坪材质配置作为区分，打造出流畅动线。明亮的剪发区和幽暗的洗发区，利用黑白六角瓷砖马赛克嵌入12星座金属图案纹样加以区分，更加突显功能的各自空间属性及层次，凸显新颖的朋克艺术气息。顺势步入VIP区，通过定制的装饰码钉窗帘隔断，静谧尊贵的空间饶有趣致，给宾客们定制出别样的空间场景以探索漫游。

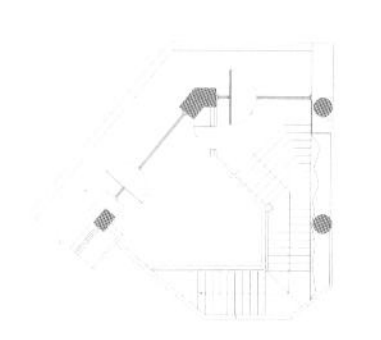

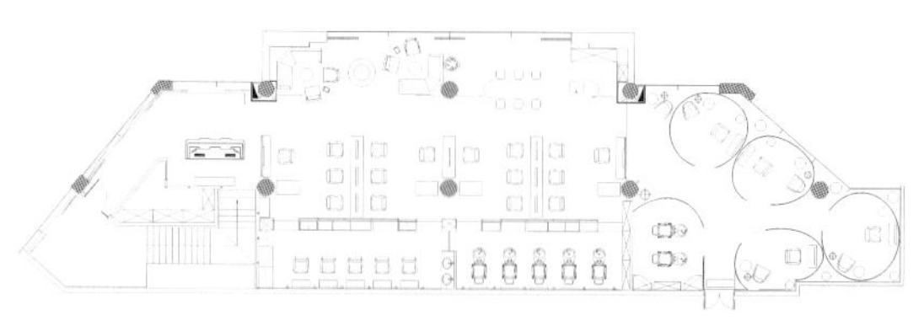

左1：楼梯
左2：接待台
右1：等候区
右2：工作区

FASHION
SALON

左1：工作区
左2：VIP工作区外侧
左3：工作区
右1：VIP工作区内景
右2 ：工作区

Nanning Winhand Bridal Shop

南宁永恒婚纱·摄影生活馆

设计单位：李益中空间设计
硬装设计：李益中、陈松、肖瑶
陈设设计：熊灿、陈松、欧雪婷
面　　积：1060m²
主要材料：涂料、地砖、黑钛拉丝钢、铁板、艺术玻璃
坐落地点：南宁
完工时间：2015年10月
摄　　影：郑小斌

永恒婚纱·摄影生活馆坐落于风景秀丽的南宁市郊五象湖公园，是针对高端婚纱客户的专用内景拍摄基地。主要功能为高端韩式婚纱内景摄影区和高端客户会所功能区的复合空间。会所共三层，首层和二层为室内空间，三层为屋顶露台空间。永恒影像在南宁的婚纱摄影界首屈一指，独占鳌头。此次设计新店，希望我们能给空间形象注入全新的时尚感觉，适合当下年轻人的审美趣味。

拍婚纱照是件美好、圣洁、令人激动向往的事情，永恒婚纱·摄影生活馆要把这种愉悦幸福的感觉传递出来。经过调研及分析，我们把“时尚、轻松、纯洁、浪漫”作为设计的关键词。以开放的空间布局展开，一二层之间以共享中庭的形式建立联系，以大面积的象牙白色打底，与各种款式各种风情的白色婚纱一起，为整个设计铺陈纯净圣洁的调性，用简洁轻盈的黑色线条勾勒形态，凸显干脆利索的设计风格。

粉红、粉黄、粉绿的樱花树枝点缀其中，为空间注入温馨浪漫的调性，Tiffany蓝与柠檬黄搭配，在黑与白的强烈对比中显得夺目耀眼，充满了欢快又不失高贵的时尚格调。

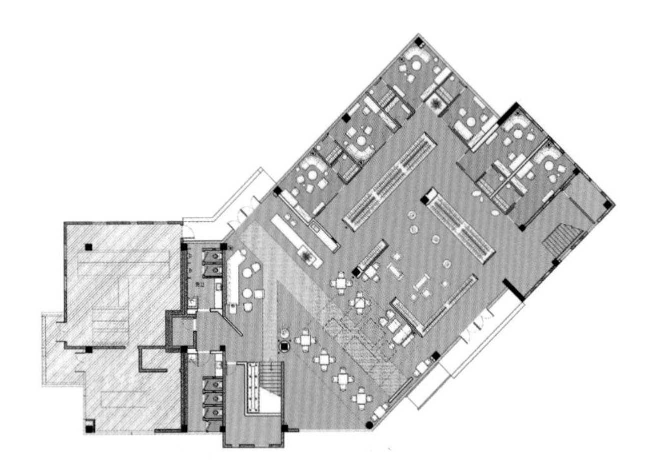

左：“时尚、轻松、纯洁、浪漫”是本案设计关键词
右：空间弥漫着温馨浪漫的调性

左1：更衣休息室
左2：接待台
左3：更衣休息室
左4：男装展示区
右1：男装展示过道
右2：洗手间

左1：更衣休息室
左2：接待台
左3：更衣休息室
左4：男装展示区
右1：男装展示过道
右2：洗手间

2015 Home of Jubin

贰零壹伍琚宾之家

设计单位：水平线室内设计有限公司
设　　计：琚宾
参与设计：张静
面　　积：860 m^2
坐落地点：北京
完工时间：2015年11月
摄　　影：井旭峰

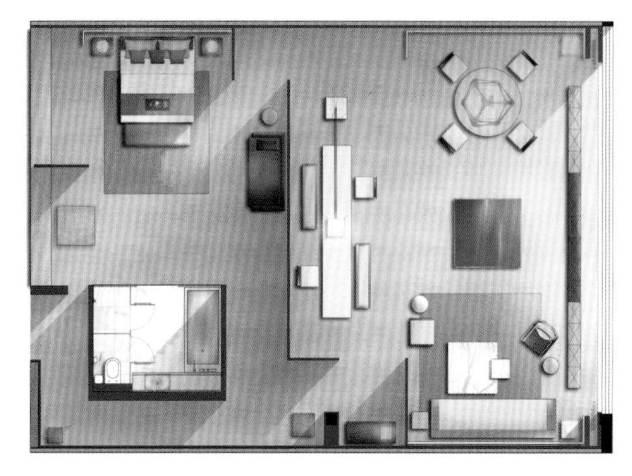

银杏陪窗，荷梗夜照。佳期再现朱颜好。初雪天气欲寒时，居然屏掩新模样。屏屏重屏屏。残荷本来应该是有点孤寂的，但此刻并没有，黄叶本该也有点萧瑟的，但此地也没有。画屏上的银杏叶对我来讲代表的并不仅仅是优美的形状或是秋天的灿烂，更有别的故事和情愫在里面，暗含一生之约。层次丰富，黄的暖心，餐厅本来也该是如此的色调，是属于家的氛围。荷叶荷梗则围在另一边的客厅，幽蓝月色，枯寂、宁静，呼应着色彩，模糊着想象。

居然顶层设计之 2.0 延伸版本：画屏，既参与了单独场景的建构，也参与整个故事情境手卷的构造。是公共空间和私密空间的分界线，不仅仅是遮挡，还是一种引导，情节推进，视线深入。

牡丹浓妆，山光荡漾。缘云轻和书茶香。华灯韵谱旧友知，顶层伴月同偎傍。茶台依着城市山林意象显得更出尘些，国色牡丹因在卧室则更显柔媚些。屏风，屏却风，也能遮住眼，隔出个虚实互补的同时，还增加了情趣丰富了视觉。中国人一向更喜欢曲径后的通幽处，喜欢渐入佳境后的热络时，平铺直叙的实景描绘总是显得不那么有趣。屏风对于空间的分割没有强制性，于是茶室可以隐约着芙蓉帐，拥被依枕时也闻得普洱香。

从 1.0 到 2.0 版本，屏风这一器物是贯穿始终的载体，不同屏风是不同空间的组成部分，在各自的区域色彩鲜明着，体现着红黄蓝西方绘画的关系。从前厅、客厅、餐厅，进而卧室，书香茶香穿插于期间，由长书柜这一实体呼着这朦胧。像是渐渐打开的手卷，空间艺术与时间艺术同时并行、立体呈现。

这是设计师在最少条件限制，相同面积配比的居然顶层，践行和思考对空间设计的理解。居然顶层的参观方式本来就是各个设计师预先设定好的生活模式，设计行为本身也是自己生活方式、文化认知、艺术修养的全面诠释，展现的状态多少都能看出当下世界室内设计的多元与共生。每个空间的表情都是自己的眼，空间种种的展现无一不是各自眼光的延伸。在时代巨轮的面前，做最好自己的同时也在布道着美。我从中国传统绘画中找寻到灵感，《韩熙载夜宴图》所表达的场景关系，其贯穿始终的屏风，界定了空间、叙述了时间，屏风上绘画的内容承载了个人对文化的眷恋。

左：茶室
右1：细节
右2：书房

左1：入口
左2：会客区
右1：茶室
右2：卧室

Qingdao Oriental Fashion Launch Experience Center

青岛东方时尚发布体验中心

设计单位：FCD浮尘设计工作室
设　　计：万浮尘
参与设计：唐海航、何亚运
面　　积：3720 m²
主要材料：冷轧钢板、复合木地板、铝板、地砖
坐落地点：青岛
完工时间：2016年4月
摄　　影：潘宇峰

本案位于青岛，面朝大海，设计的空间为时尚发布体验中心。主要包括T台秀场、大师作品展、接待中心、创客服务空间、会议、办公等功能。

整个空间设计思想是延续建筑的流线形设计语言来展开，为了加强室内空间与整个建筑相互呼应的关系，利用大量的曲线结构进行创意设计。整个室内空间围绕着中央共享大厅展开设计，中央区域设计一个面朝大海的白色旋转楼梯，俯瞰犹如海边躺着的一颗海螺，又像是一个时尚女子穿着美丽的礼服在海边舞动。同时旋转楼梯的向上延伸，塑造出了天使般的翅膀，向往着天空飞翔。旋转楼梯除了是一个标志性的语言符号，同时还是一个多功能空间，在举办时尚发布时，模特可以分别从三楼和二楼通过旋转楼梯走下来，洁白的旋转楼梯和时尚的时装发布完美地结合在一起。中央大厅墙面用米白色的铝板做出多层线型结构，在灯光照射下格外梦幻，当模特穿着时装从旋转楼梯上飘然而下时，犹如仙女下凡。中央大厅顶面原建筑为玻璃屋面，为了减少能源损耗，采用大面积双层柔性发光膜来做顶面设计，白天可以过滤掉部分太强的自然光，室内也不至于很暗，晚上利用人造光营造出柔和的顶面发光体，让人有一种要冲到顶面的欲望。蔚蓝的大海、洁白的旋转楼梯，两厢完美结合，缔造出时尚简洁之美。

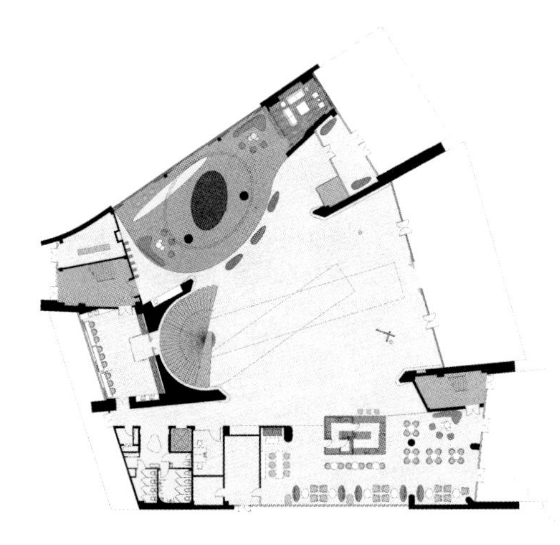

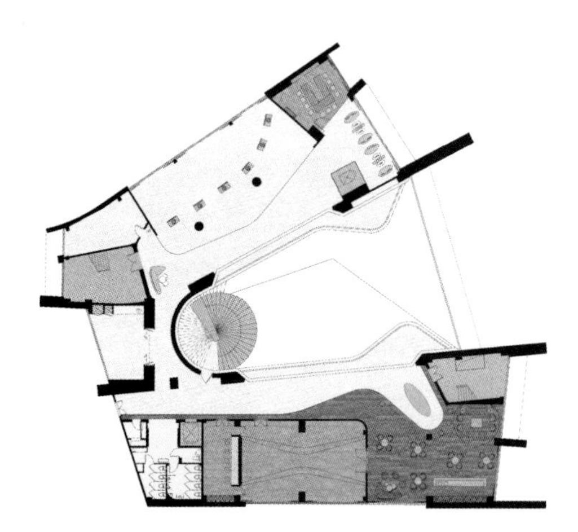

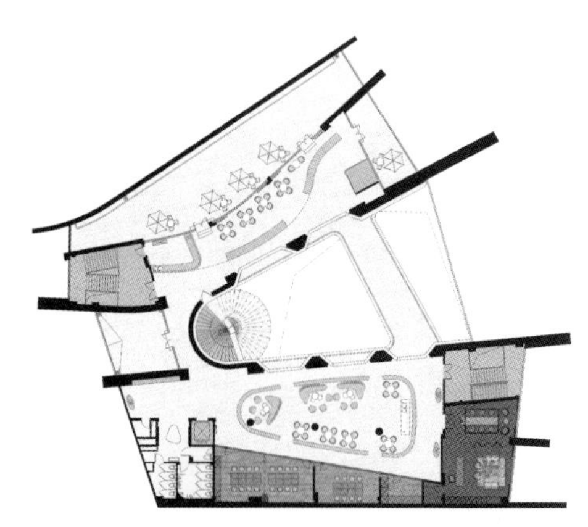

左：建筑外立面
右：洁白旋转楼梯和时装发布会完美结合

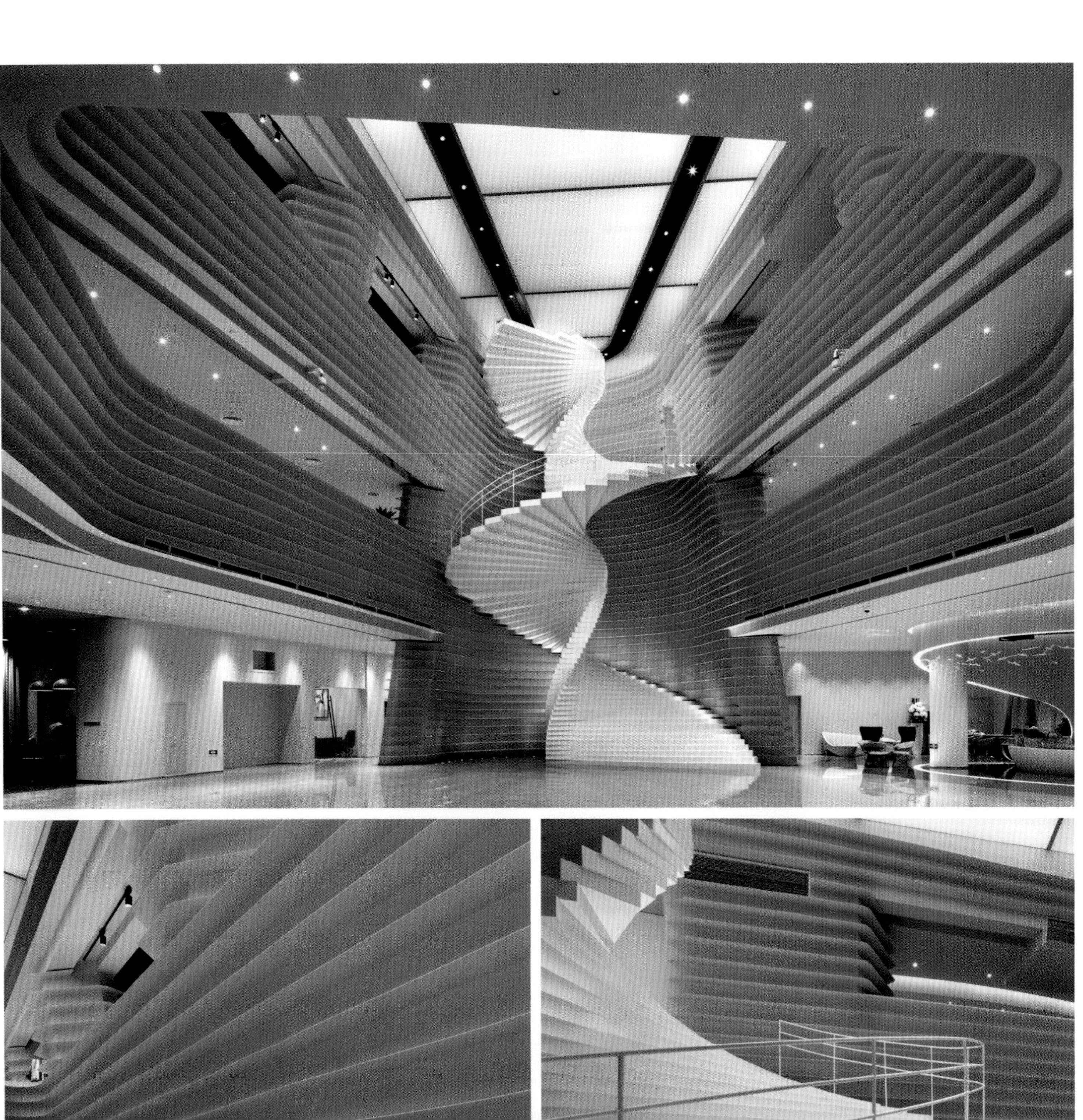

左1：白色旋转楼梯是空间视觉焦点

左2：空间透视

左3：楼梯局部

右1：大堂

右2：休闲区域

PINKAH Exhibition Hall

PINKAH品家展厅

设计单位：广州道胜设计有限公司
设　　计：何永明
参与设计：道胜设计团队
面　　积：130 m²
主要材料：人造石、地砖、白色烤漆板、黑镜钢
坐落地点：广州番禺
摄　　影：彭宇宪

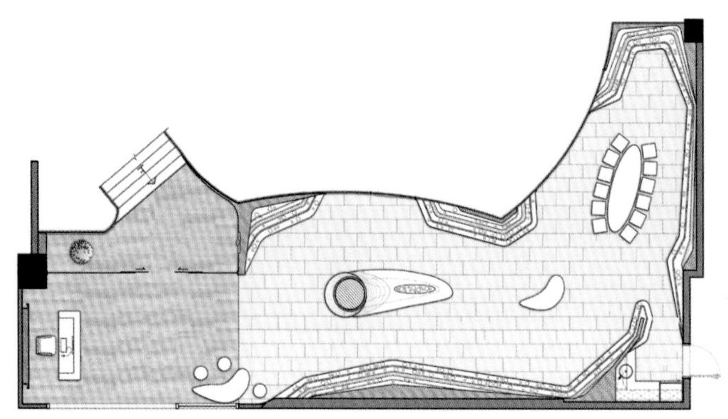

风化岩石是漫长地质时代的宏伟册页，静默述说自然的历史。难以想象大自然的鬼斧神工如何将它雕琢，如同送给人类厚厚的一册地质年鉴，让人类充满敬畏。

整个展厅灵感来源于设计师对大自然生活的体验与感恩，墙身层层的凹凸肌理以及颜色变化，如同岩石经过风化的洗礼，创造出现代感与未来感等不一样的视觉感受。弧形、流线型把展柜与空间有机地结合，使整个空间流畅、灵动且具有张力。天花的造型灯在空间中既产生照明作用又能与展柜相互辉映，空间用纯粹的白色加以灰色突出层次感，这样巧妙的色彩处理手法让产品的色彩成为空间的最佳主角，同时更明确更直接地突出产品的展示性。

中间多功能的柱子可作为展示台面也可作为休息小憩的空间，醒目的LOGO增强了品牌的宣传性以及现代感。多面型的石头凳完全贴近大自然灵感的初衷，在素雅的空间中加以丰富的意境，赋予了空间灵魂。其刚毅的线条与弧形柔美的线条形成强烈的视觉冲击力，亦刚亦柔、张弛有度，具有独特的空间律动感。

左：空间流畅灵动且具有张力
右1：天花的造型灯在空间中产生照明作用又能与展柜相互辉映
右2：局部
右3：刚毅的线条与弧形柔美的线条形成强烈的视觉冲击力

TONGDE KUNMING PLAZA

同德昆明广场

设计单位：杰恩创意设计
设　　计：姜峰
面　　积：100000 m²
主要材料：进口人造石、GRG、铝板、西班牙米黄大理石
坐落地点：昆明

同德昆明广场位于昆明市主干道北京路，紧邻二环北路。项目周边路网丰富，周边贯穿多条城市干道，紧邻地铁 2 号线，地下一层与地铁无缝衔接。同德昆明广场定位为“都市时尚潮流约会地”，是一座集购物、休闲、商业、娱乐、餐饮为一体的城市地标级的时尚商业中心。在项目的设计中，通过水与大地共生关系的描绘，以“在水一方”的设计理念，用时尚、简洁、抽象的手法打造出全新的赋予视觉情境体验感的购物空间。

在重点空间的设计中融入流水的元素、活泼而张扬的曲线使空间如行云流水般灵动。主中庭拦河采用打斜的设计以提升空间视觉效果，在拦河侧板加入水纹的曲线元素，提升空间的视觉情境体验感。在首层的地材设计上，采用多层次流畅的曲线形式，给顾客带来视觉上的引导性。天花的设计采用简洁的挂板形式，流水般的天花灯光与富于自然曲线韵律的地面铺装形态交相呼应，穿梭于空间之中，凸显空间的张力。

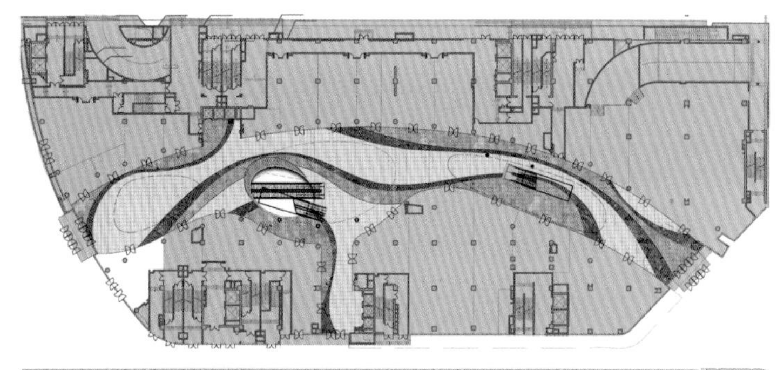

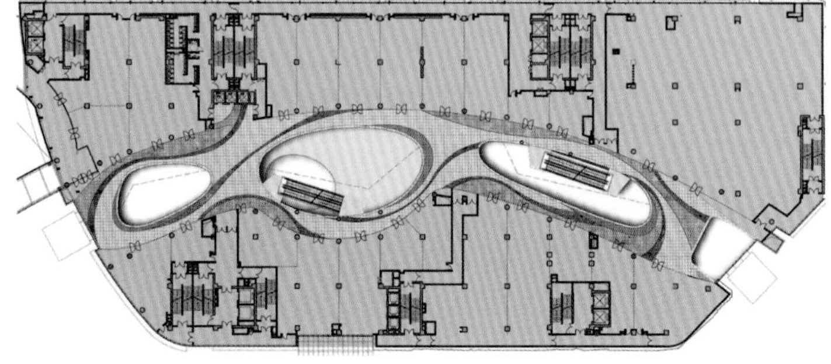

左：次中庭
右：主中庭

IMAX

左1：次中庭

左2：主入口

右1、右2：美食广场

老東粥皇
CURRY STOCK
哈鲜族

食尚汇
FOOD COURT
老東粥皇

Homeland • Showroom of Kitchen Electrical Fotilestyle

同一屋檐下 · 方太生活家

设计单位：吕永中设计事务所
设　　计：吕永中
面　　积：3000 m^2
主要材料：再生竹、暖灰石材、瓦、胡桃木
坐落地点：北京
完工时间：2016年1月

北京方太品牌体验馆定址在北京三里屯附近，四周遍布多层住宅、餐厅及各国大使馆，生活氛围浓厚，沿街草木郁茂、绿意盎然。

首先需着重考虑的是规避建筑本身的天然缺陷，建筑原来为银行存档资料所用，时日久远已十分破旧。整体南北轴线狭长，由于东西两侧相邻的建筑和树木过于贴近边界，立面昏暗的绿色玻璃幕墙透光率过低，使得室内显得十分逼仄阴暗。

进入的过程：同一屋檐下，进入的过程比进入更重要。用立面大屋檐、水景与多媒体视频塑造大厅氛围，以及具有未来感的扶手楼梯，创造了一个超出常规引人探寻的进入方式。通过私密和公共空间在水平及垂直方向上的层叠，延伸出丰富的路径和视野，诱惑来访者深入每个空间。入口处悬挑近 3 米的木质大屋檐沿着整个立面伸展近 50 米，通过对光线的控制形成强烈的视觉特征。如同盗梦空间中的一个记忆点、一个生动的暗喻，叫人不自知地被唤起了关乎家的温暖记忆。

将三层空间分割、再组织、重定义后，在功能上亦呈现出一种多元复合的属性。一层作为会客大厅是企业文化及产品展示区，厨电产品的陈列位置均按照实际使用中的情景真实还原，并在流线尽端安排拥有室外花园的角落书吧，可供人驻足休息并与街区形成互动。上到二层之后可见美食烹饪教学区，以白色为基调，配上以银色、黑色为主的厨电用品，给人以明快之感，传递出新的烹饪理念，一扫关于“后厨”油烟满布的固有印象。三层南翼为多功能厅，企业新品发布会、文人雅集以及派对活动都可在此进行。北翼“私厨汇”是针对 VIP 所设的专享区域，是这偌大空间内属性最为私密的区域。以半明半掩的藏书柜为隔断，若隐若现的

素色帘子为遮蔽，辅以雅致适用的家具陈设。

场景营造：四季天井明堂，用楼梯天井打通天地，从顶到地狭长如瀑布的多媒体水景将整体融合在一起。高山流水，春夏秋冬，将自然的风、土、天光引入，阳光一缕犹如潭水千尺。水池底部的材料别具匠心，采用屋檐瓦片，有呼应又兼具丰富性。通过一系列材料建构形成有层次的光线，所有的结构设计均与光线的照射方式相协调，并根据每层的不同需求提供了恰当的开放性与私密性。

设计师非常节制地选择了材料的种类，大面积使用再生竹材料与暖灰石材，奠定了偏暖色的氛围基调。通过对材料肌理的多重处理来丰富空间界面。入目所见的立面竹格栅并非简单的条形排列，而是调节比例秩序及细部起伏，辅以灯光的烘托形成层峦叠嶂的丰富变化，并在恰到好处的地方精确留出用于物品展示的内凹平台。如最初设想的一般，它如同镇守在核心区域的“木宝塔”，成为留给人最深的记忆之点。最后值得一提的还有一处必去体验的地方，便是三楼 VIP 私厨汇区域，逾 30 平方米的单人独立卫生间，有美名曰“听雨轩”。这是设计师记忆中的“后院”，砖石地面，珠帘隔断，想必在独自使用中，会另生出一番山水云雾的浪漫遐思吧。

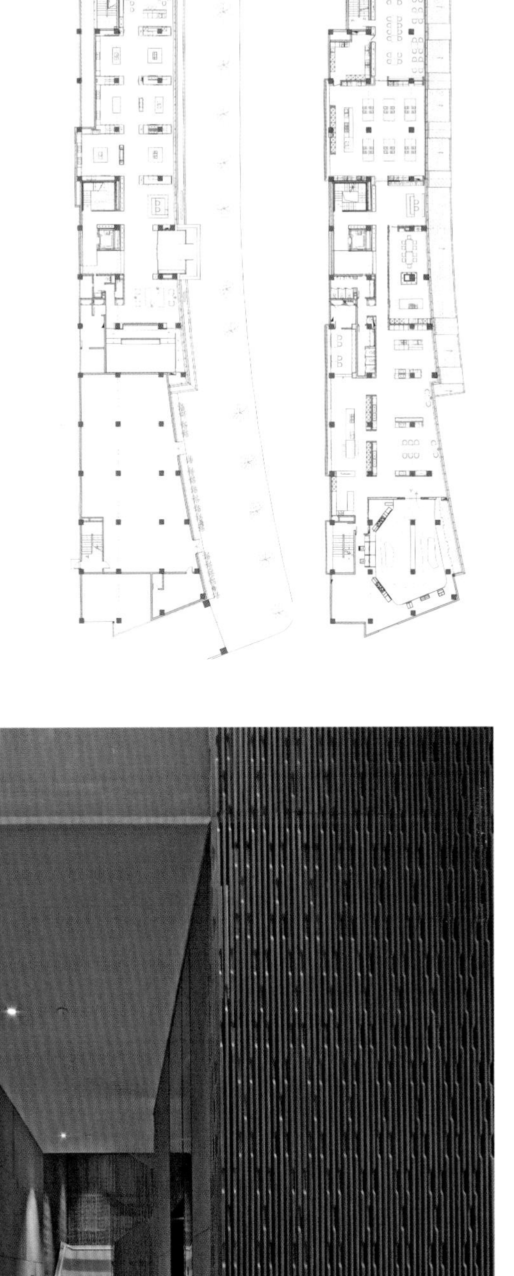

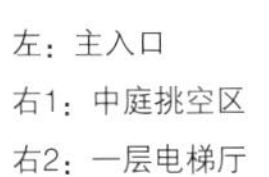

左：主入口

右1：中庭挑空区

右2：一层电梯厅

左1：一层楼梯入口
左2：三层私厨汇
右1：二层美食烹饪学校
右2：楼梯间

Swiss AXENT Sanitary Jiuchaohui Flagship Store

瑞士AXENT(恩仕)卫浴九朝会旗舰店

设计单位：GID香港格瑞龙国际设计
设　　计：曾建龙
面　　积：1000 m²
坐落地点：北京

AXENT(恩仕) 是来自瑞士的国际卫浴品牌，以全球高品质姿态创造智能马桶，此款产品不仅荣获 2015 年法兰克福 ISH 展 DESIGN PLUS 大奖及 2015 年产品设计红点奖，最近又斩获了 2016 年度德国设计界大奖 ICONIC AWARDS 的奖项。AXENT 恩仕卫浴进入中国高端卫浴消费市场，以全新的姿态呈现给中国消费者高品质卫浴体验享受。作为其战略合作设计机构，GID 设计团队同样以全新的设计理念来呈现品牌展示空间，以达到用户的高品质零距离体验，同时展现了产品价值和品质感。

本案空间是 AXENT 恩仕目前在中国最大的品牌形象店，项目位于北京市北四环东路。空间展示了 AXENT 恩仕顶级卫浴所有的产品线，同时拥有不同大小的空间体验，还有私人 SPA 空间。空间设计围绕产品的品质、形态和市场消费高度，设计师在空间展示形态上打破了传统卫浴展示方式，融入了豪宅之家的空间体验以及结合高端奢侈品展示方式来呈现空间。空间色度以灰白为主基调，本案 1000 多平方米的空间面积分为两个楼层，第一楼层展示高端系列产品，第二楼层展示工程配套以及 SPA 空间体验室。产品展示空间的设计，GID 设计团队以不同维度的思考方式来解读产品主题和空间定位，创想合适的空间概念体系来呈现主产品线空间。对产品的使用方式到展示设计，做到心中有物，方可呈现另外一种高品质的产品展示空间，也做到了卫浴空间生活方式的全新诠释。

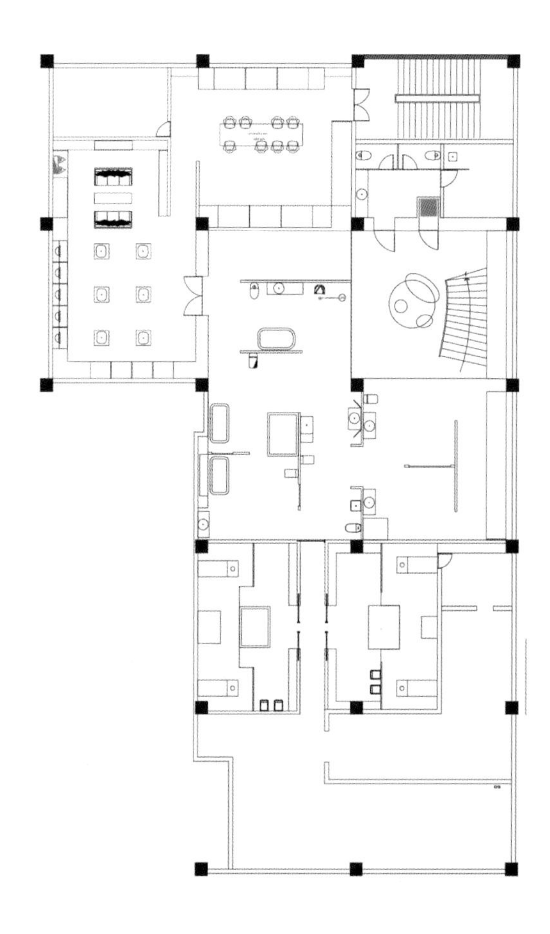

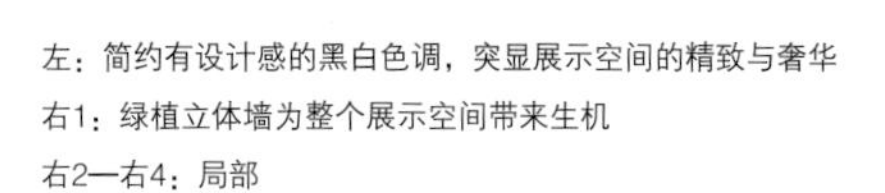
左：简约有设计感的黑白色调，突显展示空间的精致与奢华
右1：绿植立体墙为整个展示空间带来生机
右2—右4：局部

AXENT

AXENT

左1：空间透视
左2：豪宅空间体验结合高端奢侈品来呈现空间
左3：从楼梯俯视一层展区
右1：换个角度看空间
右2：局部
右3：小景

Home of Master Juran

居然大师之家

设计单位：北京集美组

设　　计：梁建国

参与设计：蔡文齐、吴逸群、宋军晔、聂春凯、刘庭宇

面　　积：135 m²

主要材料：青石、黄铜

坐落地点：北京

摄　　影：佘文涛

集小径、松石入情，文竹、山石入景，情景交融，自由自在；造一方宁静的绿色，觅几许清幽斑驳的日影，无拘无束，形成野趣天成的画面。

一松一石，一云一雾，留白之虚，实景之美。以艺术的方式升华自然之趣，以自然之美呈现生活情景。

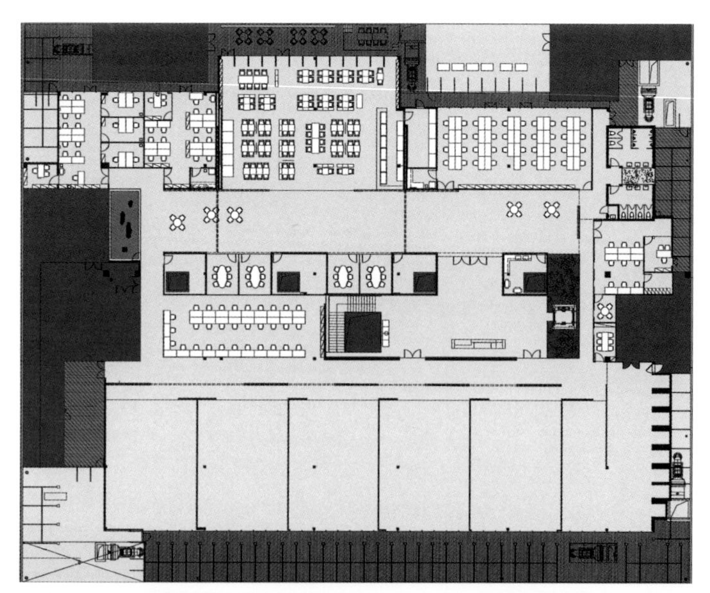

左：庭院

右1：窗口造景

右2：局部

左1：局部
左2：卧室
右1：透视
右2：休闲区

Jiyan Bird's Nest Nanjing Chain Exclusive Store

极燕燕窝南京体验店

设计单位：南京测建装饰设计顾问有限公司
设　　计：刘延斌
参与设计：田耀
面　　积：300 m^2（南京河西店）/600 m^2（南京新街口店）
主要材料：石材、木材
坐落地点：南京
完成时间：2016年1月
摄　　影：文宗博

极燕南京两家体验店在功能空间设计上，除了操作区域、卫生间和大厅外，VIP会员接待室、美发美甲区、私人定制服装区域、试衣间、沙龙等功能空间的设置，充分满足客户的各方面需求。

为更好地形成较强的品牌印象，极燕店面的设计风格统一为新古典主义。室内设计的灵感来源于该品牌创造全新的生活设计理念和时尚生活方式的品牌形象，通过功能空间的定义、墙纸的纹理、布料的纹样、灯具的形状、色彩的搭配以及组合家具的选择来诠释设计理念。壁炉、水晶灯、帷幔、木浮雕以及罗马柱的运用，暗红、青灰、白色等空间主色调的选择，营造出高雅、开阔、大气、时尚的现代空间感。

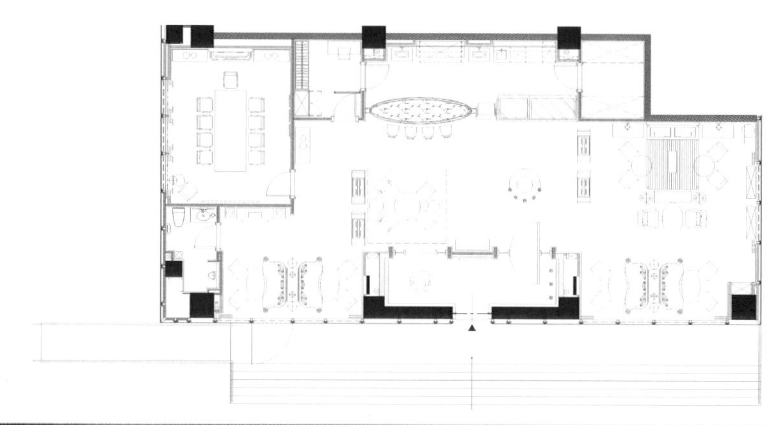

左1：空间透视
左2：会客厅
右1：局部
右2：大厅
右3：细节
右4：沙龙区

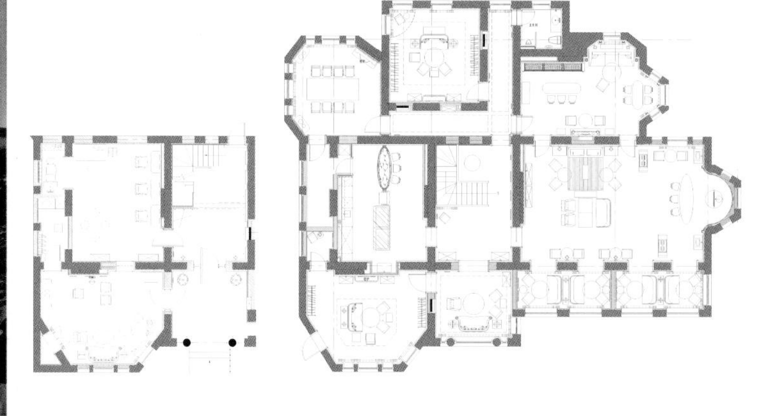

左1：建筑外景
左2：沙龙区
左3：过道
右1：洽谈区
右2：洽谈区
右3：局部

Kunshan Moan Cafe

昆山陌岸咖啡馆

设计单位：上海筑木空间设计装饰有限公司
设　　计：陈洁
面　　积：241 m^2
主要材料：文化石、地板砖、水泥板、榆木实木、真火壁炉
坐落地点：江苏昆山
完工时间：2015年10月
摄　　影：黄善忠

昆山陌岸咖啡馆，地处昆山市周市镇，设计采用工业风格。一提到工业风设计，首先想到的是单调的色彩、昏暗的采光、高大通透的空间，其最诱人之处就是它高大通透的空间，室内隔断非常少，至少有一部分的平面是敞开的，可以在里面无拘无束，随心所欲地移动。虽然是工业风设计，但是在营造咖啡馆氛围的时候，还是注入了不少温馨元素，如木桌旁小水管下暖黄色的灯光，长桌上可爱的卡通图案，沙发旁温暖的真火壁炉。慵懒的午后，坐在这里，听着喜欢的音乐，喝上一口咖啡，是何等享受。

咖啡馆的西面和南面为全景落地玻璃，客户之前打算充分利用这两块大面积的玻璃墙面来展现整个咖啡馆的通透性。但却存在一个极大的障碍，即西边玻璃墙面外有一部室外上二楼的楼梯，且款式非常不美观。看了现场后冒出一个初步的念头，就是在室内对应的位置再做一部楼梯来弥补这先天的缺陷，但当即遭到客户反对，他坚持大玻璃绝不能被遮挡。之后经过各种布局设计的逐一排除，最终的设计平面如下。

一层，拿掉南面原来的两个外墙非承重柱，在中间重新建一个中心墙，朝户外的面做成一个大幅灯箱招牌，有效遮挡住了室内真火壁炉的烟囱。朝室内的面利用墙体的厚度，下部做成一个燃气真火壁炉，上部由 4 个 50 寸液晶拼成一个大屏，转播各种赛事、宣传咖啡文化。中心墙的两侧下部是固定玻璃，上部全部做成折叠的铝合金窗，春秋之际，窗户可最大限度打开。临窗两组的 L 形沙发既为顾客提供了最佳的与室外互动的机会，隆冬更是烤火取暖的最佳座位。

左：咖啡馆西面和南面为全景落地玻璃
右：空间高大通透

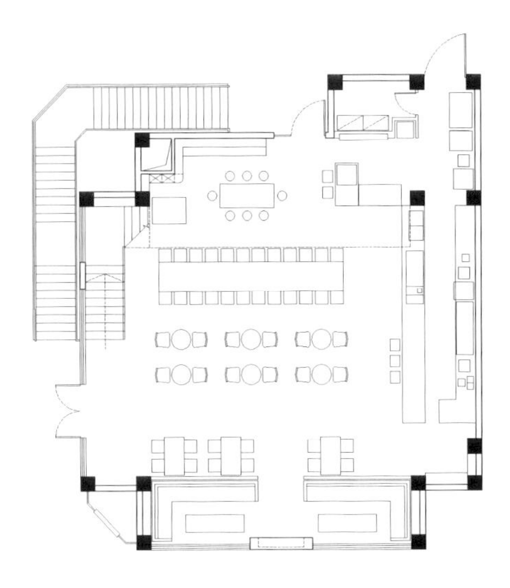

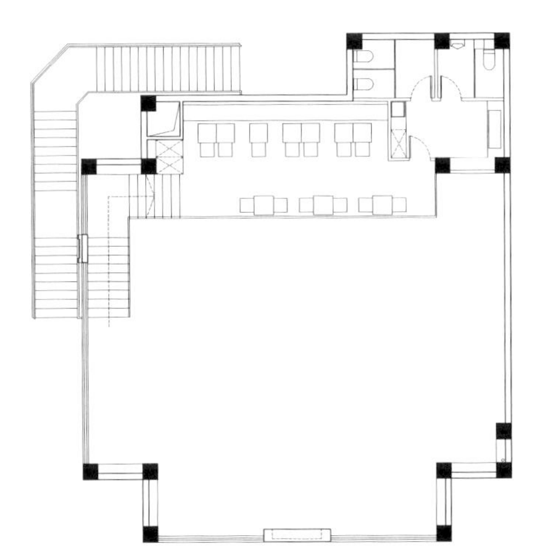

咖啡馆的正门开在临街的西面，进门正对前往吧台的主通道，左手即是通往二楼的楼梯。楼梯与室外的楼梯，在造型、高度、宽度上基本做到完全一致，既可基本遮挡室外那部不美观的楼梯，视觉上似乎觉得室内的楼梯穿过外墙玻璃延伸了出去。玻璃两边的楼梯遥相呼应，似虚似实，亦真亦幻。室内楼梯的下部空间单独安装空调，设计成专业生豆储藏区，也成为一道独特的风景线。咖啡馆东面利用店内唯一一个完整的实墙面，前面做成了一整排开阔的、功能强劲且气势庞大的吧台区，而后墙面除了在正常可取用的高度下做成层板以收纳餐具及日常用品外，以上的高度设计成了大幅极具张力的广告画，第一时间抓住顾客的眼球。

二层，除正常的咖啡座外，也将男女洗手间设在此处，以保证一层的面积能最有效地利用。栏杆旁座位正对南面的大屏及真火壁炉，将一楼的美好景致尽收眼底。

这个方案最初被客户否定。但随着我一次次地讲解设计思路、理念，终于获得了认可，以至于客户最后认为，如此的布局堪称店铺的精典所在。再好的方案，没有甲乙双方的共同努力，都不过是一个转眼破灭的肥皂泡。唯有双方共同努力，好方案才能最终成为一个好的设计作品。

左1：长桌上有可爱的卡通图案
左2：开阔的吧台区
右1：二楼就餐区
右2：卫生间

Suzhou Jiayishe SIP Nisheng Store

苏州咖逸社园区尼盛店

设计单位：苏州黑十联盟品牌策划管理有限公司
设　　计：徐晓华
参与设计：沈海东、宋美琴、苗永光
面　　积：740 m²
主要材料：石材、木饰面、地板、不锈钢、涂料、玻璃、瓷砖、硬包、金属
坐落地点：苏州
完工时间：2015年12月
摄　　影：潘宇峰

273 天的潜心打磨，功课作了半个地球，8 个月的装修定制，近千平米超大店型，一座玻璃结构的花房，知名的独立花艺品牌“花·时间”，大量专属定制的空间元素，手绘墙画《咖啡的起源——牧羊人传说》，以上只是咖逸社的点滴关键词。“一杯有态度的好咖啡”是 CagicCoffee 咖逸社的宗旨，为了这一初衷，沃奥设计和咖逸社携手，默契，磨合，碰撞。

流畅的空间人行流向，移步换景，精细的细节处理，精妙的材质搭配，考究的灯光排布。前卫？复古？工业？小资？清新？田园风？不，我们要的是契合，是统一，是一个有机体，我们为的是呈现一个曼妙美好的空间，以“更精致”为导向。

空间的错综，立面的视觉起伏，源自登机牌灵感的创意墙面，航空铝板包裹的楼梯，凸出的铆钉，开放漆橡木栏杆，亚光钢丝网。黑色，旧蓝，本色灰，原木色，咖啡色，金属色系，低调内敛的视效，灯光的洋洋暖意，悦耳的心灵之音，营造愉悦的社交氛围。热爱生活，喜欢探险，激扬澎湃的你，停留其间，氤氲的咖啡香气会静谧心情，凭窗远望，落霞如嫣，领悟生活静好，红尘阡陌中心静若水。

“花・时间”的淡然香气，墙面绿植的清新，定制灯具的毫厘细节，镜面反射的光影婆娑，皮革沙发的丝丝凉意，旧作地砖的纹路尽显。林林总总，只为在喧哗烦嚣的都市中寻回本源，找到自我。

左：入口处
右1：清新的墙面绿植
右2：吧台
右3：航空铝板包裹的楼梯

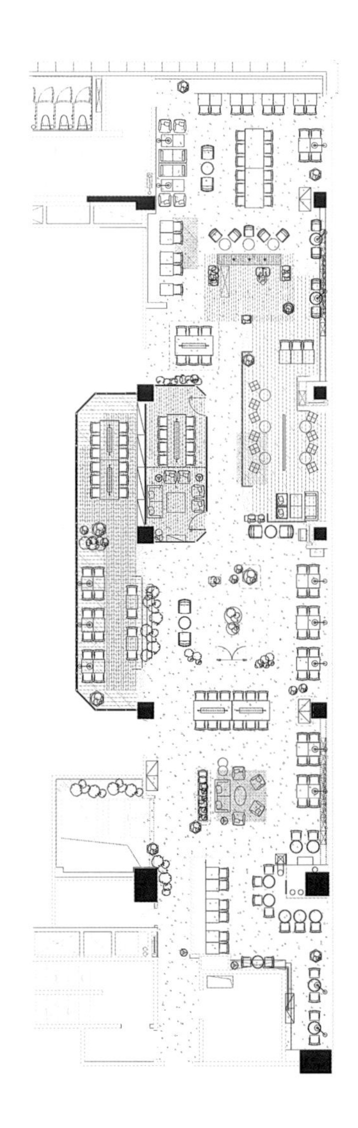

CAGIC

High
Quality
Water
Guaranteed
Cagic Coffee

BREWING WITH ARABICA BEANS
FRESH ROASTED
ORGANIC BRUNCH
FRESH JUICE
SUPE RBURGER

DRIP·BREW

花时间每日花束
Daily Bouget
15元/束

左1：顶面是大幅的手绘画

左2：玻璃结构的花房

左3：视觉起伏的空间布局

右1、右2：黑色、旧蓝、原木色、金属色的混搭

New Magazine Cafe

新杂志咖啡

设计单位：内建筑设计事务所

面　　积：500m²

坐落地点：南京

摄　　影：陈乙

咖啡店要成怎样？杂志由新变旧的过程该怎样？临睡前给个暗示或可潜入、梦见、翻阅。是新与旧，晨与昏，黑与白的过程，如屉层层打开，切一斜向的通道，翻越那 90cm，果汁咖啡渐入酒精的过程。杂志是可以窥视大千世界的窗口，或可如电影进场或散场，黑、灰、白的可逆，楼上梯级的影院漏一片光吧，如曝光的底片泄下残缺的画面。座位是自由的，可坐可躺，可陌生可相逢，而密室可如迷宫般的通道，现在流行什么？德州扑克、逃脱，或仍是麻将及杀人游戏，又逃往何方？伊甸园定是有树木的，或还夹杂着落英缤纷，小枝叉半遮半现，茶、酒或咖啡，反正应该是逃离后的轻松，继续翻翻那本稍旧的杂志，听到戏台的上空马道上有人走过。拓或朴，夜与昼，混淆，入境。

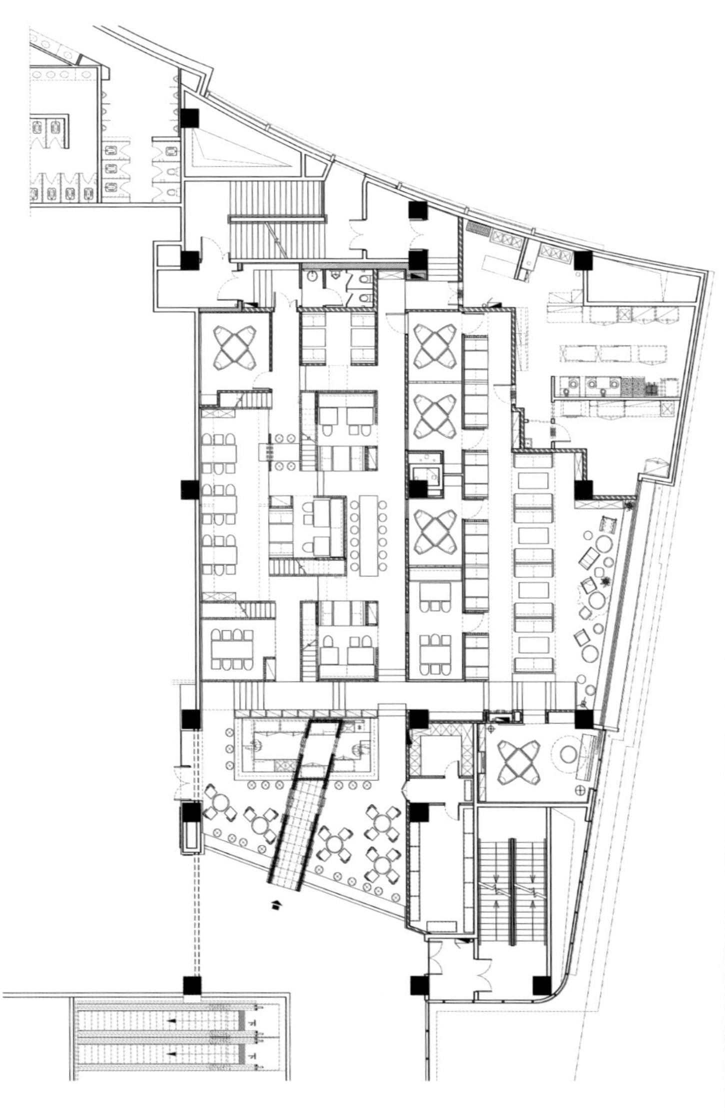

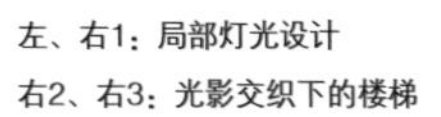

左、右1：局部灯光设计

右2、右3：光影交织下的楼梯

MIX

左1、左2：影院如曝光的底片

右1、右2：如迷宫般的通道

Tea House in Hutong

胡同茶舍——曲廊院

设计单位：建筑营设计工作室
设　　计：韩文强、丛晓、赵阳
面　　积：450 m²
主要材料：超白热弯玻璃、实木、钢、水泥漆
坐落地点：北京
摄　　影：王宁

项目位于北京旧城胡同街区内，用地是一个占地面积约450平方米的“L”形小院。院内包含5座旧房子和几处彩钢板的临建。院子原本是某企业会所，后因经营不善而荒废。在搁置了相当一段时间之后，即将被改造为茶舍，以供人饮茶阅读为主，也可以接待部分散客就餐。

修复旧的，整理和分析现存旧建筑是设计的开始。北侧正房相对完整，从木结构和灰砖尺寸上判断，应该至少是清代遗存；东西厢房木结构已基本腐坏，用砖墙承重，应该是20世纪七八十年代后期改建的；南房木结构是老的，屋顶结构是用旧建筑拆下来的木头后期修缮的，墙面与瓦顶都由前任业主改造过。根据房屋的年代和使用价值，设计采取选择性的修复方式：北房以保持历史原貌为主，仅对破损严重的地方做局部修补，替换残缺的砖块；南方局部翻新，拆除外墙和屋顶装饰，恢复到民居的基本样式；东西厢房翻建，拆除后按照传统建造工艺恢复成木结构坡屋顶建筑；拆除所有临建房，还原院与房的肌理关系。

植入新的，旧有的建筑格局难以满足当代环境的舒适性要求，新建筑必须能够完全封闭以抵御外部的寒冷。为此把建筑中的流线视觉化，转化为“廊”的形式，在旧有建筑的屋檐下加入一个扁平的“曲廊”将分散的建筑合为一体，创造新旧交替、内外穿越的环境感受。在传统建筑中，廊是一种半内半外的空间形式，它的曲折多变、高低错落，大大增加了游园的乐趣。犹如树枝分岔的曲廊从室外伸展到旧建筑内部，模糊了院与房的边界，改变院子呆板狭窄的印象。轻盈、透明、纯白的廊空间与厚重、沧桑、灰暗的旧建筑形成气质上的反差，新的更新、老的更老，拉开时间上的层叠，新与旧相互产生对话。曲廊在原有院子中划分了三个错落的弧形小院，使每一个茶室有独立的室外景致，在公共和私密之间产生过渡。曲廊的玻璃幕墙好似一个悬浮地面之上的弧形屏幕，将竹林景观和旧建筑形式投射到茶室之中，新与旧的影像相互叠加。曲廊同时具有旧建筑的结构作用，廊的钢结构梁柱替换了局部旧建筑中腐朽的木材，使新与旧“长”在了一起。

旧城既包含着丰富的历史记忆，又包含着复杂的现实生活。历史建筑只有在不断地被使用中才能保持活力，而使用方式又反过来不断改变建筑。当代旧城民居改造需要在历史价值与使用价值之间保持适当的平衡，灵活处理两者之间的关系能够演化出丰富的现实环境。因此新生活和新业态恰好是一种催化剂，让改造梳理历史的层级，激发使用的乐趣。

左：灯光创造了新旧交替的感觉
右1：建筑屋顶
右2：轻盈透明的廊空间

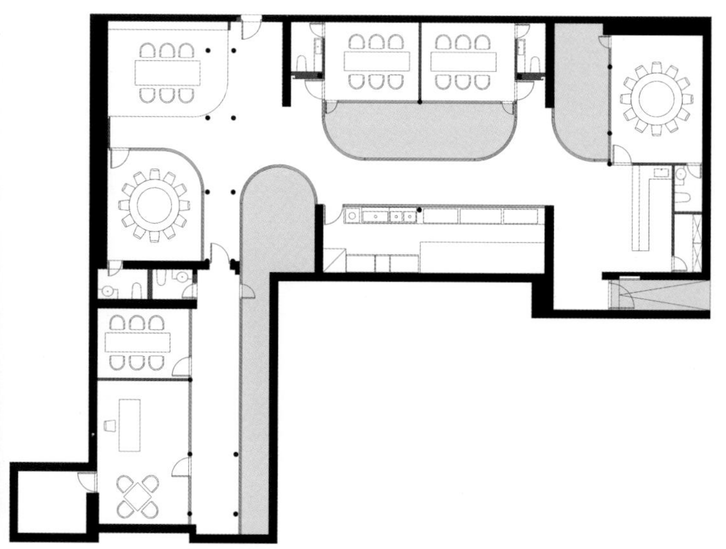

左1、左2：曲廊的玻璃幕墙好似弧形屏幕
右1、右4：过道
右2、右3：茶室

MUSICBOX

堂会KTV

设计单位：汤物臣•肯文创意集团
设　　计：谢英凯
面　　积：9565 m²
坐落地点：长沙

娱乐 KTV 空间更应强调“独乐乐不如众乐乐”的互动方式，将实用性与美观性相结合的垂直空间结构是本案的设计出发点。通过纵向空间的中空连接各楼层，使楼层之间产生听觉上与视觉上的共鸣与呼应，增强空间中人们的互动气氛。高低错落的空间构造，展示时尚装置的 T 台长廊，将娱乐分子转化为设计元素，创造新的高端娱乐体验方式。

左：夜景
右1、右2、右4：高低错落的空间结构
右3：前台

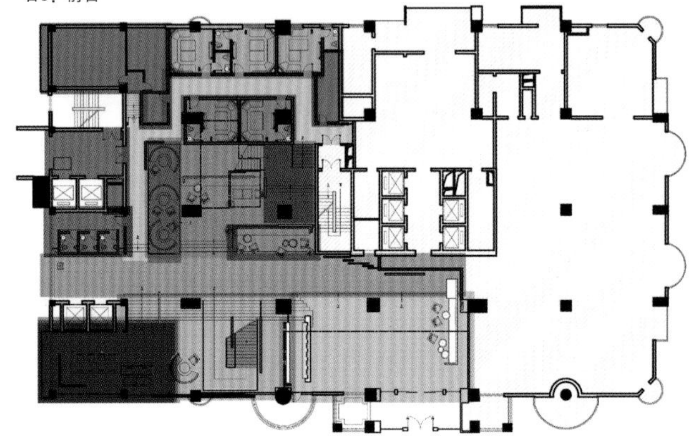

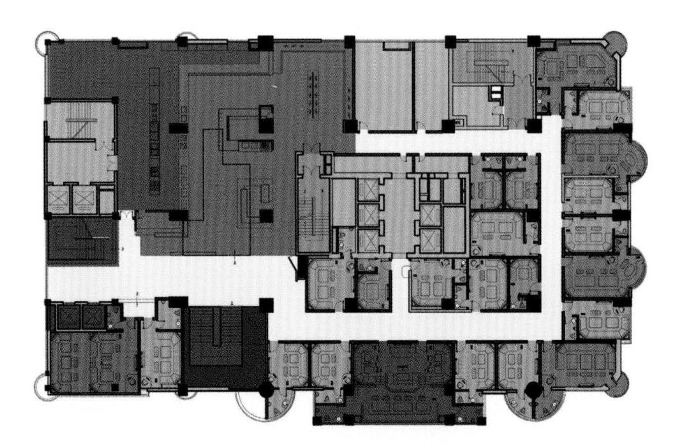

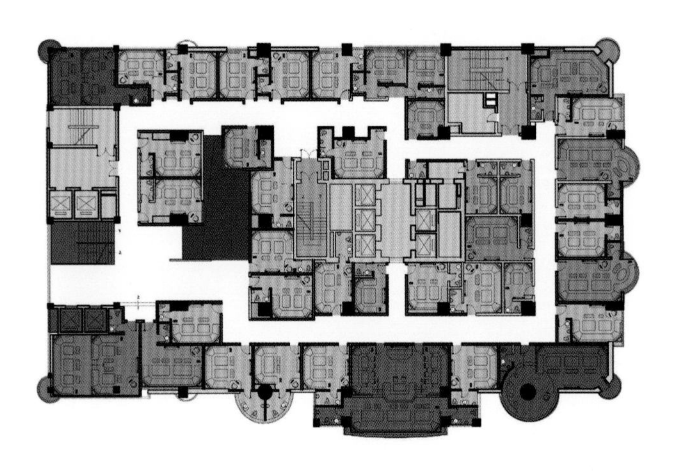

左1：整体空间

左2、左3、右1、右2：璀璨的灯具设计

Lehuo Meiju Teahouse

乐活美居茶室

设计单位：林卫平室内建筑设计有限公司

设　　计：林卫平

面　　积：150 m^2

主要材料：木饰面、大理石

坐落地点：浙江宁波

摄　　影：游宏祥

康德说："美有两种，即崇高感和优美感。崇高感感动人，而优美感则迷醉人。"第一次步入这个空间时，一种瞬时的崇高感和优美感扑面而来。行走于素朴质感的空间，轻抚着方正端庄的中式家具，目之所及，绰约光影，如梦如幻，一种岁月的崇敬感油然而起，心下不禁为设计者暗暗折服，惊叹他绝妙的技艺手法，以及对光影的掌控和捕捉竟能如此精到。

正如一杯好茶颇具凝神静气之效，茶室则带来茶禅如一，淡泊宁静的享受。在设计上抛却夸张的奢华以及繁复的雕琢，取而代之的是一种简约、古朴、淡雅的手法，点滴之处渲染茶的境界。

茶室清幽而宁静，一面木制栅栏制成的墙壁为空间增添了不少趣味，竹卷帘慵懒地垂挂着，中间一道木栅栏则把倾洒而入的阳光拉得长长的，又随意地切成块，随着时间流逝，光影在空间内自在游走，优哉游哉。桌椅板凳以及坐塌的摆设整洁而大气，灯具的选择也颇费心力，与家具相得益彰。燃上一炷香，斟上一杯茶，时间变得悠远而深邃。

借世隐形，是生活的一种态度，不是镜花水月与空中楼阁，而是实在而踏实的人生轨迹。这样的茶室，只需你带上一颗安然恬淡的心，过一种精心知足的生活。

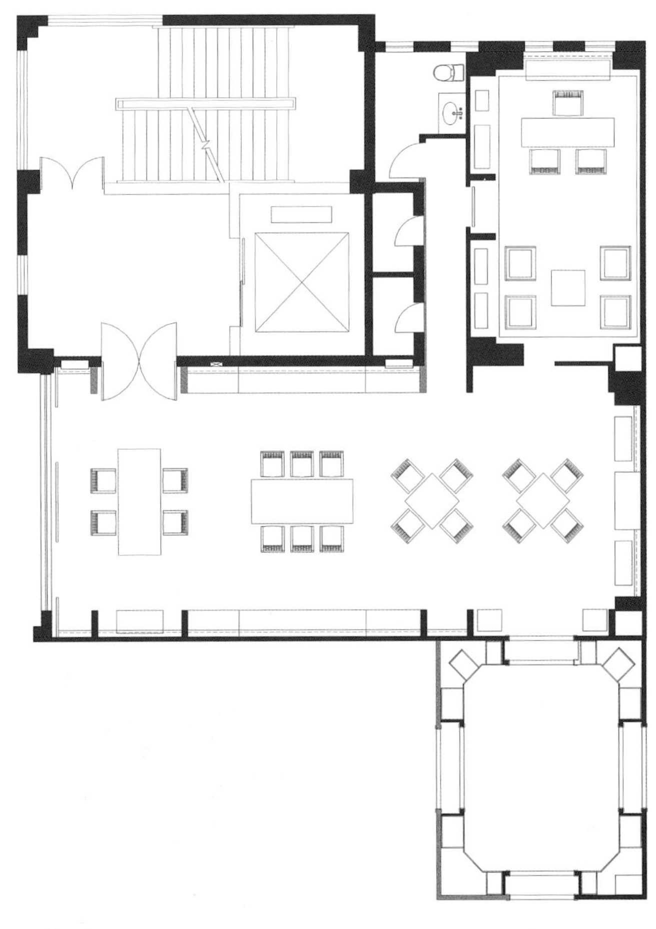

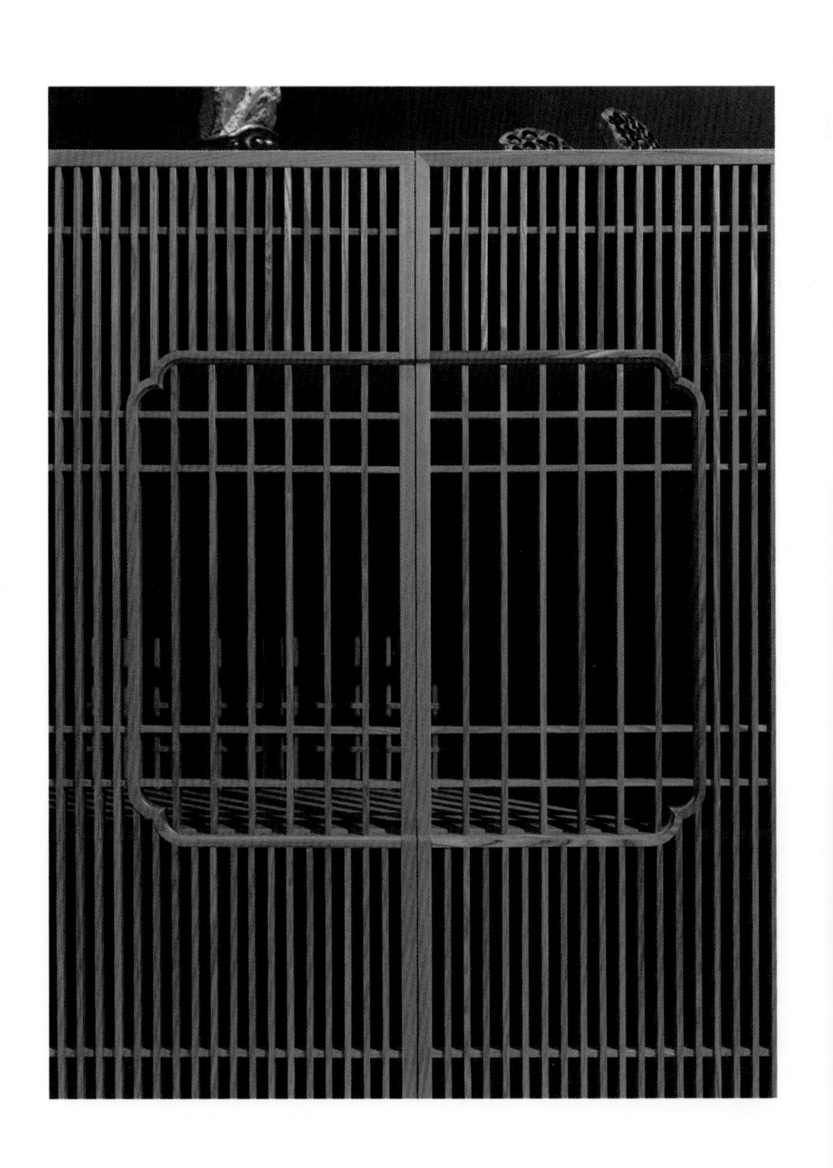

左：木制栅栏

右1、右3：方正端庄的中式椅

右2：静雅的过道

左1、左2：红蓝色点亮了空间

右1、右2: 淡泊宁静的茶室

Mojie International Party Space

摩界国际派对空间

设计单位：深圳市新冶组设计顾问有限公司
设　　计：陈武
面　　积：1200m²
主要材料：斑马石、雅士白、松香玉、肌理漆、橡木木饰面、银箔
坐落地点：长春
完工时间：2015年12月

摩界国际派对空间坐落于长春重庆路商圈，地理位置优越，商业气息浓厚。周边有万达广场、卓展购物中心、香格里拉酒店和长春国际大厦等。耗资超过5000万元，空间可容纳1000余人的摩界，无论从规模还是投资上来看，都是长春最大的夜店，也是东北地区娱乐行业的佼佼者，未来行业的标杆。

哥特风，令空间更出位。摩登出位是本案的调性定位，新冶组因此通过哥特式设计风格，将年轻、时髦、反叛的精神带到了摩界空间。全国首家升降龙骨灯和柱阵MADX钢构设计的技术运用令哥特风尤其得到充分演绎，并带来整体空间的独特气质，深受消费者热捧。

想象力，令空间更娱乐。对娱乐趋势社交化、人群聚合产生娱乐性的商业洞察，令设计师在处理本案时打破了传统的空间界限，不再用硬装来区隔空间，而是创造性地将人群聚拢在同一空间里，制造人与人之间更多的互动可能性。吊饰和灯光的巧妙变换搭配起到至关重要的作用。精确编排的光影变化及节奏，令空间充满魔幻和想象，让消费者即便身处同一处却能任由想象徜徉流动，带来实时变化的娱乐心理体验。如果说消费者因此沉浸在美丽梦境里快乐逍遥，那么善于掌控和调节消费者心理的设计师，便是那个造梦的人。

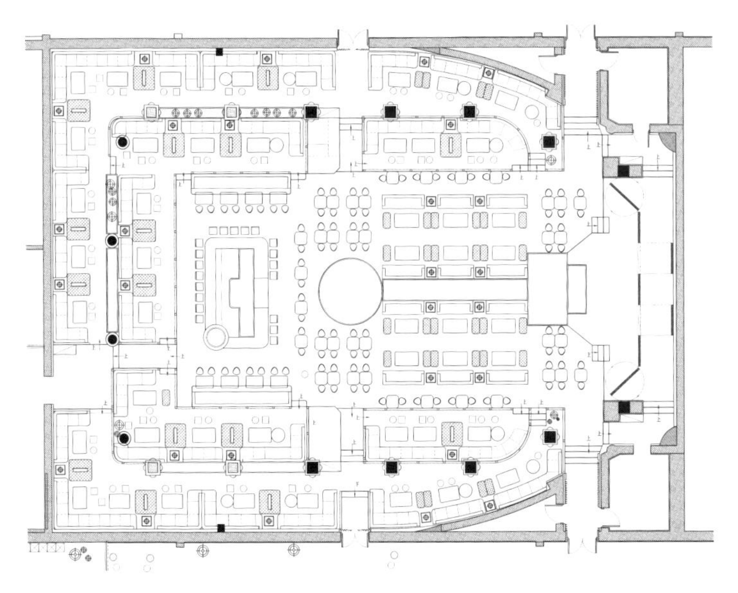

左、右：时髦的空间

左1：升降龙骨灯的技术运用

左2、左3：吊饰和灯光的变幻

右1—右3：浓浓的哥特风

Everything's Gone Plain Life Aesthetics Research Room

万物复素生活美学研究室

艺术指导：翁世军

创意总监：陆琴

设计总监：冯陈

参与设计：吴晗、竹林

面　　积：30 m^2

主要材料：素水泥、旧木、石子、钢筋

坐落地点：浙江宁波

摄　　影：王飞

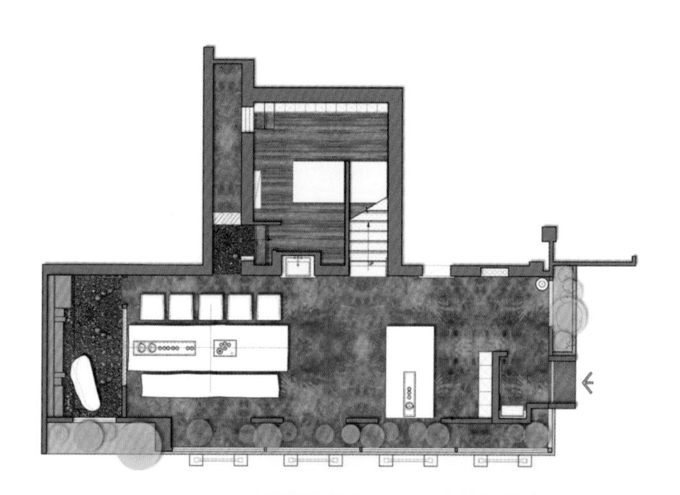

设计就像取一片秋天的叶子裱在墙上——源于自然的启示。这是一个素水泥茶室，没有青砖、没有花窗、没有石墩，没有一切传统茶馆的影子。

水泥是建筑的核心建材，很多人将它当成结构和基层使用。设计师翁先生却让它扮演空间的主角：墙面、地面，甚至天花都无一例外地使用清水泥。为避免单调，设计师采用多种手法，赢得界面构成的各种肌理效果。地面用较光滑细腻的水泥地坪，制造一种水磨石的肌理。墙面则用拉毛或原旧墙体的水泥面，强调材质表皮粗与细的对比。

设计师用温润的木质线条包裹水泥桌台，使水泥面的桌台瞬间亲近了许多。更令人眼前一亮的是，设计师在原先封闭的顶面做了阳光天窗。当阳光由东往西移动时，室内就产生了自然温暖的光和影的互动，让原先比较冷灰的基调融入自然的生机中。

万物复素自2014年5月初开始拆除改建，设计师几乎天天在现场，边设计边施工，用最传统的办法与工人们谈想法画草图。也许是想把它更纯粹地设计成很私人的并能寄托自己情感的空间，并把这个小小空间做到极致，追寻个人内心深处对设计的初衷。

左：室外美景

右1：夜景

右2：木质线条包裹水泥桌台

左1、左2：清水泥是空间的主角
右1—右4：精致的细部

NOVA Karting Club

NOVA卡丁车俱乐部

设计单位：骁翼设计事务所
设　　计：孙意
参与设计：王刚、吴裴
面　　积：341 m^2
主要材料：钢结构、集装箱
坐落地点：西安
完工时间：2016年3月
摄　　影：刘子琪

NOVA 卡丁车俱乐部主体共用 9 个集装箱构建了一个三层横跨赛道的建筑，我亲身体会到每次从吊桥下飞驰而过，都有一种 F1 车手冲过观众席，无数观众对着你拍照呐喊的感觉。建筑西、南侧整体悬空，使观赛角度视角增加，同时观众远离赛道也更加安全。进入场馆的主入口被安放在一个 45° 倾斜放置的集装箱内。二层周边商品展卖区内黑色的墙面和顶面布满丰富的蜡笔涂鸦，整体潮、酷的基调层能衬托出在此展卖的赛车装备。走向尽头出现一座横跨赛道的吊桥，这里是空中最接近赛道的地方，在这里机械师可以清楚地观察到每一辆赛车的实时状况，吊桥另一边是工作区和会议室。通过第二段楼梯到达三楼休息区和 VIP 露天看台，三楼的顶面几乎也被蜡笔画占据，蜡笔画的内容涉及近年火热的电影、电玩标识，希望通过这些标识的点缀使赛场休息区的氛围更加年轻、时尚、富有激情。落地窗、网状护栏、局部透明地板等，最大限度地做到与赛场的互动，观众甚至可以从脚下看到每一量车冲线的瞬间。整个建筑还在二三层各拥有一个露天看台，每当赛车发车比赛时，这里是观众最密集的位置和拍照留念的绝佳角度。一层为更衣室、准备区和跑车展示区，展示的超跑点缀了整个赛场，同时也提供了一些跨界合作的契机。旋转楼梯到底，在这里换上装备，上场飙一局吧！

左、右：建筑西、南侧整体悬空

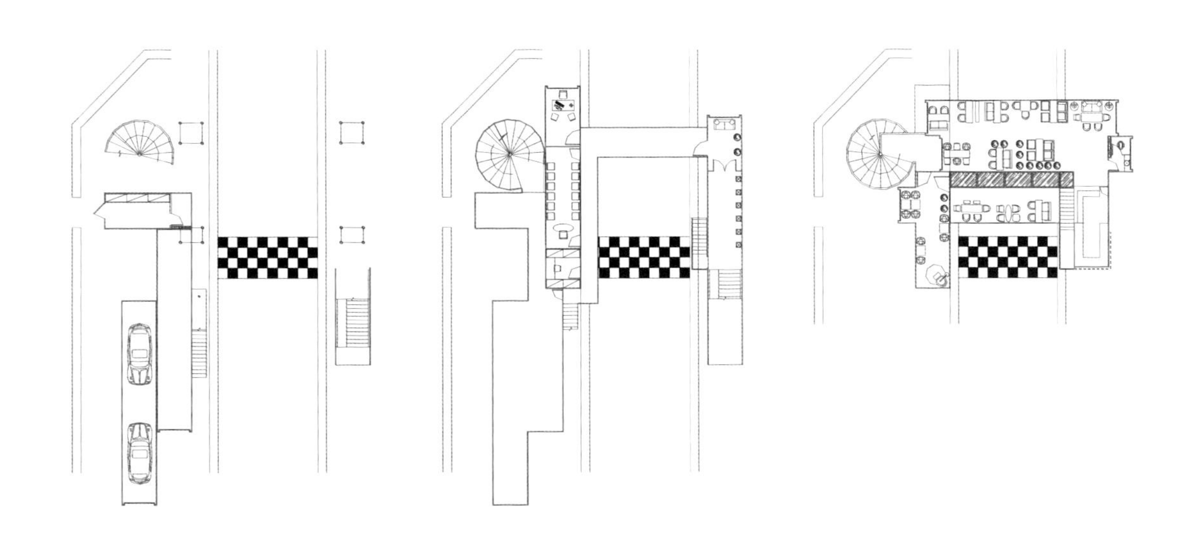

左1、左2：旋转楼梯

左3：黑色代表潮酷

右1、右3：墙顶面布满蜡笔涂鸦

右2：车子的机械构造展示

Binhai No. 7 Tea Restaurant

滨海七号茶餐厅

设计单位：恒达装饰工程有限公司
设　　计：陆明
参与设计：郑维、陈玲玲、胡晓勇、祝勇飞
面　　积：2100 m²
主要材料：防滑仿古砖、黑木纹云石、铁刀木、拉丝紫铜板
坐落地点：浙江宁波
摄　　影：刘鹰

茶餐厅坐落于杭州湾新区，室内面积 2100 平方米。设计师前期参与项目规划及建筑设计，根据业主对功能及商业定位打造一处具有当代东方风格静雅韵味的茶餐空间。

门厅区，以唐代茶圣陆羽的《茶经》汉字来展示，突现主题的意境。实木雕刻的汉字，具有较强的视觉冲击力。公共区域力求写意淡出，面和线的对比呼应营造符合本案风格，两处水境，一静一动，带给客人一种浪漫情怀；极具现代手法塑造的金属组雕“荷花”，突现当代审美意境；顶部吊悬的几十根特制的 LED 点灯与水景、荷花形成上下合意。各空间功能区域的创意上力求内外结合，从神、韵、味、视觉相互交融，结合静禅意境，展现外环境与内空间的递进，让来宾心静、无忧、怡然，第一眼便存强烈的探寻之意，拥入之情。

左：外立面
右：沉稳的色调

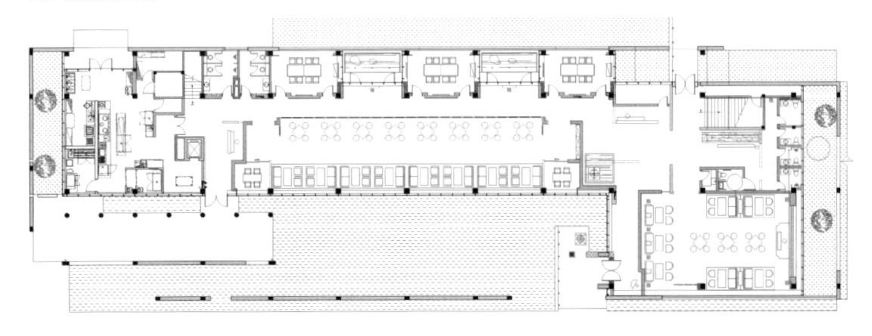

左1：金属组雕“荷花”

左2：走道

左3：墙上是唐代茶圣陆羽的《茶经》

左4、右1、右2：写意的茶室局部空间

Herun Tianxiang Teahouse

合润天香茶馆

设计单位：上海倍艺设计机构
设　　计：陆洪伟、王荣、曾昭炎
面　　积：260 m²
主要材料：老木板、天然树枝、烤漆金属
坐落地点：上海
完工时间：2015年10月

设计师以位于办公楼中的三层空间及其 260 平方米的实用面积进行演绎。一楼空间被有效划分为茶品售卖、服务、茶品饮体验、操作四个功能区，二楼、三楼设计为小面积的独立品饮空间。

茶是自然之物，是属于中国的文化符号，设计即是对茶空间理解的创新，又是对自然质感旧材料的再造。材料选择运用到的老旧木板、植物、竹帘、纺织物、天然树枝与新作的烤漆金属等现代材料相映对比，相对的平衡。外立面是依附在写字楼的幕墙上，通过与传统的栅格通透条屏、竹帘、自然植物的搭配，在不破坏大楼整体外观的条件下使茶馆内部既保留了传统茶文化的中国气韵，又不失当代的审美意境。

历经 100 天的打磨，将空间设计、品牌形象和茶文化融为一体，打造属于“您的私人会客厅”。

左：入口处
右：老旧木板下的吊灯

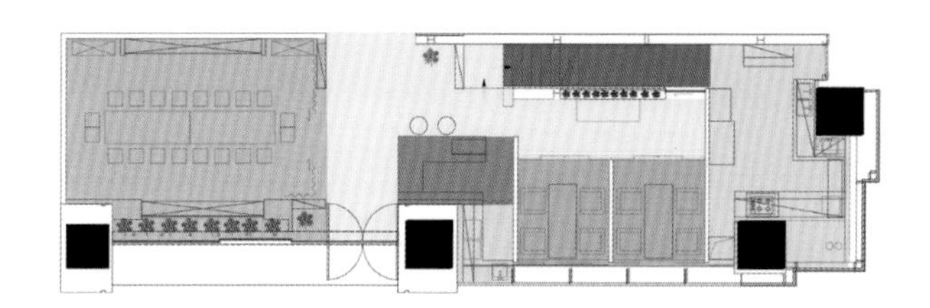

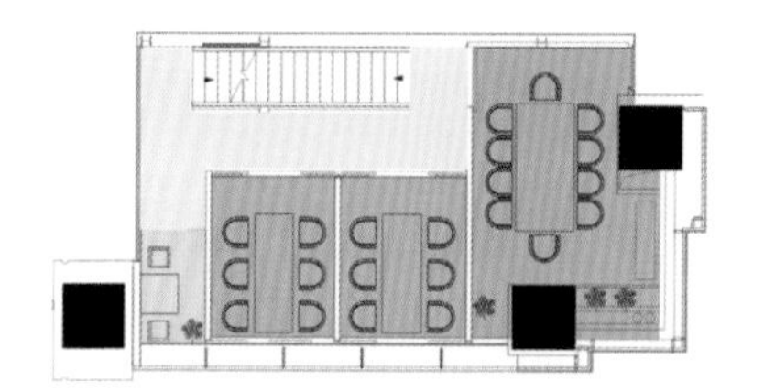

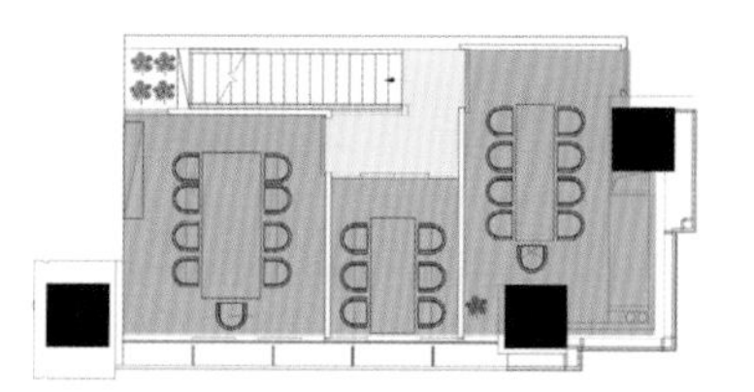

左1～左3：随处可见的绿植带来雅意

右1、右3、右4: 枯枝的造型

右2：帷幔外的风景

INLOVE KARAOKE

INLOVE KARAOKE

设计单位：杭州石林文化创意有限公司
设　　计：陈石林
参与设计：刘晓红
面　　积：3000 m^2
主要材料：铁艺、石材、镜面、涂料、导光板、LED屏
坐落地点：北京
完工时间：2016年4月
摄　　影：潘宇峰

INLOVE KARAOKE 是知名连锁量贩 KTV 企业银乐迪旗下的高端品牌，本案位于北京大兴荟聚 Shopping Mall，分为上下两层，是银乐迪品牌进入北京市场的第一家分店。量贩 KTV 这种业态近年在国内飞速发展，市场趋于饱和，消费成熟，竞争非常激烈。甲方和设计师力求打造出一个具有强烈个性，有别于其他品牌的全新形象。

设计师从事 KTV 设计多年，从市场定位、产品特征和功能入手，确立了主题风格为“暗黑哥特风”。从主流消费人群角度研究发现，KTV 场所并不仅仅是一个可以唱歌、喝酒的场所，更多的时候是给消费者提供一个社交的平台。而现代社交的网络化使年轻人更注重场所的消费体验，所以在空间上以舞台场景的方式来呈现设计的特色。整个场所以黑色为基调，配上浓烈的大红色灯光，凸显石材、黑色不锈钢和玻璃等材质的特点，通过灯光的折射产生丰富的视觉效果。在场景中 LED 屏的应用不仅是作为一个工具，更是作为场景的点缀，红色火焰成为装饰的一部分。

大量铁艺雕刻图案从哥特式建筑和纹样中提炼出来，具有强烈的符号化和冲击力，使整个空间充满了神秘感和哥特氛围。连接两层的楼梯成为关注的焦点，为了保证空间的高度，利用裸露的顶面，使用设计手法将一些功能性的风管、挡烟垂壁等融为装饰的一部分。在楼梯上方别出心裁地放置了一个神话中的翼龙模型，融合声光电的科技手段，更为空间增添了惊喜和亮点。

左：富有动感的空间
右1：层叠的哥特铁艺图案
右2：地面黑色石材反射出动感效果

左1：打通的中庭增加了楼上楼下的互动体验

左2：包厢门上的翼龙剪影图案

左3：墙面的远山绘画和翼龙融为一体

右1：宽敞舒适的包厢

右2：墙上是精细的雕刻图案

Guyu Tea Culture Experience Hall

古域茶文化体验馆

设计单位：厦门妙迪雅克建筑装饰工程有限公司
设计总监：肖妙恩
设　　计：郭家增
参与设计：郭传镇
面　　积：400 m²
主要材料：原木、亚麻、热轧板
坐落地点：厦门
摄　　影：施冬

厦门机场古域茶文化体验馆，一个融合了茶文化与艺术品的茶艺美学空间。设计师通过简洁的新中式风格来呈现空间的雅致、质朴之美。从传统茶文化出发，烘托古朴茶韵，将茶文化与当代性、文化性、艺术性结合的恰到好处，展现低调又不失端庄典雅的设计格局。

本案以原木、亚麻、热轧板、锈铁为主要的设计载体，通过材质之间的呼应与衬托、线条之间的交织与平衡、几何形态之间的构成与对比，不加赘述地表现空间的质朴与禅意，为空间带来不同的肌理与层次感。原始自然的材质，柔和微妙的光影变幻，简洁精练的中式元素构建出自然、朴实的视觉形象。

在设计语言上的运用，设计师活用中国园林风，一面打通的圆形拱窗在枯枝和绿植的点缀之下别有一番韵味。空间与空间既是整体，又相互独立、相互借景，颇有“三步成景，五步入画”之意，给人带来“隔而不断”的视觉享受。同时，设计师运用细长的木格栅屏风对空间进行分区，划分出相对独立的茶座区，隔栅或横或竖，于似隔非隔间幻化无穷，扩大空间的张力和通透性。柔美的麻布饰墙上自然斑驳地镌刻着闽南传统建筑的简笔画，独具匠心的闽南龟印隐含着本地非物质文化的传承，以细节承载情愫。

陈列区各式的石器、竹器、陶俑、木件等小物件，不喧不扬，默默相惜，各生欢喜。在灯光和整个空间的烘托下，别有一番自然雅趣之美，简练、达意、气韵相融，营造出感官共鸣的空间体验。

整个空间充满着温润的闲情，除了端庄典雅，更能体会到的是她洗尽铅华呈素姿，简练干净的纯雅之美。设计师的愿景是化作一种朴素之美，在不完美之中发现美，于至繁归于至简至善，直指茶艺文化的本源精神。三五朋友，共赏品茗、斗茶、留墨宝，抛开都市的凡尘琐事，筑一处身心放松之地。

左1：低调的入口
左2：地面字样具有导向性
右1～右3：细长的木隔栅屏风划分了空间

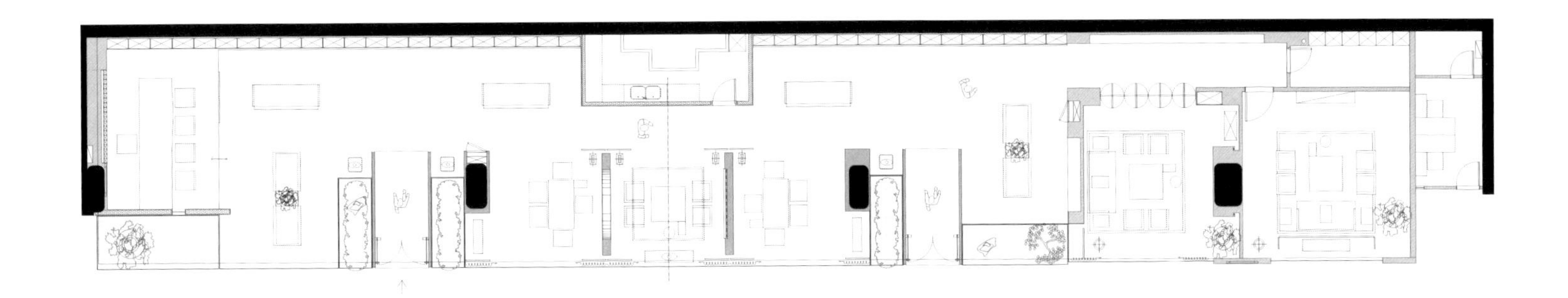

古域
guyu cultural
center

左1、左2：陈列区各式小物件各生欢喜

右1—右3：温润的空间充满纯雅之美

北京集美组设计师团队

集美组一直试图与中国的经济高速发展保持距离而又身处其中，敏感而睿智，通过这种状态获得了一个极佳的角度来描绘本土新兴生活。我们一直秉持一种态度：帮客人解决问题。

陈洁

上海筑木空间设计装饰有限公司总经理兼设计总监。

陈林

杭州山水组合建筑装饰设计公司设计总监，工艺美术师，中国室内装饰协会陈设艺术专业委员会副主任。

陈凌

毕业于武汉工业大学，维思平建筑设计创始人之一、主设计师。

陈石林

毕业于中国美术学院，现任杭州石林文化创意有限公司设计总监。

陈书义

毕业于湖南商学院环境艺术设计系，米兰国际空间设计事务所设计总监，高级室内建筑师，中国建筑学会室内设计分会第45专业委员会委员。

陈武

深圳市新冶组设计顾问有限公司创始人，安德鲁马丁国际室内设计大奖获奖设计师，深圳市室内建筑设计行业协会理事，广州大学建筑设计研究学院客座导师。

陈向京

广州集美组室内设计工程有限公司总设计师，京设计工作室总设计师，中央美术学院城市设计学院、广州美术学院设计学院客座教授。美国IIDA国际室内设计师协会会员，中国室内装饰协会陈设艺术专业委员会副主任，中国陈设艺术专业委员会华南区委员会会长，中国建筑学会室内设计分会广州分会理事。

程绍正韬

台湾真工建筑设计公司总设计师，真品空间艺术股份公司艺术指导，明建筑艺术细装工程股份有限公司艺术建筑师，CC联合建筑规划股份有限公司环境设计师。

池陈平

尚层装饰（北京）有限公司杭州分公司设计总监；浙江青年设计师联合会秘书长。

戴昆

著名建筑师及室内设计师，北京居其美业住宅技术开发有限公司执行总裁，投入大量的精力于色彩流行趋势和相关产品设计的研究。

范江

1999 年创立高得设计公司，任设计总监；宁波市建筑装饰行业协会设计分会副会长。

方钦正

法国纳索建筑设计上海分公司合伙人及创意总监，上海世博会中最年轻的国家馆主持建筑师。

方振华

方振华设计(香港)有限公司董事;PFD+ 董事;香港室内设计协会前会长；香港设计师协会执委；中国陈设艺术专业委员会副主任；中国酒店协会常务理事；中国美术学院、苏州大学、上海东华大学特聘教授；2005 年设立中国“方振华：最具创意奖”。

高文安

香港资深高级室内设计师、香港建筑师学院院士、英国皇家建筑师学院院士、澳洲皇家建筑师学院院士；1976 年创办香港高文安设计有限公司；2003 年创办深圳高文安设计有限公司；2007 年成立深圳高文安企业管理有限公司。

高雄

道和设计机构创始人，资深中国建筑室内设计师。

葛晓彪

跨界设计师，宁波金元门广告有限公司总经理。

葛亚曦

LSDCASA 及再造创始人 / 艺术总监，清华大学和同济大学软装设计班客座教授。

郭家增

厦门妙迪雅克建筑装饰工程有限公司原创部设计总监，国家二级照明设计师，福建省室内设计师协会会员，中国建筑学会室内设计分会会员。

韩文强

中央美院建筑学院硕士毕业后留校任教，结合教学研究展开多样创作和实践。于 2010 年创立建筑营设计工作室（ARCH STUDIO），主持建筑师。

何武贤

台湾室内设计专技协会理事长，中国室内装饰协会设计专业委员会委员，山隐建筑室内装修设计有限公司创办人。中国科技大学室内设计系讲师，中原大学室内设计系讲师。

何永明

广州道胜设计有限公司创办人，华南师范大学商业美术本科学士，2003 年创立何永明设计师事务所，2005 年成立广州道胜设计有限公司，华南师范大学室内设计系客座讲师。

洪约瑟

香港知名室内设计师，生于菲律宾马尼拉，1988 年成立 Joseph Sy & Associate Ltd。现任清华大学室内设计研究生班高级讲师，上海得稻大师学院高级讲师，DECO 设计讲堂和 TOP 软装饰设计讲堂特邀讲师，江西美术专修学院客座讲师。

胡迪

毕业于安徽建筑大学环艺专业，清华美院环艺研修班，2008 年创立合肥铂石空间设计机构。

胡若愚

厦门大学建筑系建筑学毕业；厦门喜玛拉雅设计装修有限公司总经理；厦门大璞设计有限公司董事。

胡武豪

毕业于浙江科技大学室内设计专业，2011 年成立杭州古晨无界设计师事务所。

黄书恒

台北玄武设计 / 上海丹凤建筑主持建筑师；台湾最大建商远雄集团合作首席设计师；台湾国立成功大学建筑学士；伦敦大学建筑硕士（荣誉学位）；实践大学建筑系讲师；铭传大学空间设计系讲师。

黄志达

RWD 创始人，香港建筑与室内设计师，出生于香港家具世家。继香港理工大学室内设计专业毕业后，前往美国威斯康辛国际大学建筑学专业接受深造。1996 年在港开展个人事业，为高端商业与豪宅会所等各类客户提供专业设计，1998 年深圳分公司成立。

黄一

上海壹尼装饰设计工程有限公司设计总监，CBDA 国际会员。

黄译

黄译室内建筑设计工作室设计总监，江苏省室内设计学会理事，注册室内建筑师，国际商业美术师。

姜峰

J&A 杰恩创意设计董事长，高级建筑师，国务院特殊津贴专家，中欧国际工商学院 EMBA。创基金首任理事长，中国建筑协会设计委副主任，中国建筑学会室内设计分会副会长。天津美院、四川美院、鲁迅美院、深圳大学、北京建筑大学等高校任客座教授或研究生导师。

姜湘岳

高级工程师、高级室内建筑师。毕业于南京艺术学院工艺系装饰专业，现任江苏省海岳酒店设计顾问有限公司总设计师，专业研究酒店的设计与发展。

琚宾

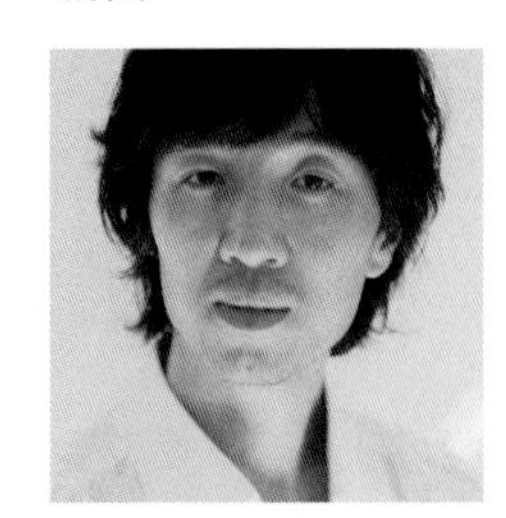

HSD 水平线室内设计有限公司（北京 / 深圳）创始人、设计总监，中央美术学院建筑学院、清华大学美术学院实践导师，高级建筑室内设计师。

藤井洋子

生于日本东京都，建筑师；B.L.U.E. 建筑设计事务所创始合伙人、主持建筑师。

赖旭东

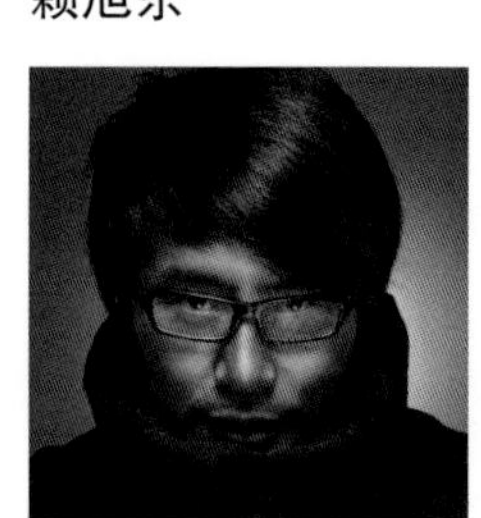

高等教育室内设计专业副教授；中国建筑学会室内设计学会理事及 19 专业委员会副会长；中国建筑装饰协会设计委员会委员；亚太酒店设计协会常务理事；新加坡 WHD 联合国际设计公司西南区设计总监；重庆年代营创室内设计有限公司和深圳市建筑装饰集团西南地区设计总监。

李成保

凡本空间设计事务所设计总监。

李光政

南京北岩设计公司设计总监，中国建筑学会室内设计分会会员。

李丽

杭州易和室内设计有限公司主案设计师，高级室内建筑师。

李想

唯想国际创始人、创意总监，毕业于英国伯明翰城市大学，英国和马来西亚双建筑学士。

李益中

大连理工大学建筑系学士，意大利米兰理工大学设计管理硕士，深圳大学艺术学院客座教授，中国建筑学会（全国）理事，李益中空间设计公司和都市上逸住宅设计公司创始人。

李智翔

台湾水相设计设计总监，毕业于纽约普瑞特艺术学院室内设计硕士与丹麦哥本哈根大学建筑研究。

利旭恒

出生于台湾；英国伦敦艺术大学荣誉学士；古鲁奇公司设计总监。

连自成

大观自成国际空间设计公司设计总监，英国De Montfort 大学设计管理硕士。

梁景华

毕业于香港理工大学，PAL 设计事务所有限公司创办人及首席设计师，美国林肯大学荣誉人文学博士，香港室内设计协会名誉顾问。

廖奕权

澳大利亚新南韦尔斯大学设计硕士；英国特许设计师公会专业会员；工商管理学学士；香港室内设计协会专业会员；香港设计师协会会员；2010 年创办维斯林室内建筑设计有限公司；2015 年成立香港欧德普有限公司专营超级游艇的室内设计。

林开新

毕业于福建师范大学，林开新设计有限公司创始人，大成（香港）设计顾问有限公司联席董事。

林森

杭州肯思装饰设计事务所创始人，鲲鹏建设集团装饰设计院院长，中国建筑学会室内设计分会（杭州）理事。

林学明

集美组设计机构创意总监，中央美术学院城市设计学院、广州美术学院设计学院客座教授/研究生导师，中国艺术研究院艺术设计院、清华大学吴冠中研究中心、中国国家画院研究员。深圳市创想公益基金会理事长，中国建筑学会室内设计分会副会长，中国室内装饰协会设计委员会副主任。

凌子达

毕业于台湾逢甲大学建筑系；2001 年创立达观国际设计事务所，设计总监。

刘恺

RIGI 睿集设计创始人，毕业于东华大学，于 2007 年创办 RIGI 睿集设计。

刘卫军

PINKI 品伊国际创意美学院创始人；中国建筑学会室内设计分会全国理事及深专委常务副会长；国际室内装饰协会理事；中国建设文化艺术协会环境艺术专业委员会高级环境艺术师；深圳室内建筑设计行业协会及深圳陈设艺术协会常务副会长；清华大学美术学院陈设艺术高级研修实践导师。

刘延斌

南京测建装饰设计顾问有限公司设计总监，南京金陵旅馆干部学院特聘高级酒店室内设计顾问，南京市室内设计协会理事。

刘荣禄

咏义设计股份有限公司负责人，亚洲大学室内设计系讲师，台湾室内设计协会理事，台湾室内设计专技协会常务理事。

陆健

江苏爱涛文化产业有限公司设计创意部经理。

陆明

工艺美术师，1995 年创立宁波恒达装饰工程有限公司，任总经理/设计总监。

陆嵘

同济大学建筑学硕士学位，上海禾易建筑设计有限公司设计总监/合伙人。

陆伟英

深圳市盘石室内设计有限公司合伙人；深圳市蒲草陈设艺术设计有限公司创始人；米兰理工大学国际室内设计学院硕士。

吕邵苍

上海云隐酒店管理发展有限公司创始人/产品总设计师；吕邵苍酒店设计事务所总设计师；观点设计国际创始人；中国建筑学会室内设计学会全国理事及无锡第 36 分会副主任；中国陈设委副秘书长；亚太酒店设计协会副秘书长；国际 IFI 设计学会会员；国际 ICIAD 室内建筑师理事 。

吕永中

毕业于上海同济大学，留校任教逾 20 年，长期致力于建筑室内空间及家具设计；CIID 中国建筑学会室内设计分会理事；吕永中设计事务所主持设计师；半木品牌创始人兼设计总监。

麻景进

设计一所所长，中国建筑学会室内设计分会会员，高级室内建筑师。

孟也

孟也空间创意设计事务所设计总监，渡道国际空间设计（北京）创始人。

内建筑

以孙云和沈雷为核心的内建筑设计事务所自 2004 年成立以来，以来自舞台设计和建筑设计的不同教育背景以及多年来不同领域的实践经验，让作品呈现出更加丰富多元的创作思维，建立起建筑与室内的一体性关系。

潘冉

建筑工程师、室内建筑师。中国建筑学会室内设计分会会员，国际生态环境设计联盟宁波执委会理事，国际室内建筑师与设计师理事会会员。

潘宇

建筑工程师、室内建筑师。中国建筑学会室内设计分会会员，国际生态环境设计联盟宁波执委会理事，国际室内建筑师与设计师理事会会员。

庞飞

品辰设计董事长 / 主创设计师。

彭征

广州共生形态设计集团董事、设计总监；高级室内建筑师；广州美术学院设计艺术学硕士；曾任教于华南理工大学设计学院，现为广州美术学院建筑艺术设计学院客座讲师、实践导师；中国房地产协会商业地产专委会商业地产研究员。

秦岳明

毕业于重庆建筑工程学院（现重庆大学）建筑学专业，深圳市朗联设计顾问有限公司创始人；中国建筑学会室内设计分会理事及深圳专委会常务委员；深圳市室内建筑设计行业协会副会长；《中国室内》杂志执行编委；深圳大学艺术设计学院客座教授；清华美院、中央美院、天津美院实践导师。

青山周平

生于日本广岛，毕业于大阪大学，东京大学硕士，建筑师；B.L.U.E. 建筑设计事务所创始合伙人、主持建筑师；北方工业大学建筑与艺术学院讲师。

邱春瑞

1996 年成立台湾大易国际设计事业有限公司任总设计师；深圳市室内设计师协会常务理事；中国室内装饰协会委员；国际室内装饰协会理事会员；国际室内建筑师 / 设计师团体联盟会员。

邵唯晏

竹工凡木设计研究室台北总部主持人，台南分部、北京分部、西安分部及新加坡办事处设计总监，任教于中原大学建筑系及室内设计系。

宋微

中国建筑学会室内设计分会副理事长；上海微建筑空间设计首席设计师；上海农道乡村规划创作总监；中国城镇化促进会理事；苏州科技大学建筑学院客座教授。

宋夏

成都清羽设计公司设计总监。

孙传进

无锡市发现之旅装饰设计有限公司设计总监。

孙华峰

中国建筑学会室内设计分会副会长；中国建筑装饰协会设计委员会副主任委员；亚太酒店设计协会河南分会名誉会长；中国建筑学会室内设计分会第十五（河南）专业委员会主任；河南鼎合建筑装饰设计工程有限公司总经理；洛阳理工学院客座教授；郑州轻工业学院硕士生导师。

孙黎明

上瑞元筑设计顾问有限公司创始合伙人．纽约事务所总监；中国建筑学会室内设计分会理事及第三十六（无锡）专业委员会秘书长；江南大学硕士研究生实践指导教师。

孙少川

厦门嘉和长城装饰工程有限公司董事长 / 设计总监；美国 KAHOO HOTEL DESIGN,LLC 董事长 / 设计总监；云相组（上海）建筑设计有限公司合伙人。

孙意

毕业于西安美院环艺系，后期进修于清华大学室内环境艺术设计酒店研修班，骁翼设计事务所合伙人。

孙志刚

大展装饰设计顾问有限公司、大展锦尚行艺术装饰设计有限公司艺术总监 / 总经理，新加坡 GID 设计机构董事。毕业于中央美术学院美术史系，创意智慧联盟理事，亚太建筑师与室内设计师联盟理事，中国建筑装饰协会设计委员会委员。

唐忠汉

台湾近境制作设计总监。

陶胜

江苏省室内设计学会常务理事，注册室内建筑师，登胜设计创意总监，品承装饰设计总监，《D-life》装饰情报杂志特约编委。

童明

毕业于东南大学，同济大学城市规划系教授、博士生导师，TM STUDIO 建筑事务所主持建筑师。

万浮尘

FCD·浮尘设计创办人，浮点·创意餐厅和浮点·禅隐（中国古镇保护与发展型客栈）创办人。苏州装饰设计行业协会会长，国际室内建筑师与设计师理事会苏州理事，中国“美丽乡村”苏州公益设计团队专家组组长。

万宏伟

宁波汉文设计公司设计总监；宁波市建筑装饰行业协会设计分会副会长；国际室内建筑师设计联盟会员；中国室内设计专业委员会宁波分会理事。

王琛、蒋沙君

宁波正反设计公司主创设计师。

王践

国际室内建筑师与设计师理事会宁波地区理事；国际生态设计联盟大中华区副理事长；宁波市建筑装饰行业协会设计分会副会长；宁波城市学院艺术学院毕业生导师；宁波矩阵酒店设计有限公司联合创始人；宁波王践设计师事务所总设计师。

王俊宝

室内建筑设计师、画家。毕业于西安美术学院，中国建筑装饰协会会员，中国建筑学会室内设计分会会员。

王利贤

意大利米兰理工大学国际室内设计硕士；香港益善堂国际装饰设计有限公司创始人；上海益善堂装饰设计有限公司总经理。

王善祥

2003 年创立上海善祥建筑设计有限公司，在进行建筑、室内及景观设计工作的同时亦从事艺术创作和家具设计等，主张"泛艺术"观念。

王砚晨、李向宁

王砚晨
毕业于中国西安美术学院，意大利米兰理工大学国际室内设计硕士，经典国际设计师事务所首席设计总监。
李向宁
意大利米兰理工大学国际室内设计硕士，经典国际设计师事务所艺术总监。

王心宴

生于中国，受教育于北美，融会中西文化的加拿大籍华裔室内设计师，现为蒙泰室内设计公司的创办人兼总裁。毕业于多伦多国际设计学院，并曾在纽约谢菲尔德设计学院学习。

王政强

高级室内建筑师，郑州弘文建筑装饰设计有限公司总设计师，中国建筑学会室内设计分会会员，法国国立科学技术与管理学院设计管理专业硕士。

文勇

上海现代建筑装饰环境设计研究院有限公司主创设计师和副总工程师，国家一级注册建筑师。毕业于同济大学建筑系室内设计专业，同济大学建筑系工程硕士。

翁世军

867 创造新库房设计创始人 / 艺术指导，高级室内建筑师，中国建筑学会室内设计分会理事兼宁波专委会副主任，国际生态联盟设计联盟（大中国地区）副理事长。

吴滨

世尊设计品牌创始人；香港无间建筑设计有限公司设计总监；国际室内建筑师与设计师理事会上海地区理事长；中国房地产业协会商业地产专业委员会研究员；娜丽罗荻国际潮流趋势委员会首位华人委员；清华大学客座教授。

吴钢

维思平建筑设计创始合伙人、主设计师。同济大学建筑学硕士，德国卡尔斯鲁大学建筑学硕士，香港中文大学建筑学院教授、硕士研究生导师。亚洲建筑师协会会员，国际华裔建筑师俱乐部发起人，中国设计师酒店集团创始人。

夏洋

四川美术学院装潢环艺系室内设计专业学士；高等教育室内设计专业讲师；年代元禾艺术设计有限公司主创设计师。

项安新

高级室内设计师，温州市华鼎装饰有限公司设计总监。

谢柯

重庆尚壹扬装饰设计公司创始人。

谢英凯

汤物臣·肯文创意集团 执行董事，其作品在国内外权威设计大奖中屡获殊荣，包括美国 Hospitality Design Award、Spark Awards、香港亚太室内设计大奖APIDA、《Interior Design》酒店设计奖、金堂奖、艾特奖、《现代装饰》国际传媒奖等。

徐晓华

任职于苏州黑十联盟品牌策划管理有限公司，高级工程师，注册室内建筑师。

许建国

安徽许建国建筑室内装饰设计有限公司创始人；注册高级建筑室内设计师；中国建筑室内环境艺术专业高级讲师；全球华人室内设计联盟成员。

杨邦胜

YANG 酒店设计集团创始人，亚太酒店设计协会副会长，深圳市室内设计师协会轮值会长，中国陈设艺术专业委员会副主任，中国建筑装饰协会设计委员会副主任。

杨铭斌

硕瀚创研设计公司主创设计；中国建筑学会室内设计分会佛山专业委员会委员；中国建筑学会国家注册中级室内建筑师。

叶建权

DAMO 大墨空间设计有限公司联合创始人；中国室内设计协会理事。

叶铮

泓叶设计创始人、上海应用技术学院副教授。中国建筑协会室内设计分会理事、中国建筑装饰协会专家委员。从事室内设计教育 25 年，于 1992 年开创性地在上海艺术类高校中建立首个室内设计专业。

应益能

嘉兴越界空间设计策划机构主持 / 负责人；国际 IFI 注册室内建筑师 / 设计师联盟会员；中国建筑学会室内设计分会会员；中国照明学会会员。

于强室内设计师事务所

于强室内设计师事务所于 1999 年创办，定位为“室内设计师事务所”，成为优秀室内设计师共同工作的设计平台，发挥各自才华和特长，共同建立起了团队的核心竞争力。

曾鸿霖

晨阳开发设计有限公司董事长。

曾建龙

环境艺术设计硕士；国际室内建筑师与设计师理事会理事；亚太酒店设计协会常务秘书长；新加坡 GID 酒店设计集团董事、首席设计师；格瑞龙 HK 国际设计有限公司总裁；上海格瑞龙设计顾问有限公司董事；1977 酒店投资有限公司董事。

曾秋荣

毕业于汕头大学环境艺术设计专业，后进修于清华大学建筑工程与设计高研班，并获得法国国立工艺美术学院硕士学位。华地组设计机构执行董事，中国建筑学会室内设计分会理事。

张斌

同济大学建筑与城市规划学院硕士，致正建筑工作室主持建筑师，《时代建筑》专栏主持人，同济大学建筑与城市规划学院客座教授。

张灿

四川创视达建筑装饰设计有限公司创始人，高级室内建筑师，建筑学硕士。四川音乐学院成都美术学院教授，西南交通大学环境艺术系客座教授兼研究生导师，四川国际标榜职业学院环境艺术系教授。中国建筑学会室内设计分会理事，亚太建筑师与室内设计师联盟会员。

张成喆

IADC 涞澳设计公司创始人 / 首席设计师；国际建筑协会中国区常务理事。

张健

观堂室内设计总监。

张雷、孙浩晨

目心设计研究室创始人。

张雷

东南大学建筑系硕士研究生，瑞士苏黎世高工建筑系研究生。张雷联合建筑事务所创始人兼主持建筑师，现任南京大学建筑与城市规划学院教授，可持续乡土建筑研究中心主任。

张力

上海飞视装饰设计工程有限公司创始人 / 设计总监。

张向东

高级室内建筑师，中国建筑学会室内设计分会会员，亚太建筑师与室内设计师联盟会员。宁波红宝石装饰设计有限公司总设计师，香港无界设计企画咨询有限公司董事。

郑蒙丽

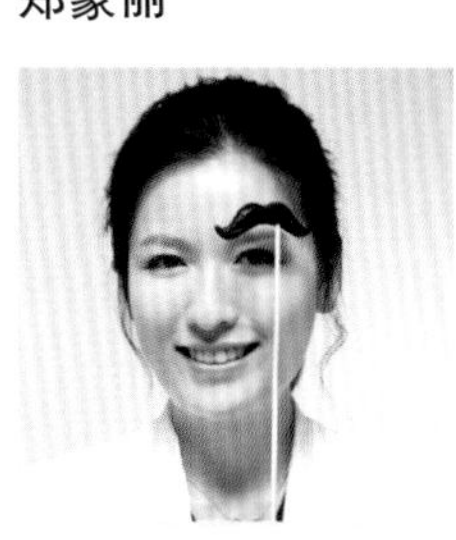

方振华设计（香港）有限公司总经理；PFD+ 总经理；毕业于中国美术学院，师从方振华先生，毕业后从事色彩设计及室内设计工作，曾多次前往日本、加拿大、澳大利亚等国交流深造。

支鸿鑫

重庆尚壹扬装饰设计公司合伙人。

朱志康

朱志康空间规划设计总监，实践大学产品与建筑设计硕士。

杭州典尚建筑装饰设计

Hangzhou Dianshang Building
Decoration Design Co.,Ltd.
杭州典尚建築裝飾設計有限公司

杭州典尚建筑装饰设计有限公司，国家建筑装饰设计甲级资格，1995 年创立至今，专业从事大型公共空间、文化艺术类空间、商务办公空间、酒店空间、个性创意商业展示空间、综合大型地产等项目的室内设计。

叙品设计

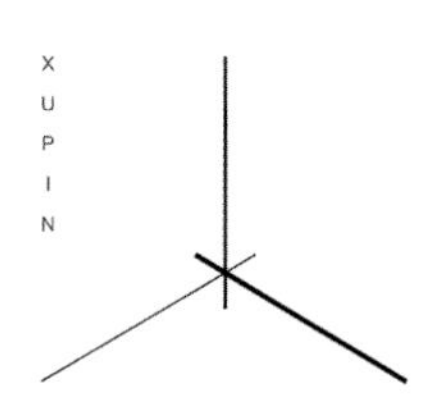

叙品设计成立于 2006 年，经历十年的发展，其分公司覆盖了新疆、深圳、福建、江苏等地，叙品始终坚持“坚持原创”的设计原则，深耕餐饮空间的空间规划。

主编
陈卫新

编委（排名不分先后）
陈耀光、陈南、高蓓、蒲仪军、孙天文、沈雷、叶铮、徐纺、
范日桥、王厚然

图书在版编目（CIP）数据

2016中国室内设计年鉴 / 陈卫新主编. — 沈阳：辽宁科学技术出版社, 2016.10
ISBN 978-7-5381-9927-7

Ⅰ. ①2… Ⅱ. ①陈… Ⅲ. ①室内装饰设计－中国－2016－年鉴 Ⅳ. ①TU238.2-54

中国版本图书馆CIP数据核字(2016)第206287号

出版发行：辽宁科学技术出版社
（地址：沈阳市和平区十一纬路25号 邮编：110003）
印 刷 者：恒美印务（广州）有限公司
经 销 者：各地新华书店
幅面尺寸：230mm×300mm
印　　张：88.5
插　　页：8
字　　数：800千字
出版时间：2016年 10 月第 1 版
印刷时间：2016年 10 月第 1 次印刷
责任编辑：杜丙旭
封面设计：赵宝伟
版式设计：赵宝伟 金 鑫
责任校对：周 文

书　　号：ISBN 978-7-5381-9927-7
定　　价：598.00元（1、2册）

联系电话：024-23284360
邮购热线：024-23284502
http://www.lnkj.com.cn